石油天然气行业标准（SY）汇编

石油安全专业行业标准
油气勘探安全

石油工业安全专业标准化技术委员会　编
石油工业出版社

石油工业出版社

内 容 提 要

本书汇编了现行有效的石油安全专业油气勘探安全行业标准共21项。本书是"石油天然气行业标准（SY）汇编"的分册之一，旨在方便快捷地提供石油工业安全领域的标准查询和使用。

本书适用于广大石油工作者查阅、参考。

图书在版编目（CIP）数据

石油安全专业行业标准. 油气勘探安全 / 石油工业安全专业标准化技术委员会, 石油工业出版社编. 北京：石油工业出版社, 2025.5. --（石油天然气行业标准（SY）汇编）. -- ISBN 978-7-5183-7520-2

Ⅰ. TE687-65

中国国家版本馆 CIP 数据核字第 2025N4A813 号

出版发行：石油工业出版社
（北京安定门外安华里2区1号楼　100011）
网　　址：www.petropub.com
编辑部：（010）64523553　图书营销中心：（010）64523633
经　销：全国新华书店
印　刷：北京中石油彩色印刷有限责任公司

2025年5月第1版　2025年5月第1次印刷
880×1230毫米　开本：1/16　印张：25.75
字数：655千字

定价：220.00元
（如出现印装质量问题，我社图书营销中心负责调换）
版权所有，翻印必究

《石油安全专业行业标准 油气勘探安全》编委会

主　任：刘家海
副主任：邱少林　魏宏安　吴世勤
委　员：张忠涛　党文义　崔伟珍　岳云平
　　　　　徐　鑫　顾建栋　王国成　屈玉成
　　　　　司念亭　张志胜　商　翼　孙少光

出 版 说 明

石油工业是国民经济的重要支柱产业，其安全健康发展离不开标准化工作的有力支撑。行业标准（SY）作为石油天然气行业标准体系的重要组成部分，是规范行业技术行为、保障安全生产、促进技术创新、提升管理水平的重要依据。为便于行业从业人员、科研院所、相关企业及管理部门系统掌握和准确应用石油天然气行业标准，石油工业出版社面向不同专业策划出版了"石油天然气行业标准（SY）汇编"。

石油工业生产过程涉及高温高压、易燃易爆、有毒有害等高风险因素，安全生产至关重要。为深入贯彻落实习近平总书记关于安全生产重要论述和重要指示、批示精神，提升石油行业安全管理水平，防范和减少安全事故，保障从业人员生命健康和企业稳定运行，对石油安全专业行业标准进行汇编，推出如下五个分册：

——《石油安全专业行业标准　通用及劳动保护与职业健康》；
——《石油安全专业行业标准　电气安全及防火防爆》；
——《石油安全专业行业标准　油气勘探安全》；
——《石油安全专业行业标准　油气开采安全》；
——《石油安全专业行业标准　油田建设施工安全及油气储运安全》。

《石油安全专业行业标准　油气勘探安全》分册系统收录了现行有效的石油安全专业行业标准共 21 项，旨在贯彻落实国家安全生产法律法规，规范油气勘探作业行为，提升勘探过程本质安全水平。本分册适用于石油勘探企业安全管理人员、工程技术人员、现场作业人员及相关监管机构，可作为勘探安全管理、员工培训和技术改造的权威参考依据。

由于标准体系动态发展，部分标准可能随技术进步和政策调整而更新。读者在使用时请结合最新发布信息，并通过正规渠道获取标准原文。

目 录

1　SY/T 5087—2024　硫化氢环境钻井场所作业安全规范

2　SY 5131—2008　石油放射性测井辐射防护安全规程

3　SY 5436—2016　井筒作业用民用爆炸物品安全规范

4　SY/T 5726—2018　石油测井作业安全规范

5　SY/T 5742—2019　石油与天然气井井控安全技术考核管理规则

6　SY 5857—2013　石油物探地震作业民用爆炸物品管理规范

7　SY/T 5974—2020　钻井井场设备作业安全技术规程

8　SY 6322—2013　油（气）田测井用放射源贮存库安全规范

9　SY/T 6326—2019　石油钻机和修井机井架承载能力检测评定方法及分级规范

10　SY/T 6348—2019　陆上石油天然气录井作业安全规程

11　SY/T 6349—2019　石油物探地震队安全管理规范

12　SY/T 6610—2017　硫化氢环境井下作业场所作业安全规范

13　SY/T 6818—2019　煤层气井钻井工程安全技术规范

14　SY/T 6922—2019　煤层气井井下作业安全技术规范

15　SY/T 6923—2019　煤层气录井安全技术规范

16　SY/T 6924—2019　煤层气测井安全技术规范

17　SY/T 6925—2021　钻井用天然气发动机及供气站安全规程

18　SY/T 7028—2022　钻（修）井井架逃生装置安全规范

19　SY/T 7668—2022　石油钻井安全监督规范

20　SY/T 7781—2024　高原地区石油工程施工作业安全推荐做法

21　SY/T 7782—2024　油气与煤炭矿权重叠区交叉开采安全要求

ICS 13.100
CCS E 09

SY

中华人民共和国石油天然气行业标准

SY/T 5087—2024
代替 SY/T 5087—2017

硫化氢环境钻井场所作业安全规范

Safety specification for operations at drilling wellsite
involving hydrogen sulfide environment

2024－09－24发布

2025－03－24实施

国家能源局　发布

SY/T 5087—2024

目　次

前言 ⋯⋯Ⅲ
1 范围 ⋯⋯ 1
2 规范性引用文件 ⋯⋯⋯⋯⋯⋯⋯⋯⋯⋯⋯⋯⋯⋯⋯⋯⋯⋯⋯⋯⋯⋯⋯⋯⋯⋯⋯⋯⋯⋯⋯⋯⋯⋯⋯ 1
3 术语和定义 ⋯⋯⋯⋯⋯⋯⋯⋯⋯⋯⋯⋯⋯⋯⋯⋯⋯⋯⋯⋯⋯⋯⋯⋯⋯⋯⋯⋯⋯⋯⋯⋯⋯⋯⋯⋯⋯ 1
4 总体要求 ⋯⋯⋯⋯⋯⋯⋯⋯⋯⋯⋯⋯⋯⋯⋯⋯⋯⋯⋯⋯⋯⋯⋯⋯⋯⋯⋯⋯⋯⋯⋯⋯⋯⋯⋯⋯⋯⋯ 2
　4.1 作业队伍资质要求 ⋯⋯⋯⋯⋯⋯⋯⋯⋯⋯⋯⋯⋯⋯⋯⋯⋯⋯⋯⋯⋯⋯⋯⋯⋯⋯⋯⋯⋯⋯⋯⋯ 2
　4.2 人员相关要求 ⋯⋯⋯⋯⋯⋯⋯⋯⋯⋯⋯⋯⋯⋯⋯⋯⋯⋯⋯⋯⋯⋯⋯⋯⋯⋯⋯⋯⋯⋯⋯⋯⋯⋯ 2
　4.3 管理要求 ⋯⋯⋯⋯⋯⋯⋯⋯⋯⋯⋯⋯⋯⋯⋯⋯⋯⋯⋯⋯⋯⋯⋯⋯⋯⋯⋯⋯⋯⋯⋯⋯⋯⋯⋯⋯ 2
5 设计 ⋯⋯ 2
　5.1 钻井地质设计 ⋯⋯⋯⋯⋯⋯⋯⋯⋯⋯⋯⋯⋯⋯⋯⋯⋯⋯⋯⋯⋯⋯⋯⋯⋯⋯⋯⋯⋯⋯⋯⋯⋯⋯ 2
　5.2 钻井工程设计 ⋯⋯⋯⋯⋯⋯⋯⋯⋯⋯⋯⋯⋯⋯⋯⋯⋯⋯⋯⋯⋯⋯⋯⋯⋯⋯⋯⋯⋯⋯⋯⋯⋯⋯ 2
6 井场布置 ⋯⋯⋯⋯⋯⋯⋯⋯⋯⋯⋯⋯⋯⋯⋯⋯⋯⋯⋯⋯⋯⋯⋯⋯⋯⋯⋯⋯⋯⋯⋯⋯⋯⋯⋯⋯⋯⋯ 4
　6.1 陆上石油井场布置 ⋯⋯⋯⋯⋯⋯⋯⋯⋯⋯⋯⋯⋯⋯⋯⋯⋯⋯⋯⋯⋯⋯⋯⋯⋯⋯⋯⋯⋯⋯⋯⋯ 4
　6.2 钻井场所设备设施 ⋯⋯⋯⋯⋯⋯⋯⋯⋯⋯⋯⋯⋯⋯⋯⋯⋯⋯⋯⋯⋯⋯⋯⋯⋯⋯⋯⋯⋯⋯⋯⋯ 4
　6.3 海上设备 ⋯⋯⋯⋯⋯⋯⋯⋯⋯⋯⋯⋯⋯⋯⋯⋯⋯⋯⋯⋯⋯⋯⋯⋯⋯⋯⋯⋯⋯⋯⋯⋯⋯⋯⋯⋯ 5
7 硫化氢监测仪器和防护设备配置维护 ⋯⋯⋯⋯⋯⋯⋯⋯⋯⋯⋯⋯⋯⋯⋯⋯⋯⋯⋯⋯⋯⋯⋯⋯⋯⋯ 5
　7.1 配置 ⋯⋯⋯⋯⋯⋯⋯⋯⋯⋯⋯⋯⋯⋯⋯⋯⋯⋯⋯⋯⋯⋯⋯⋯⋯⋯⋯⋯⋯⋯⋯⋯⋯⋯⋯⋯⋯⋯ 5
　7.2 维护 ⋯⋯⋯⋯⋯⋯⋯⋯⋯⋯⋯⋯⋯⋯⋯⋯⋯⋯⋯⋯⋯⋯⋯⋯⋯⋯⋯⋯⋯⋯⋯⋯⋯⋯⋯⋯⋯⋯ 6
8 施工 ⋯⋯ 6
　8.1 一般要求 ⋯⋯⋯⋯⋯⋯⋯⋯⋯⋯⋯⋯⋯⋯⋯⋯⋯⋯⋯⋯⋯⋯⋯⋯⋯⋯⋯⋯⋯⋯⋯⋯⋯⋯⋯⋯ 6
　8.2 钻开含硫油气层前的准备及检查工作 ⋯⋯⋯⋯⋯⋯⋯⋯⋯⋯⋯⋯⋯⋯⋯⋯⋯⋯⋯⋯⋯⋯⋯⋯ 7
　8.3 钻进 ⋯⋯⋯⋯⋯⋯⋯⋯⋯⋯⋯⋯⋯⋯⋯⋯⋯⋯⋯⋯⋯⋯⋯⋯⋯⋯⋯⋯⋯⋯⋯⋯⋯⋯⋯⋯⋯⋯ 7
　8.4 起下钻 ⋯⋯⋯⋯⋯⋯⋯⋯⋯⋯⋯⋯⋯⋯⋯⋯⋯⋯⋯⋯⋯⋯⋯⋯⋯⋯⋯⋯⋯⋯⋯⋯⋯⋯⋯⋯⋯ 7
　8.5 取心作业 ⋯⋯⋯⋯⋯⋯⋯⋯⋯⋯⋯⋯⋯⋯⋯⋯⋯⋯⋯⋯⋯⋯⋯⋯⋯⋯⋯⋯⋯⋯⋯⋯⋯⋯⋯⋯ 8
　8.6 钻井液维护处理 ⋯⋯⋯⋯⋯⋯⋯⋯⋯⋯⋯⋯⋯⋯⋯⋯⋯⋯⋯⋯⋯⋯⋯⋯⋯⋯⋯⋯⋯⋯⋯⋯⋯ 8
　8.7 录井 ⋯⋯⋯⋯⋯⋯⋯⋯⋯⋯⋯⋯⋯⋯⋯⋯⋯⋯⋯⋯⋯⋯⋯⋯⋯⋯⋯⋯⋯⋯⋯⋯⋯⋯⋯⋯⋯⋯ 8
　8.8 固井 ⋯⋯⋯⋯⋯⋯⋯⋯⋯⋯⋯⋯⋯⋯⋯⋯⋯⋯⋯⋯⋯⋯⋯⋯⋯⋯⋯⋯⋯⋯⋯⋯⋯⋯⋯⋯⋯⋯ 8
　8.9 测井 ⋯⋯⋯⋯⋯⋯⋯⋯⋯⋯⋯⋯⋯⋯⋯⋯⋯⋯⋯⋯⋯⋯⋯⋯⋯⋯⋯⋯⋯⋯⋯⋯⋯⋯⋯⋯⋯⋯ 9
　8.10 完井 ⋯⋯⋯⋯⋯⋯⋯⋯⋯⋯⋯⋯⋯⋯⋯⋯⋯⋯⋯⋯⋯⋯⋯⋯⋯⋯⋯⋯⋯⋯⋯⋯⋯⋯⋯⋯⋯ 9
　8.11 弃井作业 ⋯⋯⋯⋯⋯⋯⋯⋯⋯⋯⋯⋯⋯⋯⋯⋯⋯⋯⋯⋯⋯⋯⋯⋯⋯⋯⋯⋯⋯⋯⋯⋯⋯⋯⋯ 9
9 应急处置 ⋯⋯⋯⋯⋯⋯⋯⋯⋯⋯⋯⋯⋯⋯⋯⋯⋯⋯⋯⋯⋯⋯⋯⋯⋯⋯⋯⋯⋯⋯⋯⋯⋯⋯⋯⋯⋯⋯ 9
　9.1 应急处置预（方）案 ⋯⋯⋯⋯⋯⋯⋯⋯⋯⋯⋯⋯⋯⋯⋯⋯⋯⋯⋯⋯⋯⋯⋯⋯⋯⋯⋯⋯⋯⋯⋯ 9

Ⅰ

9.2 应急信号 …………………………………………………………………………………… 10
9.3 应急演练 …………………………………………………………………………………… 10
9.4 应急撤离 …………………………………………………………………………………… 10
9.5 点火处理 …………………………………………………………………………………… 10
9.6 海上应急 …………………………………………………………………………………… 11
10 证实方法 ………………………………………………………………………………………… 11
参考文献 ……………………………………………………………………………………………… 13

前言

本文件按照 GB/T 1.1—2020《标准化工作导则 第 1 部分：标准化文件的结构和起草规则》的规定起草。

本文件代替 SY/T 5087—2017《硫化氢环境钻井场所作业安全规范》。本文件与 SY/T 5087—2017 相比，除结构调整和编辑性改动外，主要技术变化如下：

a) 增加了硫化氢环境、含硫油气井、高含硫油气井定义（见 3.1、3.2、3.3）；
b) 更改了人员要求（见 4.2，2017 年版的 3.1.3、3.1.4、3.2）；
c) 更改了管理要求（见 4.3，2017 年版的 3.3）；
d) 更改了地质设计书预测预告和标注要求（见 5.1.4，2017 年版的 4.2.4）；
e) 增加了含硫化氢天然气井公众危害程度等级、硫化氢释放速率计算方法和公众防护距离要求（见 5.1.5）；
f) 增加了地层天然气中硫化氢含量大于或等于 1500mg/m³（1000×10⁻⁶）的油气井距其他井井口之间距离要求（见 5.1.6）；
g) 更改了管材、金属材料和非金属材料选择的要求（见 5.2.1，2017 年版的 6.1.2、6.1.4）；
h) 更改了井身结构设计要求（见 5.2.2.1，2017 年版的 4.3.1）；
i) 删除了随钻地层压力预测与监测的要求（见 2017 年版的 4.3.2）；
j) 更改了钻井液设计要求（见 5.2.3，2017 年版的 4.3.3）；
k) 删除了根据钩载和防喷器高度确定钻机类型的要求（见 2017 年版的 4.3.5）；
l) 删除了电测设计要求（见 2017 年版的 4.3.7）；
m) 更改了井控装置设计要求（见 5.2.4，2017 年版的 4.3.8）；
n) 更改了固井设计要求（见 5.2.5，2017 年版的 4.3.9）；
o) 删除了超深井和超浅井设计要求（见 2017 年版的 4.3.10）；
p) 更改了紧急集合点和风向标的要求（见 6.1.2、6.1.3，2017 年版的 5.1.9、5.1.10）；
q) 更改了生活区与井口距离、液气分离器排气管线接出长度相关内容（见 6.2，2017 年版的 5.1）；
r) 更改了正压式防爆综合录井仪配备要求（见 6.2.7，2017 年版的 6.2）；
s) 更改了固定式硫化氢监测传感器安装，增加了正压式空气呼吸器、呼吸器空气压缩机配备相关内容（见 7.1，2017 年版的 6.1.3）；
t) 删除了起钻前循环钻井液时间要求（见 2017 年版的 7.2.3.2）；
u) 更改了弃井作业要求（见 8.11，2017 年版的 7.7）；
v) 更改了应急撤离条件、井口点火条件要求内容（见 9.4.1、9.5.2，2017 年版的 9.5.1、9.6）；
w) 更改了海上应急要求（见 9.6.1，2017 年版的 9.7）；
x) 增加了证实方法（见第 10 章）。

请注意本文件的某些内容可能涉及专利。本文件的发布机构不承担识别专利的责任。

本文件由石油工业标准化技术委员会石油工业安全专业标准化技术委员会（CPSC/TC20）提出并归口。

本文件起草单位：中国石油集团川庆钻探工程有限公司、中国石油天然气股份有限公司辽河油田分公司、中国石油天然气股份有限公司西南油气田分公司、中海石油（中国）有限公司。

本文件主要起草人：周浩、陈尚凤、王茂林、晏凌、徐非凡、马文胜、赵维斌、叶林祥、付强、徐勇军、吴会胜、周颖、胡旭光、王松涛、金雪梅、毛春明、左乐、潘贵和、赵艳、张勇、罗黎敏、苏峰、郭彪、吴智文、韦小奇、廖前华。

本文件及其所代替文件的历次版本发布情况为：

——1985 年首次发布为 SY 5087—1985，1993 年第一次修订，2003 年第二次修订，2005 年第三次修订，2017 年第四次修订；

——本次为第五次修订。

SY/T 5087—2024

硫化氢环境钻井场所作业安全规范

1 范围

本文件规定了硫化氢环境钻井场所作业的硫化氢防护总体要求、设计、井场布置、硫化氢监测仪器和防护设备配置维护、施工和应急处置等的基本安全要求，给出对应的证实方法。

本文件适用于硫化氢环境钻井场所的施工作业。

2 规范性引用文件

下列文件中的内容通过文中的规范性引用而构成本文件必不可少的条款。其中，注日期的引用文件，仅该日期对应的版本适用于本文件；不注日期的引用文件，其最新版本（包括所有的修改单）适用于本文件。

GB/T 20972（所有部分） 石油天然气工业 油气开采中用于含硫化氢环境的材料
GB/T 29639 生产经营单位生产安全事故应急预案编制导则
GBZ 1 工业企业设计卫生标准
AQ/T 9007 生产安全事故应急演练基本规范
AQ/T 9009 生产安全事故应急演练评估规范
SY/T 5190 石油综合录井仪技术条件
SY/T 5225 石油天然气钻井、开发、储运防火防爆安全生产技术规程
SY/T 5466 钻前工程及井场布置技术要求
SY/T 6277 硫化氢环境人身防护规范
SY/T 6633 海上石油设施应急报警信号指南
SY/T 6857.1 石油天然气工业特殊环境用油井管 第1部分：含H_2S油气田环境下碳钢和低合金钢油管和套管选用推荐做法
SY/T 7356 硫化氢防护安全培训规范
SY/T 7453 海洋钻井井控技术要求

3 术语和定义

下列术语和定义适用于本文件。

3.1
硫化氢环境 hydrogen sulfide environment
含有或可能含有硫化氢的区域。

3.2
含硫油气井 sulfurous oil and gas well
地层天然气中硫化氢含量大于或等于 $75mg/m^3$（50×10^{-6}）的井。

3.3
高含硫油气井 high sulfurous oil and gas well

SY/T 5087—2024

地层天然气中硫化氢含量大于或等于 30000mg/m³（20000×10⁻⁶）的井。

4 总体要求

4.1 作业队伍资质要求

承担硫化氢环境油气井钻井场所施工的作业队伍应满足建设单位的资质要求。

4.2 人员相关要求

4.2.1 相关人员按照 SY/T 7356 的规定，接受硫化氢防护安全培训，经考核合格后持证上岗。
4.2.2 主要设计人员应具有三年以上工作经验和相关专业中级及以上职称。
4.2.3 设计审核人应具有五年以上工作经验和相关专业副高级及以上职称。
4.2.4 作业队伍的队长、技术负责人、班组长等主要岗位人员应具有硫化氢环境施工作业的工作经验。

4.3 管理要求

4.3.1 应开展硫化氢风险辨识。
4.3.2 施工技术方案和健康安全环境（HSE）作业计划书应包含硫化氢防护措施，并对作业人员进行培训。
4.3.3 编制硫化氢应急处置预（方）案并定期开展演练。
4.3.4 配置硫化氢监测仪器和个人防护设备设施，并对作业人员定期开展使用训练。

5 设计

5.1 钻井地质设计

5.1.1 地质设计前，根据对井场周边的地形、地貌、气象情况及居民住宅、学校、厂矿（包括开采地下资源的矿业单位）、地下矿井坑道、国防设施、高压电线和水资源等的分布情况的实地勘察，做出地质灾害危险性及环境、安全评估。
5.1.2 应根据地质资料对地层中硫化氢的含量进行预测，并在设计中明确预告地层压力、流体类型、含硫地层及其深度和预计硫化氢含量，设计应由建设单位主管领导批准。
5.1.3 陆上油气井井口距高压电线及其他永久性设施不小于 75m，距民宅不小于 100m，距铁路、高速公路不小于 200 m，距学校、医院和大型油库等人口密集性、高危性场所不小于 500m。
5.1.4 以井口中心点为基准，对地层天然气中硫化氢含量大于或等于 1500mg/m³（1000×10⁻⁶）的井周围 5000m，探井周围 3000m 范围内的居民住宅、学校、公路、铁路和厂矿等进行勘测，调查 500m 以内的人口分布及其他情况，在设计书中标明位置和说明。
5.1.5 含硫化氢天然气井应根据公众危害程度等级（表1），确定公众安全防护距离（表2）。
5.1.6 地层天然气中硫化氢含量大于或等于 1500mg/m³（1000×10⁻⁶）的井井口距其他井井口之间的距离大于所用钻机的钻台长度，且不少于 8m。

5.2 钻井工程设计

5.2.1 一般要求

5.2.1.1 与地层流体接触的金属材质应满足 GB/T 20972（所有部分）的要求；非金属密封件，应能承受指定的压力、温度和硫化氢环境，同时应满足钻井液环境的使用。

5.2.1.2 设计应由建设单位主管领导批准。

表 1 含硫化氢天然气井公众危害程度等级

气井公共危害程度等级	硫化氢释放速率 RR m³/s
一	RR ≥ 5.0
二	5.0 > RR ≥ 1.0
三	1.0 > RR ≥ 0.01
RR 计算方法一： 气井硫化氢释放速率计算方法： RR=$A \cdot q_{AOF} \cdot C_{H_2S}$ 式中： RR——气井硫化氢释放速率，单位为立方米每秒（m³/s）； A——常数，7.716×10^{-8}m³·d； q_{AOF}——气井绝对无阻流量最大值，单位为万立方米每天（10^4m³/d）； C_{H_2S}——天然气中硫化氢含量，单位为毫克每立方米（mg/m³）。 RR 计算方法二： 在含硫化氢地区，未取得绝对无阻流量或硫化氢含量的气井应按以下方法计算： a）周边 5km 范围内含硫化氢气井数超过 5 口，分别取其中绝对无阻流量和硫化氢含量最大的 5 个值，求其平均值后按 RR 计算方法一计算； b）周边 5km 范围内含硫化氢气井数不超过 5 口，分别取其中绝对无阻流量和硫化氢含量最大的值，按 RR 计算方法一计算； c）周边 5km 范围内不存在硫化氢天然气井，公众危害程度等级视为二级。		

表 2 公众防护距离要求

气井公共危害程度等级	距离要求
三	井口距民宅应不小于 100m，距铁路及高速公路应不小于 200m，距公共设施及城镇中心应不小于 500m
二	井口距民宅应不小于 100m，距铁路及高速公路应不小于 200m，距公共设施应不小于 500m，距城镇中心应不小于 1000m
一	井口距民宅应不小于 100m 且距井口 300m 内常住居民户数不应大于 20 户，距铁路及高速公路应不小于 300m，距公共设施及城镇中心应不小于 1000m

5.2.2 井身结构及钻具组合设计

5.2.2.1 井身结构设计满足以下要求：

a) 含硫油气井套管应满足生产周期需要；
b) 应下套管封隔含硫油气上部的煤矿、金属矿等非油气矿藏开采层段，并超过其垂深 100m；目的层为含硫油气层，且目的层与其以上地层的压力系数相差较大时，应下套管封隔目的层以上地层。

5.2.2.2 应使用满足硫化氢环境作业的钻具。

5.2.2.3 含硫油气井段不应使用有线随钻仪作业。
5.2.2.4 在含硫油气层中取心钻进应使用非投球式取心工具，止回阀接在取心工具与入井第一根钻铤之间。

5.2.3 钻井液设计

5.2.3.1 钻开含硫油气层的钻井液密度设计，以地质预测的该裸眼井段中的最高地层孔隙压力当量密度值为基准附加安全值，附加安全值应取上限：
a）油井钻井液密度附加安全值为0.05g/cm³～0.10g/cm³或附加压力1.5MPa～3.5MPa；
b）气井钻井液密度附加安全值为0.07g/cm³～0.15g/cm³或附加压力3MPa～5MPa。

5.2.3.2 现场应储备除硫剂、加重材料或加重钻井液，在钻井工程设计中明确储备量。
5.2.3.3 钻开含硫油气层前50m直至含硫油气层段固井，应维持钻井液中除硫剂加量不低于1%，水基钻井液pH值应维持在9.5以上，油基钻井液碱度应维持在3.0以上。采用铝制钻具时，水基钻井液pH值应控制在9.5～10.5。
5.2.3.4 含硫油气层段不应开展欠平衡钻井作业或气体钻井作业。

5.2.4 井控装置设计

5.2.4.1 防喷器组、套管头、特殊四通压力等级应不低于最大预计井口关井压力，同时综合考虑套管最小抗内压强度80%，套管鞋处地层破裂压力、地层流体性质等因素。
5.2.4.2 油气井钻开硫化氢含量大于或等于1500mg/m³（1000×10⁻⁶）的层位前至固井结束应安装剪切闸板防喷器。区域探井从技术套管固井后直至完井、原钻机试油的全过程应安装剪切闸板防喷器。开发井钻开含硫油气层前至固井结束的全过程应安装剪切闸板防喷器。

5.2.5 固井设计

5.2.5.1 套管的选用应符合SY/T 6857.1的规定，井下温度高于93℃的井段套管可不考虑其抗硫性能。套管柱设计应进行强度、密封和耐腐蚀设计。
5.2.5.2 地层天然气中硫化氢含量大于或等于1500mg/m³（1000×10⁻⁶）的井技术套管、油层套管水泥应返至上一级套管内或地面。
5.2.5.3 各开次固井都应进行水泥浆设计，水泥浆柱的压力应满足固井施工、候凝期间的井控安全。
5.2.5.4 含硫油气层井段应使用防气窜、耐腐蚀的水泥浆体系。

6 井场布置

6.1 陆上石油井场布置

6.1.1 井场的布置应符合GBZ 1和SY/T 5466的要求。
6.1.2 应设置不少于两个不同方位的紧急集合点和逃生通道，其与井口连线的夹角不小于90°。
6.1.3 应在井场入口处、钻台、循环罐、紧急集合点等区域易辨识处设置风向标。
6.1.4 井场修建应满足井场入口、后场应急车辆的行驶需要。

6.2 钻井场所设备设施

6.2.1 设备安放位置应考虑季节风风向。井场内的动力机组等易产生火花的设备、设施及人员集中区域，应布置在相对放喷管线、液气分离器排气管线出口的上风方向。
6.2.2 发电房距井口不小于30m，锅炉房距井口不小于50m；储油罐应摆放在距井口不小于30m、距发电房不小于 20m 的安全位置，生活区距井口不小于 100m。

6.2.3 远程控制台应安装在面对井架大门左侧、距井口不小于 25m 的专用活动房内，距放喷管线应有 1m 以上距离，10m 范围内不应堆放易燃、易爆、腐蚀物品。

6.2.4 钻井用柴油机排气管无破漏和积炭，并有冷却防火装置，排气管出口不应朝向油罐区。

6.2.5 井场电器设备、照明器具及输电线路的安装应按 SY/T 5225 中的相应规定执行。

6.2.6 含硫油气井放喷管线出口应接至距井口不小于 100m 的安全地带，管线布局应考虑当地季节风向、居民区、道路、油罐区、电力线及各种设施等情况；液气分离器排气管线出口距井口不小于 50m。

6.2.7 录井仪器房和地质值班室放置于井场右前方靠振动筛一侧，录井仪器房靠近井口端，距井口不小于 30m，并留有逃生通道；不足 30m 的应使用正压式录井仪器房，其送风管线采风口应设置在能采集新鲜空气处，室内应安装硫化氢报警仪。

6.2.8 应使用综合录井仪，综合录井仪设备应满足 SY/T 5190 的要求。

6.2.9 在录井仪器房明显位置安装声光报警仪，陆上石油的声光报警仪架设高度应超出录井仪器房顶 0.3m 以上。

6.2.10 通信系统应保持畅通。

6.3 海上设备

6.3.1 设备布局应考虑逃生路线及所有设备的操作和维修空间，救生设备布置应便于人员顺利取用。

6.3.2 录井仪器房和地质值班室放置应靠近井口端，位于上风向或侧风向，并留有逃生通道。

6.3.3 正压式录井仪器房的送风管线采风口应设在上风向或侧风向，室内应安装硫化氢报警仪。

7 硫化氢监测仪器和防护设备配置维护

7.1 配置

7.1.1 监测仪器

7.1.1.1 现场应至少配备 4 只量程为 $0mg/m^3 \sim 150mg/m^3$（100×10^{-6}）的便携式监测仪，配备 1 只量程为 $0mg/m^3 \sim 1500mg/m^3$（1000×10^{-6}）的硫化氢监测仪器。

7.1.1.2 现场应配备量程 $0mg/m^3 \sim 150mg/m^3$（100×10^{-6}）的固定式硫化氢监测系统，应具有声光报警功能。

7.1.1.3 陆上钻井作业固定式硫化氢监测系统的传感器应安装在钻井液出口缓冲罐、方井、钻台面等位置，钻井液出口缓冲罐处的传感器信号应接入录井采集系统。

7.1.1.4 海上钻井作业固定式硫化氢监测系统的传感器应安装在喇叭口、钻台面、振动筛之间、钻井液循环罐上水罐、发电及配电房进风口、生活区进风口等位置。

7.1.1.5 固定式硫化氢监测系统的传感器安装高度应距地面（操作面）0.3m～0.6m，探头向下；显示装置安装在值班室。

7.1.2 正压式空气呼吸器

7.1.2.1 应按照当班生产班组人员数量配备正压式空气呼吸器，并按现场作业人员数量的 20% 以上配备备用正压式空气呼吸器。

7.1.2.2 正压式空气呼吸器应存放在岗位人员就近方便取用的地方，备用正压式空气呼吸器应统一存放，并作防损坏和腐蚀的保护。

SY/T 5087—2024

7.1.3 呼吸器空气压缩机

含硫油气井作业现场配备呼吸器空气压缩机1台。

7.2 维护

7.2.1 监测仪器

7.2.1.1 应按照制造商的说明指定专人对硫化氢监测仪器进行维护。
7.2.1.2 监测仪器应由有资质的机构定期检验，相关检验报告保存期不少于1年。
    a）固定式硫化氢监测仪及传感器探头每年检验1次。
    b）便携式硫化氢监测仪按 SY/T 6277 的要求进行周期检验。
7.2.1.3 进入含硫油气层后，定期开展便携式硫化氢监测仪和声光报警设备的功能测试。
7.2.1.4 含硫油气井进入含硫油气层后，连接录井采集系统的固定式硫化氢监测仪传感器应每月注样测试1次。

7.2.2 正压式空气呼吸器

7.2.2.1 对所有正压式空气呼吸器应每月至少检查1次，以保证其维持正常的状态。月度检查记录保存期不少于1年。
7.2.2.2 需要修理的正压式空气呼吸器，应做好明显标识。

7.2.3 呼吸器空气压缩机

所有使用的空气压缩机应满足下述要求。
    a）避免污染的空气进入空气供应系统。当毒性或易燃气体可能污染进气口时，应对压缩机的进口空气进行监测。
    b）减少水分含量，以使压缩空气在1个大气压下的露点低于周围温度5℃～60℃。
    c）依照制造商的维护说明定期更新吸附层和过滤器。

8 施工

8.1 一般要求

8.1.1 作业队伍应指定人员对下述项目开展定期检查：
    a）紧急集合点；
    b）风向标；
    c）硫化氢监测设备及警报（功能试验）；
    d）正压式空气呼吸器及呼吸器空气压缩机；
    e）消防设备；
    f）急救箱（包）。
8.1.2 落实液面坐岗制度和钻井队干部24h值班制度。
8.1.3 落实井口装置、井控管汇、内防喷工具、监测仪器管理要求。
8.1.4 硫化氢监测设备发出报警时，执行现场硫化氢应急处置预（方）案。
8.1.5 含硫油气井进入含硫油气层后，司钻室操作人员、井口作业人员、液面坐岗人员、机房值守人员应佩戴便携式硫化氢监测仪。其余人员在进行以下作业时应佩戴便携式硫化氢监测仪：
    a）录井作业人员捞取和清洗岩屑样本时；

b）钻井液人员提取钻井液样本和测量分析性能时；
c）取心作业打开岩心筒和取出岩心时；
d）测井作业井口人员操作时。

8.1.6 清理可能含有硫化氢钻井液循环罐、储备罐时，应按照受限空间有关要求执行。

8.2 钻开含硫油气层前的准备及检查工作

8.2.1 钻开含硫油气层前应确认防硫化氢安全措施的落实情况。

8.2.2 在钻台上、井架底座周围、振动筛、液体罐和其他硫化氢可能聚集的地方，应使用防爆通风设备（如鼓风机或风扇）。

8.2.3 陆上钻井作业钻开含硫油气层前，应将机泵房、循环系统及二层台等处设备的防风护套和其他类似的围布拆除。寒冷地区在冬季施工时，对保温设施采取相应的通风措施，以保证工作场所空气流通。

8.2.4 井控装置按钻井工程设计配置和安装，并按要求试压合格。

8.2.5 向现场所有施工人员进行地质、工程、钻井液、井控装备、井控措施和安全等方面的技术交底。

8.2.6 建立地质预警预报制度，对含硫油气层及时做出预报。

8.2.7 检查各种设备、仪器仪表、消防器材及专用工具等配备是否齐全，功能是否正常，发现问题应及时整改。

8.2.8 组织现场各协作单位进行防喷防硫化氢联合演习，演习合格。

8.2.9 在进入含硫油气层前 50m～100m，按照下步最高设计钻井液密度值，对裸眼地层进行承压能力检验。

8.2.10 钻井液密度及其他性能符合设计要求，并按设计要求储备加重钻井液、加重材料、除硫剂、堵漏材料和其他处理剂。

8.2.11 在钻开含硫油气层前，建设方应组织对施工前的准备工作进行检查，检查合格并经检查人员在检查验收记录上签字，由双方具备审签权限的主管生产技术领导或其委托人签发"钻开油气层批准书"后，方可钻开油气层；如存在隐患，应当场下达隐患整改通知，钻井队按隐患整改通知的限期完成整改。

8.3 钻进

8.3.1 钻进中遇到钻时变化、放空、蹩钻、跳钻等情况，加密监测钻井液体积及钻井液性能变化。

8.3.2 遇油气水显示，及时监测钻井液性能变化，短程起下钻，静止观察后及时计算油气上窜速度。

8.4 起下钻

8.4.1 在钻开含硫油气层后，起钻前应进行短程起下钻测油气上窜速度，确保满足安全起下钻作业要求，若未调整钻井液密度或未见新进尺，起钻前可不进行短程起下钻；短程起下钻后的循环时间应不低于一周半，起钻前测进出口钻井液密度，差值不超过 0.02g/cm³。

8.4.2 钻头在含硫油气层中和油气层顶部以上 300m 长的井段内起钻，速度应控制在 0.5m/s 以内。

8.4.3 起钻中每起出 3～5 柱钻杆或 1 柱钻铤应及时向井内灌满钻井液，或采用计量罐连续灌钻井液，并由钻井队和录井队分别作好记录，校核地面钻井液总量，发现异常情况及时报告司钻。

8.4.4 设备检修应安排在下钻至套管鞋或安全井段进行；若起钻过程中因故必须检修设备时，检修中应采取相应的防喷措施，检修完后立即下钻到井底循环一周半，正常后再起钻。在空井情况下不应进行设备检修。

8.5 取心作业

8.5.1 岩心筒到达地面前 10 个立柱至出心作业完，应开启防爆通风设备，并持续监视硫化氢浓度，在达到安全临界浓度时应立即戴好正压式空气呼吸器。

8.5.2 出心过程中发生溢流，立即停止出心作业，按程序控制井口。

8.5.3 岩心筒打开时或当岩心移走后，使用便携式硫化氢监测仪检查岩心筒。

8.5.4 在搬运和运输含有硫化氢的岩心样品时，岩心密封包装，并标明岩心含硫化氢字样，应保持监测并采取相应防护措施；岩心和岩样盒标明含硫化氢。

8.6 钻井液维护处理

8.6.1 严格执行设计钻井液密度，若设计钻井液密度值无法满足安全钻井要求时，应履行设计变更程序；出现地层压力异常，发生溢流、井涌等异常情况时，及时调整钻井液密度，同时向有关部门汇报，处理结束后及时履行设计变更程序。

8.6.2 发生卡钻需泡油、混油或因其他原因需调整钻井液密度时，应确保井筒液柱压力不小于裸眼段中的最高地层压力。

8.6.3 监测有硫化氢时，应及时向钻井液中补充除硫剂。

8.6.4 发现气侵应及时排除，气侵钻井液未经排气不应重新注入井内。

8.6.5 若需加重，应在气侵钻井液排完气后停止钻进的情况下进行，不应边钻进边加重。

8.6.6 对含硫化氢地层中使用过的钻井液进行维护处理时，作业人员应携带便携式硫化氢监测仪，并在作业点附近便于取用的地方放置正压式空气呼吸器。

8.7 录井

8.7.1 在新探区、新层系及含硫化氢地区录井时，应进行硫化氢监测，钻开含硫油气层后应连续监测硫化氢浓度。

8.7.2 监测到有硫化氢时，应及时向司钻和现场监督报告；硫化氢含量大于或等于 15mg/m³（10×10⁻⁶）时，立即启动声光报警。

8.7.3 钻进中做好钻时、钻压、扭矩、泵压、气测值、出口流量、池体积等参数的监测，异常情况加密监测。

8.7.4 使用正压式录井仪器房时，仪器房内压力维持高出大气压力 50Pa～150Pa。

8.8 固井

8.8.1 若裸眼井段地层承压能力不能满足固井需要，下套管前应采取有效措施，提高地层承压能力。

8.8.2 下套管作业前，应更换与套管外径一致的防喷器闸板芯子并试压合格；海洋石油按照 SY/T 7453 的相关规定执行；实施悬挂固井、使用无接箍套管时，应备用防喷单根（立柱）。

8.8.3 施工前与相关方人员就工程、地质、钻井液、现场设备、安全防护设施、应急处置方案等方面进行固井安全技术交底。

8.8.4 水泥车组摆放在钻台跑道（井口）正前方井场空旷地面，保持车头朝井场入口方向，水泥车组之间保持 1.5m 以上间距，作为安全通道。

8.8.5 仪表车、井口管汇车或组合压风机车摆放在钻台跑道（井口）两侧空旷地面，保持车头朝井场入口方向。

8.8.6 固井作业全过程应保持井内压力平衡，防止固井作业中因井漏、注水泥候凝期间水泥浆失重造成井内压力平衡被破坏而导致井喷。

8.8.7 应安排专人坐岗观察，初凝期间不应进行下道工序作业。

8.8.8 对于固井质量存在严重问题、威胁到井控安全、影响到后续钻井施工的井，应采取有效措施进行补救。

8.9 测井

8.9.1 测量油气上窜速度，确认满足测井期间井内情况正常、稳定的要求。

8.9.2 施工前与相关方人员就工程、地质、钻井液、现场设备、安全防护设施、应急处置方案等方面进行测井安全技术交底。

8.9.3 隔离测井作业区域，明确人员活动范围。测井施工现场警戒区域一般长度不小于35m，宽度不小于15m。放射性作业时，宽度不小于25m。

8.9.4 测井车辆、海上作业测井拖橇应优先选择摆放在上风方向，其次选择侧风方向。绞车、拖橇与井口距离应大于25m。

8.9.5 下井仪器应使用抗硫密封圈，选择耐硫化氢腐蚀的取样筒。

8.9.6 地层天然气中硫化氢含量大于或等于1500mg/m³（1000×10⁻⁶）的井在生产测井中应使用耐硫化氢电缆，其他含硫化氢井应对电缆采取防硫涂层措施。

8.9.7 获取井壁取心岩样及地层测试器放样作业时，作业人员应戴好正压式空气呼吸器。

8.10 完井

含硫油气井的采油（气）树应具有抗硫化氢性能，按要求试压合格，并安装耐硫压力表。

8.11 弃井作业

因故临时中止或永久放弃钻井作业时，用水泥塞将可能产生硫化氢的地层封闭，参照SY/T 6646或SY/T 6845的要求实施弃井作业。

9 应急处置

9.1 应急处置预（方）案

9.1.1 钻井作业前，与钻井相关的各级单位应制定硫化氢泄漏、火灾、爆炸等应急处置预（方）案，应急处置预（方）案编写按照GB/T 29639的要求执行。

9.1.2 应急处置预（方）案内容应包括但不限于：
 a）应急响应工作的组织机构和职责；
 b）参与应急工作人员的岗位和职责；
 c）环境调查报告，包括地形、交通、建筑、人员分布、附近的医院和消防部门所在地等情况；
 d）应急设备、物资、器材的准备；
 e）现场监测制度；
 f）紧急情况报告程序；
 g）应急技术方案与措施；
 h）应急实施程序（包括人员撤离程序和点火程序）；
 i）应急抢险防护设备及设施分布情况；
 j）井场警戒点的设置及职责；
 k）井场及营区逃生路线图和简易交通图；
 l）不同半径危险区域范围内的撤离单位和人员的通知清单及通信联络方式。

9.2 应急信号

9.2.1 陆地钻井作业场所应明确应急报警信号并告知现场所有人员。

9.2.2 海上钻井作业应急信号应符合 SY/T 6633 的要求。

9.2.3 在硫化氢环境的工作场所入口处应设置硫化氢警告标志，警告标志配备应符合 SY/T 6277 的要求。

9.3 应急演练

9.3.1 应急演练按照 AQ/T 9007 的要求执行。

9.3.2 在钻开含硫油气层前，钻井队应组织一次防硫化氢应急演练；钻开高含硫油气井的高含硫层位前，建设方应组织一次防硫化氢联合应急演练。

9.3.3 每次演练应进行总结讲评，提出演练中存在的问题及改进措施，应急演练记录保存期不少于 1 年，其他按照 AQ/T 9009 的要求执行。

9.4 应急撤离

9.4.1 作业场所监测到硫化氢时，按应急处置方案实施井控程序并组织应急撤离，应急撤离条件如下：
   a) 当空气中硫化氢浓度达到 30mg/m³（20×10⁻⁶）的安全临界浓度时，撤离非应急处置人员；
   b) 当井喷失控、空气中硫化氢浓度达到 150mg/m³（100×10⁻⁶）的危险临界浓度时，撤离现场所有作业人员，立即向当地政府报告并协助做好居民的疏散、撤离工作。

9.4.2 撤离注意事项：
   a) 向上风方向、高处撤离；
   b) 有专人引导现场人员撤离；
   c) 佩戴硫化氢防护器具或使用湿毛巾、衣物捂住口鼻呼吸等防护措施；
   d) 安排专人对空气中的硫化氢浓度进行监测。

9.5 点火处理

9.5.1 放喷点火

9.5.1.1 主放喷口应配备自动点火装置，并备用手动点火器具。高含硫油气井主放喷口应配备包括 1 套自动点火装置在内的至少三种有效点火方式，有条件的可配置可燃气体应急点火装置。

9.5.1.2 井口压力可能超过允许关井压力需点火放喷时，应先点火后放喷。

9.5.1.3 含硫油气井海上平台原则上两侧宜安装燃烧臂，满足点火处理的条件。

9.5.2 井口点火

9.5.2.1 井喷失控后，在人员生命受到巨大威胁、人员撤离无望、失控井无希望得到控制的情况下，应按抢险作业程序对油气井井口实施点火。

9.5.2.2 陆上含硫油气井发生井喷失控，符合下述条件之一时，应在 15min 内实施井口点火：
   a) 距井口 500m 范围内居民点的硫化氢 3min 平均监测浓度达到 150mg/m³（100×10⁻⁶），且存在无防护措施的公众；
   b) 井场周围 1000m 范围内无有效的硫化氢监测手段。

9.5.2.3 若井场周边 1.5km 范围内无常住居民，可适当延长点火时间。

9.5.2.4 点火程序的相关内容应在应急预案中明确；点火决策人应由建设单位代表或其授权的现场负

责人来担任，并列入应急预案中。

9.5.3 防护要求

9.5.3.1 点火人员应佩戴防护器具，在尽量远离点火口的上风方向使用移动点火器具点火。

9.5.3.2 陆上点火后应对下风方向，尤其是井场生活区、周围居民区、医院、学校等人员聚集场所的二氧化硫浓度进行监测。

9.6 海上应急

9.6.1 海上含硫油气井作业时，应在9.1～9.5的基础上增加以下项目：
  a) 所有人员都应熟悉应急逃生路线的位置和逃生设备的应用；
  b) 所有人员撤到紧急集合点；
  c) 海上设施的专职医护人员应参与应急处置；
  d) 平台应对可燃气体和硫化氢的浓度加以监测，确保直升机安全起降；在可能情况下应使船舶和直升机从上风方向接近现场。

9.6.2 当钻井、油气井服务、生产和建造作业中有两种或两种以上的作业需要同步进行时，应由同步（联合）作业双方签订同步（联合）作业安全应急管理程序，明确作业期间安全应急职责界面，并指派一个人担任同步（联合）作业的负责人，协调安全应急事项。

10 证实方法

执行情况的证实方法见表3。

表3 证实方法

序号	证实项	证实要素	证实方法
1	总体要求	作业队伍资质要求及人员要求	建设单位按照4.1、4.2的要求审查确认作业队伍资质要求及人员要求，并保存审查结果
		管理要求	a) 经过审批的含硫化氢防护措施的施工技术方案和HSE作业计划书、硫化氢应急处置预（方）案； b) 施工技术方案和HSE作业计划书培训学习记录； c) 硫化氢应急处置预（方）案演练记录； d) 硫化氢监测仪器和个人防护设备设施登记台账； e) 硫化氢监测仪器和个人防护设备设施使用训练记录
2	设计	钻井地质工程设计	建设单位按照5.1、5.2.1～5.2.4的要求审核地质设计和工程设计，并形成审批记录
		固井设计	建设单位按照5.2.5的要求审核固井设计，并形成审批记录
3	井场布置		a) 建设单位组织进行开钻前验收，按照6.1、6.2的要求对钻井设备和录井设备的井场布置进行验收，保留验收记录； b) 海洋石油录井按照6.3的要求确认设备布置，并保留确认记录

表 3（续）

序号	证实项	证实要素	证实方法
4	硫化氢监测仪器和防护设备配置维护	配置	建设单位组织进行钻开油气层前验收，按照 7.1 的要求对硫化氢监测仪器和防护设备的配置进行验收，保留验收记录
		维护	a) 建立监测仪器和防护设备定期检查和维护保养记录，以证实符合 7.2 的要求； b) 保存监测仪器和防护设备定期检验证书
5	施工	一般要求	建立日常检查和维护保养记录，以证实符合 8.1 的要求
		钻开含硫油气层前的准备及检查	建设单位组织钻开含硫油气层前验收，按照 8.2 的要求对含硫油气层前的准备工作进行验收，保留验收记录
		作业	a) 钻井队、钻井液队、录井队分别建立钻井工程、钻井液、录井日报表，记录每日工作内容、各项参数，以证实施工过程符合 8.3～8.7 要求； b) 钻井队建立井控装备日常检查维护保养记录、试压记录和液面坐岗记录，以证实井控管理符合本章要求； c) 各作业单位做好安全技术交底会议记录并保存，记录包括时间、地点、参加人员及交底主要内容； d) 固井队按照 8.8.4～8.8.6 的要求确认固井设备的井场布置，测井队按照 8.9.3、8.9.4 的要求确认测井设备的井场布置，并保留确认记录； e) 值班干部和（或）安全监督按照第 8 章的要求对作业人员进行监督检查，建立值班日志和（或）监督日志，记录监督检查情况
6	应急处置		a) 保存应急处置预（方）案，以证实符合 9.1 的要求； b) 建立防硫化氢演练记录，以证实符合 9.3 的要求； c) 应急撤离和点火处理时，做好现场的撤离条件、点火条件、决策及实施的影像、图片、录音记录； d) 调取硫化氢监测仪的监测数据，以证实第 9 章中设定的硫化氢浓度

参 考 文 献

[1] GB 40554.1 海洋石油天然气开采安全规程 第1部分：总则
[2] GB 42294 陆上石油天然气开采安全规程
[3] GBZ 2.1 工作场所有害因素职业接触限值 第1部分：化学有害因素
[4] GBZ/T 259 硫化氢职业危害防护导则
[5] SY/T 0599 天然气地面设施抗硫化物应力开裂和应力腐蚀开裂金属材料技术规范
[6] SY/T 6284 石油企业职业病危害因素识别及防护规范
[7] SY/T 6307 浅海钻井安全规程
[8] SY/T 6646 废弃井及长停井处置指南
[9] SY/T 6845 海洋弃井作业规范
[10] SY/T 6857.2 石油天然气工业特殊环境用油井管 第2部分：酸性油气田用钻杆

中华人民共和国
石油天然气行业标准
硫化氢环境钻井场所作业安全规范
SY/T 5087—2024

*

石油工业出版社出版
(北京安定门外安华里二区一号楼)
北京中石油彩色印刷有限责任公司排版印刷
新华书店北京发行所发行

*

880×1230毫米 16开本 1.25印张 36千字 印1—1000
2024年10月北京第1版 2024年10月北京第1次印刷
书号：155021·8631 定价：25.00元
版权专有 不得翻印

ICS 13.100
E 09
备案号：24253—2008

SY

中华人民共和国石油天然气行业标准

SY 5131—2008
代替 SY 5131—1998

石油放射性测井辐射防护安全规程

Safety codes for radiation protection in petroleum radioactive log

2008-06-16 发布　　　　　　　　　　　　　　　2008-12-01 实施

国家发展和改革委员会　　发　布

SY 5131—2008

目　次

前言 II
1 范围 1
2 规范性引用文件 1
3 术语和定义 1
4 剂量限值 2
5 调查 2
6 放射工作人员的健康防护要求 2
7 放射源及非密封放射性物质的安全使用要求 3
8 使用放射源及脉冲中子源测井的辐射防护 3
9 使用非密封放射性物质测井的辐射防护 4
10 报废及废物处理要求 4
11 辐射事故应急要求 4
附录 A（资料性附录） 辐射权重因子与组织权重因子 5
参考文献 6

I

前 言

本标准的9.4为推荐性条文,其他条文均为强制性条文。

本标准对SY 5131—1998《石油放射性测井辐射防护安全规程》进行修订,与上述标准相比,主要变化如下:

——增加了规范性引用文件(本版第2章);
——增加了放射工作人员的健康防护内容(本版第6章);
——增加了放射源报废及放射性废液、废物处置内容(本版第10章);
——增加了辐射事故应急内容(本版第11章);
——修改了使用非密封放射性物质测井的辐射防护的内容(SY 5131—1998的第9章,本版的第6章);
——修改了原标准中的内容(SY 5131—1998的6.1.1,6.1.2,6.1.3,6.1.4;本版的7.1.1,7.1.2,7.1.3);
——修改和删除了原标准的部分内容(SY 5131—1998的6.3.2,6.3.3,6.3.4,7.1.2,7.1.4,7.2.1,7.2.2,8.1.2;本版的7.3.2,7.3.3,7.3.4,8.1.2,8.1.3,8.2.1,8.2.2,9.1.2)。

本标准附录A为资料性附录。
本标准由石油工业安全专业标准化技术委员会提出并归口。
本标准负责起草单位:大港油田集团测井公司。
本标准参加起草单位:大庆石油管理局测井公司、中国石油集团测井公司华北事业部。
本标准主要起草人:徐忠、闻宝日、石文忠、李云平、李六有。
本标准所代替标准的历次版本发布情况为:
——SY 5131—1987,SY 5131—1998。

SY 5131—2008

石油放射性测井辐射防护安全规程

1 范围

本标准规定了石油放射性测井过程中放射源的安全使用及辐射安全卫生防护要求。
本标准适用于油气田的放射性测井。

2 规范性引用文件

下列文件中的条款通过本标准的引用而成为本标准的条款。凡是注日期的引用文件，其随后所有的修改单（不包括勘误的内容）或修订版均不适用于本标准，然而，鼓励根据本标准达成协议的各方研究是否可使用这些文件的最新版本。凡是不注日期的引用文件，其最新版本适用于本标准。

GB 4075—2003 密封放射源 一般要求和分级
GB 11806—2004 放射性物质安全运输规程
GBZ 98—2002 放射工作人员健康标准
GBZ 118—2002 油（气）田非密封型放射源测井卫生防护标准
SY 6322—1997 油（气）田测井用密封型放射源库安全技术要求

3 术语和定义

下列术语和定义适用于本标准。

3.1

放射源 sealed source

除研究堆和动力堆核燃料循环范畴的材料以外，永久密封在容器中或者有严密包层并呈固态的放射性材料。

3.2

非密封放射性物质 unsealed source

非永久密封在包壳里或者紧密地固结在覆盖层里的放射性物质。

3.3

电离辐射 ionizing radiation

在辐射防护领域内，系指可以在生物物质中产生电离的辐射。

3.4

吸收剂量 absorbed dose

单位质量内吸收的能量。其单位为戈［瑞］（Gy），$1Gy=1J/kg$。

3.5

当量剂量 equivalent dose

剂量当量 $H_{T·R}$ 定义见式（1）：

$$H_{T·R}=D_{T·R}·W_R \quad\quad\quad\quad\quad\quad (1)$$

式中：
$D_{T·R}$——R 型辐射在器官或组织 T 内所产生的平均吸收剂量；
W_R——R 型辐射的权重因子（参见附录 A）。

当辐射场是由含不同 W_R 值的不同辐射类型组成时，当量剂量见式（2）：

1

$$H_T = \sum W_R \cdot D_{T \cdot R} \quad \cdots\cdots(2)$$

当量剂量的单位是希[沃特](Sv)，1Sv = 1J/kg。

3.6

有效剂量 effective dose

有效剂量 E，定义为乘以相应的组织权重因子的各组织当量剂量之和，见式（3）：

$$E = \sum W_T \cdot H_T \quad \cdots\cdots(3)$$

式中：

H_T——组织 T 所受的当量剂量；

W_T——组织权重因子（参见附录A）。

3.7

调查水平 investigation level

指规定的有效剂量或摄入量，在量值达到或超过此值时应进行调查。

3.8

比释动能 kerma

定义见式（4）：

$$K = dE_{tr}/dm \quad \cdots\cdots(4)$$

式中：

dE_{tr}——由不带电的电离粒子在质量为 dm 的某一物质内释出的全部电离粒子的初始动能之总和。

比释动能的国际单位是戈[瑞]（Gy）。

3.9

辐射水平 radiation level

以 $mSv \cdot h^{-1}$ 为单位表示的相应的剂量率。

3.10

辐射事故 radiation accident

放射源丢失、被盗、失控，或者放射性同位素和射线装置失控导致人员受到意外的异常照射。

4 剂量限值

应对石油放射性测井作业人员的职业照射加以控制，以使其不超过下述限值：

a) 连续 5 年的年平均有效剂量（但不可以作任何追溯平均）：20mSv；
b) 任何一年中的有效剂量：50mSv；
c) 眼晶体的年当量剂量：150mSv；
d) 四肢（手和脚）或皮肤的年当量剂量：500mSv。

5 调查

5.1 石油放射性测井作业人员的调查水平为 $4mSv \cdot a^{-1}$。

5.2 对石油放射性测井作业人员年职业照射剂量达到调查水平以上者，应进行调查。

6 放射工作人员的健康防护要求

6.1 石油放射性测井工作人员的从业条件应符合 GBZ 98—2002 的规定。

6.2 上岗前，应取得当地政府主管部门颁发的培训合格证。

6.3 上岗后 1 年~2 年进行一次健康检查，必要时可增加临时性体检。

6.4 职业健康检查出职业禁忌，应进行复查，复查不合格应调离放射工作岗位。

6.5 上岗时应佩戴个人剂量监测牌（卡），剂量监测牌（卡）的送检周期为三个月。

6.6 放射工作人员所在单位应组织开展有关放射防护的职业卫生知识培训。

6.7 放射工作人员所在单位应建立职业健康监护档案。

7 放射源及非密封放射性物质的安全使用要求

7.1 测井用放射源的一般防护要求

7.1.1 测井用放射源应符合 GB 4075—2003 中 6.1 的规定。

7.1.2 测井用放射源应具有放射源核素名称、出厂时间和活度、标号、编码，以及相应的泄漏检验与表面污染检测报告。放射源启用后，使用单位应建立使用泄漏与表面检测档案，检测档案随放射源长期保存。

7.1.3 放射源出现意外受损时，应送有资质单位进行检验，确认符合 GB 4075—2003 中 6.1 的规定后方能继续启用。

7.2 放射源及非密封放射性物质贮存的防护要求

7.2.1 放射源贮存库的设计和使用管理要求应符合 SY 6322—1997 的规定。

7.2.2 非密封放射性物质的贮存防护应符合 GBZ 118—2002 中 4.1 的规定。

7.3 测井用放射源及非密封放射性物质的运输

7.3.1 放射源及非密封放射性物质的运输，应符合 GB 11806—2004 的规定。

7.3.2 在运输的常规条件下，运输工具外表面上任一点的辐射水平应不超过 $2mSv \cdot h^{-1}$，而在距运输工具外表面 2m 处的辐射水平应不超过 $0.1mSv \cdot h^{-1}$。

7.3.3 在运输的常规条件下，任何货包外表面的非固定污染水平不应超过下述限值：

   a) 对 β 和 γ 发射体以及低毒性 α 发射体为 $4Bq \cdot cm^{-2}$；
   b) 对所有其他 α 发射体为 $0.44Bq \cdot cm^{-2}$。

7.3.4 运输放射源及非密封放射性物质时，应选择非人口稠密区运行。

8 使用放射源及脉冲中子源测井的辐射防护

8.1 车间刻度的辐射防护要求

8.1.1 刻度车间属放射工作场所，应远离居民区及非放射工作场所。

8.1.2 刻度车间应设有仪器吊升装置及扶持仪器进入刻度井（或刻度装置）的工具。

8.1.3 在进行放射性刻度作业时，应设非安全控制区和电离辐射标志。使用中子发生器作打靶校验时，非安全控制区的半径不得小于 30m。非安全控制区应设专人监护，禁止无关人员进入。打靶终止 20min 后，人员方能接近下井仪器。

8.2 现场测井作业的辐射防护要求

8.2.1 从事放射源运输、装卸作业的操作人员，应经运输、装卸放射源作业的技能培训。

8.2.2 进行放射源操作时，应设非安全控制区，在醒目位置摆放电离辐射标志。设专人监护，无关人员不得进入。

8.2.3 进行放射源与仪器连接与拆卸时，应采取防止放射源脱落、失控等措施。

8.2.4 测井施工人员应按照辐射防护的时间、距离、屏蔽原则，采取最优化的辐射防护方式，进行装、卸放射源作业，不得徒手接触放射源。

8.2.5 使用带有中子发生器的仪器进行测井作业时，中子发生器断电 20min 后，仪器方能起出井口。

8.2.6 现场运输和施工作业中，应指定专人负责放射源的安全。作业完成后，由指定的专人会同测井队队长共同确认放射源装回运源车。

3

9 使用非密封放射性物质测井的辐射防护

9.1 从事非密封放射性物质的配制操作人员，应经配制操作培训。

9.2 非密封放射性物质的配制应符合 GBZ 118—2002 中 5.1 和 5.2 的规定。

9.3 现场使用非密封放射性物质测井作业，应符合 GBZ 118—2002 中 5.3 的规定。

9.4 测井中释放非密封放射性物质宜采用井下释放方式。

10 报废及废物处理要求

10.1 退役、报废的放射源应退回生产厂家或上交当地环境保护行政主管部门。

10.2 放射性液体和固体废物应收集在贮存设施内封存，定期上交当地环境保护行政主管部门处理。

10.3 任何单位和个人不应私自处理退役、报废放射源以及放射性废液、废物。

11 辐射事故应急要求

11.1 使用放射性同位素和射线装置的单位，应取得当地省（市）级环境保护行政主管部门颁发的许可证。应根据可能发生的辐射事故的风险，制定本单位的应急预案，做好应急准备。辐射事故应急预案应包括下列内容：

——应急机构和职责分工；

——应急人员的组织、培训以及应急和救助的物资、装备；

——辐射事故应急处置措施。

11.2 发生辐射事故时，使用放射性同位素和射线装置的单位应立即启动本单位的应急预案，采取应急措施，并立即向当地环境保护主管部门、公安部门、卫生主管部门报告。

附 录 A
（资料性附录）
辐射权重因子与组织权重因子

辐射权重因子见表 A.1，组织权重因子见表 A.2。

表 A.1 辐射权重因子

辐射类型和辐射能量范围		辐射权重因子 W_R
光子，所有能量		1
电子及介子，所有能量		1
中子，能量	<10keV	5
	10keV～100keV	10
	>100keV～2MeV	20
	>2MeV～20MeV	10
	>20MeV	5
α粒子、裂变碎片、重核		20

表 A.2 组织权重因子[a]

组织或器官	组织权重因子 W_T
性腺	0.20
红骨髓	0.12
结肠	0.12
肺	0.12
胃	0.12
膀胱	0.05
乳腺	0.05
肝	0.05
食道	0.05
甲状腺	0.05
皮肤	0.01
骨表面	0.01
其余组织或器官	0.05[b],[c]

[a] 数值系按男女人数相等、年龄范围很宽的参考人群导出，按有效剂量定义，它们对工作人员、全体人口和男女两性都适用。

[b] 为计算用，其余组织或器官包括以下组织与器官：肾上腺、脑、上段大肠、小肠、肾、肌肉、胰、脾、胸腺及子宫。

[c] 在其余组织或器官中有一个组织或器官受到超过上述12个规定了权重因子的器官的最高剂量当量的例外情况，该组织或器官取权重因子0.025，而剩下的上列其余组织或器官的平均当量剂量亦取权重因子0.025。

参 考 文 献

[1] GB 14500—2002 放射性废物管理规定
[2] GB 18871—2002 电离辐射防护与辐射源安全基本标准
[3] GBZ 114—2002 使用密封放射源卫生防护标准
[4] GBZ 135—2002 密封 γ 放射源容器卫生防护标准
[5] GBZ 142—2002 油（气）田测井用密封型放射源卫生防护标准
[6] 中华人民共和国职业病防治法 中华人民共和国主席令第 6 号 2002 年 5 月 1 日实施
[7] 中华人民共和国放射性污染防治法 中华人民共和国主席令第 60 号 2003 年 10 月 1 日实施
[8] 放射性同位素与射线装置安全和防护条例 中华人民共和国国务院令第 449 号 2005 年 12 月 1 日实施
[9] 放射性工作人员健康管理规定 卫生部令第 52 号 1997 年 9 月 1 日实施

中华人民共和国
石油天然气行业标准
石油放射性测井辐射防护安全规程
SY 5131—2008

*

石油工业出版社出版
（北京安定门外安华里二区一号楼）
石油工业出版社印刷厂排版印刷
新华书店北京发行所发行

*

880×1230 毫米 16 开本 0.75 印张 19 千字 印 3901—4300
2008 年 8 月北京第 1 版 2021 年 9 月北京第 3 次印刷
书号：155021·6154 定价：12.00 元
版权专有 不得翻印

ICS 13.100
E 09
备案号：53350—2016

SY

中华人民共和国石油天然气行业标准

SY 5436—2016
代替 SY 5436—2008

井筒作业用民用爆炸物品安全规范

Safety code for wellbore operations with civil explosives

2016—01—07 发布　　　　　　　　　　　　2016—06—01 实施

国家能源局　　发　布

SY 5436—2016

目　次

前言 ⋯⋯ Ⅱ
1 范围 ⋯⋯⋯ 1
2 规范性引用文件 ⋯⋯⋯⋯⋯⋯⋯⋯⋯⋯⋯⋯⋯⋯⋯⋯⋯⋯⋯⋯⋯⋯⋯⋯⋯⋯⋯⋯⋯⋯⋯⋯⋯⋯⋯ 1
3 术语和定义 ⋯⋯⋯⋯⋯⋯⋯⋯⋯⋯⋯⋯⋯⋯⋯⋯⋯⋯⋯⋯⋯⋯⋯⋯⋯⋯⋯⋯⋯⋯⋯⋯⋯⋯⋯⋯⋯ 1
4 总则 ⋯⋯⋯ 2
5 人员要求 ⋯⋯⋯⋯⋯⋯⋯⋯⋯⋯⋯⋯⋯⋯⋯⋯⋯⋯⋯⋯⋯⋯⋯⋯⋯⋯⋯⋯⋯⋯⋯⋯⋯⋯⋯⋯⋯⋯ 2
6 民用爆炸物品管理 ⋯⋯⋯⋯⋯⋯⋯⋯⋯⋯⋯⋯⋯⋯⋯⋯⋯⋯⋯⋯⋯⋯⋯⋯⋯⋯⋯⋯⋯⋯⋯⋯⋯⋯ 2
　6.1 采购 ⋯⋯⋯⋯⋯⋯⋯⋯⋯⋯⋯⋯⋯⋯⋯⋯⋯⋯⋯⋯⋯⋯⋯⋯⋯⋯⋯⋯⋯⋯⋯⋯⋯⋯⋯⋯⋯⋯ 2
　6.2 库区安全管理 ⋯⋯⋯⋯⋯⋯⋯⋯⋯⋯⋯⋯⋯⋯⋯⋯⋯⋯⋯⋯⋯⋯⋯⋯⋯⋯⋯⋯⋯⋯⋯⋯⋯⋯ 3
　6.3 储存管理 ⋯⋯⋯⋯⋯⋯⋯⋯⋯⋯⋯⋯⋯⋯⋯⋯⋯⋯⋯⋯⋯⋯⋯⋯⋯⋯⋯⋯⋯⋯⋯⋯⋯⋯⋯⋯ 3
　6.4 出入库管理 ⋯⋯⋯⋯⋯⋯⋯⋯⋯⋯⋯⋯⋯⋯⋯⋯⋯⋯⋯⋯⋯⋯⋯⋯⋯⋯⋯⋯⋯⋯⋯⋯⋯⋯⋯ 3
　6.5 装卸与搬运 ⋯⋯⋯⋯⋯⋯⋯⋯⋯⋯⋯⋯⋯⋯⋯⋯⋯⋯⋯⋯⋯⋯⋯⋯⋯⋯⋯⋯⋯⋯⋯⋯⋯⋯⋯ 4
　6.6 作业运输 ⋯⋯⋯⋯⋯⋯⋯⋯⋯⋯⋯⋯⋯⋯⋯⋯⋯⋯⋯⋯⋯⋯⋯⋯⋯⋯⋯⋯⋯⋯⋯⋯⋯⋯⋯⋯ 4
　6.7 使用 ⋯⋯⋯⋯⋯⋯⋯⋯⋯⋯⋯⋯⋯⋯⋯⋯⋯⋯⋯⋯⋯⋯⋯⋯⋯⋯⋯⋯⋯⋯⋯⋯⋯⋯⋯⋯⋯⋯ 5
　6.8 销毁 ⋯⋯⋯⋯⋯⋯⋯⋯⋯⋯⋯⋯⋯⋯⋯⋯⋯⋯⋯⋯⋯⋯⋯⋯⋯⋯⋯⋯⋯⋯⋯⋯⋯⋯⋯⋯⋯⋯ 6
7 应急管理 ⋯⋯⋯⋯⋯⋯⋯⋯⋯⋯⋯⋯⋯⋯⋯⋯⋯⋯⋯⋯⋯⋯⋯⋯⋯⋯⋯⋯⋯⋯⋯⋯⋯⋯⋯⋯⋯⋯ 6
附录 A（资料性附录） 库房警示标志牌式样 ⋯⋯⋯⋯⋯⋯⋯⋯⋯⋯⋯⋯⋯⋯⋯⋯⋯⋯⋯⋯⋯⋯⋯ 7
参考文献 ⋯⋯⋯⋯⋯⋯⋯⋯⋯⋯⋯⋯⋯⋯⋯⋯⋯⋯⋯⋯⋯⋯⋯⋯⋯⋯⋯⋯⋯⋯⋯⋯⋯⋯⋯⋯⋯⋯⋯ 8

Ⅰ

前　言

本标准中的第 6.3.4 条、第 6.3.5 条部分内容为推荐性，其他条款均为强制性。

本标准按照 GB/T 1.1—2009《标准化工作导则　第 1 部分：标准的结构和编写》给出的规则起草。

本标准是对 SY 5436—2008《石油射孔、井壁取心民用爆炸物品安全规程》的修订，与 SY 5436—2008 相比，主要技术内容变化如下：
——增加了法律法规和新标准的内容（见第 2 章）；
——将第 6 章至第 10 章合并为"民用爆炸物品管理"（见第 6 章）；
——增加了"装卸与搬运"（见 6.5）；
——增加了"车辆应配备 GPS 系统"（见 6.6.1.5）；
——增加了"施工队对现场进行风险识别，并对识别出的风险进行整改"（见 6.7.1.2）；
——增加了"应急管理"（见第 7 章）；
——增加了"储存库警示标志牌图例"（见图 A.1）；
——修改了术语和定义"射孔"和"井壁取心"（见第 3 章，2008 年版的第 3 章）；
——修改了总则的内容（见第 4 章，2008 年版的第 4 章）；
——修改了车辆和设备有关内容（见 6.6.1，2008 年版的 7.2）；
——修改了"储存爆炸物品的库区内应设醒目的安全警示标志并严禁吸烟、动用明火、存放其他易燃品及杂物"（见 6.2.3，2008 年版的 8.1.13）；
——修改了"施工人员到达井场后，施工负责人应将施工通知单的内容通知作业（钻井）队，与作业（钻井）队负责人一起识别并纠正在爆炸作业过程中可能造成事故的井场条件"（见 6.7.1.1，2008 年版的 9.1.1）；
——修改了"销毁"（见 6.8，2008 年版的第 10 章）；
——删除了"上井施工用的爆炸物品应用专车运送。装卸爆炸物品应轻拿轻放"（见 2008 年版的 7.5.4）；
——删除了"应消除施工用电干扰，包括：
　　a)　关掉阴极保护系统；
　　b)　停止所有用电作业；
　　c)　检查作业井架有无漏电，如有漏电，应立即采取措施消除漏电；
　　d)　作业期间不应使用无线通信工具"（见 2008 年版的 9.1.3）。

本标准由石油工业安全专业标准化技术委员会（CPSC/TC20）提出并归口。

本标准负责起草单位：中国石油集团测井有限公司华北事业部。

本标准参加起草单位：中国石油天然气股份有限公司华北油田分公司、中石化江汉石油工程公司测录井公司、中石化胜利石油工程有限公司测井公司、中石油大庆油田有限责任公司试油试采分公司、中石化中原石油工程有限公司地球物理测井公司。

本标准主要起草人：曾树峰、侯英权、汪涛、李六有、朱爱民、刘翌尧、周国瑞、张培联、刘永亮、曹丛军、张国良、李军。

本标准代替了 SY 5436—2008。

SY 5436—2008 所代替的历次版本发布情况为：
——SY 5436—1992；
——SY 5436—1998。

SY 5436—2016

井筒作业用民用爆炸物品安全规范

1 范围

本标准规定了民用爆炸物品在石油射孔、井壁取心、爆炸松扣、爆炸切割、桥塞作业中的采购、运输、储存、使用、检验与销毁及应急处置及涉爆单位、人员取证的安全技术要求和管理要求。

本标准适用于陆上油气井的射孔、井壁取心、爆炸松扣、爆炸切割、桥塞等作业。

2 规范性引用文件

下列文件对于本文件的应用是必不可少的。凡是注日期的引用文件，仅注日期的版本适用于本文件。凡是不注日期的引用文件，其最新版本（包括所有的修改单）适用于本文件。

GB 6722—2014 爆破安全规程
GB 7258 机动车运行安全技术条件
GB 13392 道路运输危险货物车辆标志
GB/T 29639 生产经营单位生产安全事故应急预案编制导则
GB 50089 民用爆破器材工程设计安全规范
AQ/T 9007 生产安全事故应急演练指南
GA 838—2009 小型民用爆炸物品储存库安全规范
民用爆炸物品安全管理条例 中华人民共和国国务院令 第466号 2006年9月1日施行

3 术语和定义

下列术语和定义适用于本文件。

3.1
民用爆炸物品 civil explosives

用于非军事目的、列入民用爆炸物品品名表的各类火药、炸药及其制品和雷管、导火索等点火、起爆器材。

3.2
民用爆炸物品从业单位 unit of civil explosives

生产、销售、购买、运输民用爆炸物品的单位和爆破作业单位。

3.3
射孔 perforation

将射孔器用专业仪器设备输送到井下预定深度，对准目的层引爆射孔器，穿透套管和水泥环，构成目的层至套管内连通孔道的工艺技术。

3.4
井壁取心 sidewall coring

利用测井电缆或钻具将井壁取心器下放到预定深度，井壁取心器按预定程序从井壁上获取岩心的工艺技术。

1

3.5

押运 escort in transportation

对民用爆炸物品运输全过程进行监护的过程。

3.6

涉爆人员 explosion-involving personnel

接触、使用民用爆炸物品的人员，包括但不限于单位相关管理人员、安全员、保管员、押运员、爆破员、运输民用爆炸物品的驾驶员等。

3.7

销毁 destroy by melting or burning

对不再使用的民用爆炸物品的处理过程。

4 总则

4.1 民用爆炸物品从业单位应取得相应人民政府主管部门核发的相关证件。

4.2 涉爆人员应取得人民政府公安、交通部门核发的相关证件，并持证上岗。

4.3 民用爆炸物品从业单位和人员应遵守国家、所在地人民政府有关民用爆炸物品安全管理的法律、行政法规及国家和安全行业技术标准。

4.4 民用爆炸物品从业单位的主要负责人是本单位民用爆炸物品安全管理第一责任人，对本单位的民用爆炸物品安全管理工作全面负责。

4.5 民用爆炸物品从业单位应建立安全管理制度，设置安全管理机构或者配备专职安全管理人员。

4.6 夜间、恶劣天气（雷雨、大雾、沙尘暴和7级以上大风等），不应进行射孔和爆炸作业。

4.7 涉爆人员应正确穿戴防静电劳动防护用品上岗。

4.8 在不具备安全作业条件下，涉爆人员有权拒绝施工。

4.9 民用爆炸物品从业单位应制订安全防范措施和事故应急预案。

5 人员要求

5.1 爆破员、安全员、保管员和押运员应符合下列条件：
——年满18周岁，身体、心理健康，无妨碍从事爆炸作业的生理缺陷和疾病。
——工作认真负责，无不良嗜好、劣迹和犯罪记录。
——具有初中及以上文化程度。

5.2 民用爆炸物品从业单位应对本单位的涉爆人员进行安全教育、法制教育和岗位技术培训，培训内容应包括：
——国家和地方法律、行政法规中关于存放、运输、使用和处置各种爆炸物品的规定。
——爆炸物品的分类、性能和特点。
——爆炸物品的安全操作步骤和方法。
——安全处置爆炸物品的步骤和方法。
——相关应急知识。

6 民用爆炸物品管理

6.1 采购

6.1.1 民用爆炸物品应由企业采购部门统一负责采购。

6.1.2 采购部门应持有公安机关签发的"民用爆炸物品购买许可证"。

6.1.3 采购部门应采购经国家批准的生产企业生产的，并经有资质的爆炸物品检验机构检验合格的产品。

6.1.4 应采购经过逐枚、逐发编码的安全雷管、射孔弹。

6.1.5 采购部门应建立收、发、存台账（原始记录应保存2年备查），并符合《民用爆炸物品安全管理条例》（中华人民共和国国务院令第466号）第七条的规定。

6.1.6 民用爆炸物品从业单位应按公安机关要求建立民用爆炸物品管理信息系统。

6.1.7 民用爆炸物品的采购运输，应取得所在地县级人民政府公安机关和交通部门签发的"民用爆炸物品运输许可证"。

6.2 库区安全管理

6.2.1 库区应设围墙，围墙应高出地面2.5m，围墙顶应有铁丝网或用玻璃碎片立插。

6.2.2 库区内应装避雷设施。避雷设施每年应在雨季到来之前进行一次接地电阻检测，其冲击接地电阻应小于10Ω。

6.2.3 库区门外应设醒目的安全警示标志；库区内严禁吸烟、动用明火、存放其他易燃品及杂物。

6.2.4 库区内应备有消防器材及供水设施，应安装适当数量的探照灯确保库区照明。

6.2.5 库区内应安装视频监视控制器，确保24h监控无盲区，监控数据保存30d。

6.2.6 库区应设专职警卫人员负责保卫工作，库房实行双人双锁管理，应有防止小动物进入的防范设施，并配备两条以上看护犬。

6.2.7 进入库区的人员严禁携带火种和无线通信工具。

6.2.8 在库区进行临时性作业应办理作业许可证。

6.2.9 库房内的电气照明应符合GB 50089的规定；当采用移动式照明时，应使用防爆手电筒或手提式防爆灯，并随时携带。

6.2.10 库房应建在远离城市的独立地段，不应建在文物保护单位及风景名胜区。

6.2.11 库房的安全允许距离应符合GA 838—2009中第7章和表3的规定。

6.2.12 库房周围应设防护堤。防护堤的高度应高于库房屋檐，其顶宽不小于1m，底宽不应小于高度的1.5倍。

6.2.13 库房内应铺有防静电胶皮或无火花地板，并保持通风和防潮良好。库房门前应安装消除静电的触摸器。

6.2.14 应在库房门口的醒目位置设置警示标志牌，符合附录A的规定。

6.3 储存管理

6.3.1 库房应设专（兼）职保管员，应每月盘点一次库存。若发现账、卡、物不符，应立即查明原因，并向上级主管部门汇报。

6.3.2 每间库房储存爆炸物品的数量不应超过库房设计的安全储存量。

6.3.3 射孔弹（切割弹）、导爆索（传爆管）、雷管（起爆器）、黑火药、导火索的存放应符合表1的规定；废弃爆炸物品应单独存放，并应符合表1的规定。

6.3.4 爆炸物品的包装箱下宜垫有高度大于10cm的垫木。码放通道宽度不应小于0.6m，爆炸物品包装箱距墙的距离不应小于0.2m，宜在地面画定置线。

6.3.5 爆炸物品包装箱应码放整齐，码高不应超过1.6m，宜在墙面画定高线。

6.4 出入库管理

6.4.1 爆炸物品的入库应有交接手续，并填写爆炸物品入库单。交货人和收货人应在入库单上签字

表1 爆炸物品同库贮存（同车运输）的规定

危险品名称	雷管类	黑火药	导火索	射孔弹类	导爆索类
雷管类	＋	－	－	－	－
黑火药	－	＋	－	－	－
导火索	－	－	＋	＋	＋
射孔弹类	－	－	＋	＋	＋
导爆索类	－	－	＋	＋	＋

注1："＋"表示能同车（船）运输、同库贮存，"－"表示不能同车（船）运输，不能同库贮存。
注2：雷管类包括火雷管、电雷管、导爆管雷管。
注3：导爆索类包括各种导爆索和以导爆索为主要成分的产品，包括继爆管和爆裂管。

6.4.2 库房保管员应凭施工设计（通知单）发放施工所用的爆炸物品，并填写爆炸物品发放表，发放人和领用人应分别在爆炸物品发放表上签字（原始记录保存2年备查）。发放人应对领用手续进行复核，如发现异常，应停止发放，及时向有关部门汇报。

6.4.3 施工剩余、报废爆炸物品应全部回收，直接交回库房，填写爆炸物品回收表，交货人和收货人应分别在爆炸物品回收表上签字。

6.4.4 应按规定建立民用爆炸物品流向管理制度。对民用爆炸物品的出入库记录应有台账，流向信息记录应完整。

6.4.5 爆炸物品出库采用"先进先出"原则。

6.5 装卸与搬运

6.5.1 轻拿轻放，不应拖拉、撞击、抛掷、踩踏、翻滚、侧置民用爆炸物品。

6.5.2 押运员应在现场监装，无关人员和车辆禁止靠近，运输车辆离库门不应小于2.5m。

6.5.3 车辆应熄火、制动，不应在装卸现场添加燃料和维修车辆。

6.5.4 在装卸时，押运员应认真检查，核实民用爆炸物品的名称与数量。

6.5.5 装卸作业结束后，作业场所应清理干净，防止遗留爆炸物品，并与库管员做好交接。

6.5.6 人工搬运爆炸物品时，应遵守下列规定：
   a) 不应一人同时携带雷管和炸药。
   b) 一人一次运送的爆炸物品数量不超过：
      ——雷管2000发。
      ——总重量25kg。

6.6 作业运输

6.6.1 车辆和设备

6.6.1.1 车辆安全技术状况应符合GB 7258的要求，并应符合国家爆破器材运输车辆安全技术条件规定的有关要求。

6.6.1.2 车辆应配置符合GB 13392的标志，并按规定使用。

6.6.1.3 车辆排气管应加装阻火器，并配装导静电橡胶拖地带装置。运输爆炸物品时，应遵守GB 6722—2014中14.1的相关规定。

6.6.1.4 车辆应配备符合有关国家标准以及与所载运的危险货物相适应的消防器材。

6.6.1.5 车辆应配备GPS系统。

6.6.2 运输人员

6.6.2.1 运输民用爆炸物品的驾驶员应选派有 5 年以上驾驶经历、技术好、身体健康、经所在地交通部门考试合格、经过安全培训取得上岗资格证的驾驶员担任。

6.6.2.2 应指派具有押运资质的押运员押运，保证民用爆炸物品处于押运人员的监管之下。

6.6.2.3 运输民用爆炸物品的驾驶员和押运员不应吸烟、携带火种和其他易燃品，开车前应检查货物装载有无异常。

6.6.2.4 驾驶员应服从押运员指挥。

6.6.3 其他规定

6.6.3.1 最大载质量为原车额定载质量的四分之三。性质相抵触的民用爆炸物品（见表1）不应混装，装运民用爆炸物品的车辆不应装运与作业无关物品和搭乘无关人员。

6.6.3.2 装运民用爆炸物品的车辆应限速行驶，避免紧急制动。

6.6.3.3 车辆行驶路线应绕开人口稠密区，若确需途经人口稠密区，按公安机关指定的路线和时间通过。途中住宿时应按公安机关指定地点停放，并有专人看守。临时停歇时，车辆与周围设施应保持安全距离，并有专人看守。途中驾驶员和押运员不应擅自离开车辆。

6.6.3.4 运输途中应每行驶 2h 后停车，对车况和物品检查一次。

6.6.3.5 雷雨、大雾等恶劣天气应停止运输；冰雪、泥泞路面运输时，运输车辆应采取防滑措施。

6.6.3.6 爆炸物品在运输过程中，如发现丢失，应立即向事故发生地人民政府公安机关报告，并协助公安机关查找。

6.6.3.7 起爆类爆炸物品应装入防爆箱。防爆箱固定牢靠，实行双人双锁。

6.6.3.8 组装好的射孔器应牢固地固定在车架上。

6.6.3.9 组装好的射孔器不应与雷管、起爆器等起爆器材连接运输。

6.7 使用

6.7.1 施工井场条件

6.7.1.1 施工人员到达井场后，施工负责人应将施工通知单的内容进行核实。

6.7.1.2 施工队对现场进行风险识别，并对识别出的风险进行整改。

6.7.1.3 施工前应设置安全警界线及醒目的安全警示标志，并应指定爆炸物品临时存放地点和装枪地点。

6.7.2 施工前准备

6.7.2.1 作业人员应穿防静电个体防护用品。

6.7.2.2 地面系统要求：
— 主电源开关应能有效切断系统的所有电源。
— 安全开关应能有效切断地面系统与电缆之间的连接。
— 引爆系统应有多级安全控制环节。
— 地面系统应接地良好。

6.7.2.3 施工用下井仪器应状态良好。

6.7.2.4 绞车与装拆爆炸器材的地点之间应建立有效的通信。

6.7.2.5 地面检测雷管时，应使用安全筒。安全筒壁厚应大于 5mm，长度应大于 400mm。

6.7.2.6 应配置爆炸物品连接、拆装专用工具。

6.7.3 施工操作

6.7.3.1 施工现场除工作人员外，应严禁他人进入，严禁吸烟和使用明火。组装时，操作人员应站在射孔枪、切割器、爆炸筒、取心器的安全方位。

6.7.3.2 装配雷管前，人员应释放静电。射孔器、切割器、爆炸筒、取心器与点火缆芯连接前，应关闭电源，并把缆芯接地放电，确认点火缆芯无电后方能接线。待上述器件下入井下70m后方能接通电源。

6.7.3.3 引爆时应有专人指挥，爆炸操作员在得到指挥人员的指令后方能引爆。

6.7.3.4 下井的射孔器、切割器、爆炸筒、取心器在提出井口前应关闭电源。

6.7.3.5 下井未引爆的爆炸器材应在现场拆除起爆装置。

6.8 销毁

6.8.1 变质和过期失效的民用爆炸物品，应及时清理出库，并予以销毁。

6.8.2 销毁前应登记造册，提出销毁实施方案，报公安机关组织监督销毁。

7 应急管理

7.1 民用爆炸物品从业单位应按照GB/T 29639的规定编制应急预案。

7.2 民用爆炸物品从业单位应按照AQ/T 9007的规定定期组织应急救援演练，检查预案的适应性和符合性，总结分析并对预案进行修改和完善。

附 录 A
(资料性附录)
库房警示标志牌式样

A.1 库房警示标志牌尺寸宜为 700mm×600mm，不易变形；标志牌底色宜为白色，字体宜为黑色。

A.2 库房警示标志牌如图 A.1 所示。

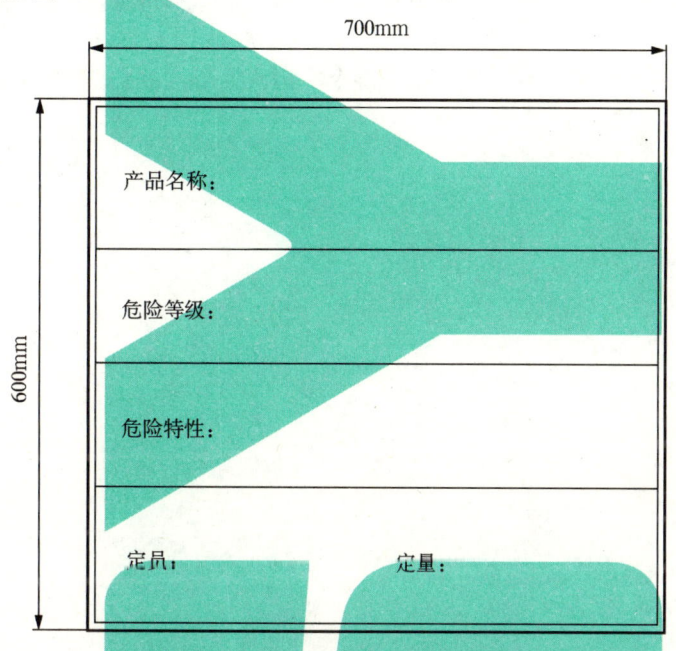

图 A.1 储存库警示标志牌图例

A.3 警示标志牌内容应包括：产品名称、危险等级、危险特性及定员、定量。

A.4 "危险等级"按储存库内危险级别最高的危险品确定，危险等级分为 1.1 级～1.4 级。

A.5 "危险特性"按民用爆炸物品的主要危险性确定，如"燃烧"、"爆炸"。

A.6 "定员"按照有关规定核定的储存库内最大允许的工作人数量，单位为"人"。

A.7 "定量"按照有关规定核定的储存库内最大允许存放的危险品的数量，单位为"发"、"kg"、"m"等。

参 考 文 献

［1］ JT 617—2004 汽车运输危险货物规则
［2］ SY/T 6139—2005 石油测井专业词汇
［3］ SY 6322 油（气）田测井用放射源贮存库安全规范
［4］ 道路危险货物运输管理规定 中华人民共和国交通运输部令 2013年第2号 2013年7月1日施行
［5］ 道路运输条例 中华人民共和国国务院令 第628号 2013年1月1日起施行

中华人民共和国
石油天然气行业标准
井筒作业用民用爆炸物品安全规范
SY 5436—2016

*

石油工业出版社出版
(北京安定门外安华里二区一号楼)
北京中石油彩色印刷有限责任公司排版印刷
新华书店北京发行所发行

*

880×1230 毫米 16 开本 1 印张 23 千字 印 1—1500
2016 年 5 月北京第 1 版 2016 年 5 月北京第 1 次印刷
书号：155021·7298 定价：12.00 元
版权专有 不得翻印

ICS 13.100
E 09
备案号：65532—2018

中华人民共和国石油天然气行业标准

SY/T 5726—2018
代替 SY 5726—2011

石油测井作业安全规范

Safety specification for petroleum logging operations

2018-10-29 发布　　　　　　　　　　2019-03-01 实施

国家能源局　发布

SY/T 5726—2018

目 次

前言 ... II
1 范围 ... 1
2 规范性引用文件 ... 1
3 基本要求 ... 1
　3.1 安全管理 ... 1
　3.2 单位资质 ... 2
　3.3 人员资格 ... 2
　3.4 设备资质 ... 2
　3.5 安全检查 ... 2
　3.6 交通安全 ... 3
4 测井设计 ... 3
5 生产准备和吊装 ... 3
　5.1 生产准备 ... 3
　5.2 吊装 ... 3
6 施工作业 ... 3
　6.1 通则 ... 3
　6.2 裸眼测井 ... 4
　6.3 生产测井 ... 5
　6.4 射孔、井壁取心 ... 5
7 完工 ... 6
8 应急处置 ... 6
　8.1 一般规定 ... 6
　8.2 遇阻遇卡 ... 6
　8.3 溢流 ... 6
　8.4 放射源落井 ... 6

I

SY/T 5726—2018

前　言

本标准按照 GB/T 1.1—2009《标准化工作导则　第1部分：标准的结构和编写》给出的规则起草。

本标准代替 SY 5726—2011《石油测井作业安全规范》，与 SY 5726—2011 相比，主要技术内容变化如下：
——修改了范围（见第1章，2011年版的第1章）；
——更新了规范性引用文件（见第2章）；
——修改了石油测井作业单位的主要负责人安全管理要求（见3.1.1，2011年版的3.1.1）；
——修改了资质与资格内容（见3.2，3.3，3.4，2011年版的3.2）；
——修改了"安全检查"内容（见3.5，2011年版的3.3）；
——增加了"测井设计"内容（见第4章）；
——增加了"随钻测井"内容（见6.2.2）；
——增加了装炮区域有关内容（见6.4.1）；
——增加了作业队长有关要求（见6.4.2）；
——增加了"完工"内容（见第7章）；
——删除了"放射性同位素的领取、运输和使用"和"民用爆炸物品的领取、运输和使用"内容（见2011年版的第6章和第7章）；
——修改了"应急处置"的内容（见第8章，2011年版的第8章）。

本标准由石油工业安全专业标准化技术委员会提出并归口。

本标准起草单位：中国石油集团测井有限公司华北事业部、大庆钻探工程公司测井公司、中石化胜利石油工程有限公司测井公司、中国石油集团长城钻探工程有限公司测井公司。

本标准主要起草人：董银梦、曾树峰、朱爱民、刘翌尧、周国瑞、周诗广、刘永亮、朱小康、曹守敏、郝向凯、林作华、姜乔、周子健。

本标准代替了 SY 5726—2011。

SY 5726—2011 的历次版本发布情况为：
——SY 6204—1996；
——SY 5726—1995、SY/T 5726—2004。

SY/T 5726—2018

石油测井作业安全规范

1 范围

本标准规定了石油测井、井壁取心、射孔作业的安全要求。
本标准适用于石油测井、井壁取心、射孔作业。

2 规范性引用文件

下列文件对于本文件的应用是必不可少的。凡是注日期的引用文件，仅注日期的版本适用于本文件。凡是不注日期的引用文件，其最新版本（包括所有的修改单）适用于本文件。
GB/T 18664 呼吸防护用品的选择、使用与维护
GB 18871—2002 电离辐射防护与辐射源安全基本标准
GBZ 118 油（气）田非密封型放射源测井卫生防护标准
GBZ 142 油（气）田测井用密封型放射源卫生防护标准
SY 5131 石油放射性测井辐射防护安全规程
SY/T 5326.1—2018 井壁取心技术规范 第1部分：撞击式
SY/T 5326.2—2017 井壁取心技术规范 第2部分：钻进式
SY 5436 井筒作业用民用爆炸物品安全规范
SY/T 6277 硫化氢环境人身防护规范
SY/T 6345 海洋石油作业人员安全资格
SY 6501 浅海石油作业放射性及爆炸物品安全规程
SY/T 6548 石油测井电缆和连接器使用技术规范
SY 6608 海洋石油作业人员安全培训规范

3 基本要求

3.1 安全管理

3.1.1 石油测井作业单位的主要负责人对本单位的安全生产工作全面负责，应：
——建立、健全本单位安全生产责任制。
——组织制定本单位安全生产规章制度和操作规程。
——组织制订并实施本单位安全生产教育和培训计划。
——保证本单位安全生产投入的有效实施。
——督促、检查本单位的安全生产工作，及时消除生产安全事故隐患。
——组织制订并实施本单位的生产安全事故应急救援预案。
——及时、如实报告生产安全事故。

3.1.2 石油测井作业单位应成立安全组织机构，明确安全职责。
3.1.3 石油测井作业单位应对本单位的危险源进行辨识、评估，并应制订措施，分级控制。对重大危

险源制订相应的应急预案，并报主管部门备案。

3.1.4 裸眼测井队、生产测井队、射孔取心队（以下简称为作业队）均应设安全员，负责本队安全检查和监督各项安全制度的落实。

3.1.5 作业队应定期开展安全活动，宜每周或每两周进行一次，并做记录。

3.1.6 作业队车库、车辆、工房等应建立消防制度，配备消防设施。

3.1.7 井筒作业用爆炸物品的管理和使用，应符合 SY 5436 和 SY 6501 的要求。

3.1.8 放射性同位素的测井卫生防护应符合 GBZ 118，GBZ 142 和 SY 5131 的要求。

3.1.9 放射性同位素测井作业队应配备辐射监测仪和（或）表面污染仪，并定期检定。

3.1.10 放射性同位素测井人员应配备个人放射性剂量计，定期检定并在职业健康档案上登记。

3.1.11 放射性同位素测井作业现场应设置相应的安全标志。标志应符合 GB 18871—2002 中附录 F 的要求。

3.1.12 在可能含有硫化氢等有毒有害气体井作业时，作业队应配备至少两台携带式硫化氢监测仪或相对应的有毒有害气体监测仪，并定期检定。

3.1.13 在含有硫化氢等有毒有害气体井作业时，作业队应配备至少两套正压空气呼吸器。作业人员应正确、熟练佩戴正压式空气呼吸器。

3.1.14 呼吸器的选择、使用与维护按 GB/T 18664 的规定执行。

3.1.15 石油测井作业单位应根据本企业安全生产和防止职业危害的需要给员工配发劳动防护用品。

3.2 单位资质

3.2.1 从事陆地石油测井作业的单位应取得"安全生产许可证""辐射安全许可证""爆破作业单位许可证"。

3.2.2 从事海上石油测井作业的单位还应取得"海上安全生产许可证"。

3.3 人员资格

3.3.1 陆地测井人员应取得"HSE 培训合格证""井控培训合格证"，按要求取得"硫化氢培训合格证""辐射安全与防护培训合格证"等证件。海上测井人员还应取得"海上求生""救生艇筏操纵""海上消防""海上急救"培训合格证书及"健康证"等证件，并应符合 SY/T 6345 和 SY/T 6608 的相关要求。

3.3.2 井壁取心、射孔作业人员应根据《民用爆炸物品安全管理条例》的规定进行培训，取得"爆破员证""安全员证""保管员证"。

3.3.3 危货车辆的驾驶员和押运人员应接受交通管理部门的培训，取得"道路运输从业人员从业资格证"，从业资格类别满足道路危险货物运输要求。

3.4 设备资质

3.4.1 所使用的设备应有产品检验合格证。

3.4.2 所使用的辐射监测仪和表面污染仪应有"校验合格证"。

3.5 安全检查

3.5.1 石油测井作业单位应建立安全检查制度，对安全检查频次、内容等做出要求。

3.5.2 石油测井作业单位安全监督人员应对作业过程实施安全监督，并保持检查记录。

3.5.3 海上石油测井作业单位在出海前应进行安全检查，并应在相关主管部门办理登记备案。

3.5.4 石油测井作业单位安全监督人员，发现有可能危及人员生命和财产安全的事故隐患时，有权要求停止施工，责令立即整改或限期采取有效措施消除隐患。

3.6 交通安全

3.6.1 出车前，应对车辆进行系统检查。

3.6.2 驾驶员应遵守道路交通安全法规，队车行驶，保持车距。每行驶2h后，中途停车休息不少于10min，并应对车辆进行检查。

3.6.3 遇冰雪路面、通过桥涵或涉水及风雪、雨雾天气，应减速行驶，必要时应停车勘察路况，确保安全后行驶。

3.6.4 回场（或驻地）后，驾驶员应对车辆进行检查、保养、检修。

4 测井设计

4.1 裸眼井测井、射孔作业（套管内测井根据需要）应有测井方案，测井方案设计文件应由相关单位的技术负责人组织评审，并经审核批准后发送至与本井测井作业相关的所有单位。

4.2 结合井的钻井地质、钻井工程要求，针对测井施工过程中可能出现的安全风险，测井设计应明确做出安全要求。

5 生产准备和吊装

5.1 生产准备

5.1.1 仪器、车辆等设备应定期保养，按照十字作业（清洁、润滑、扭紧、调整、防腐）进行定期检查维修并记录。

5.1.2 天滑轮、地滑轮应及时清洗保养，达到万向头灵活易用，零部件无松动，滑轮不摆动。

5.1.3 地滑轮固定链条应完好无损，额定拉力符合要求。

5.1.4 深度丈量系统、张力传感系统工作性能良好，应按周期进行校准并记录。

5.1.5 定期检查绞车系统受力部位；电缆深度、张力传感系统、电缆连接器（马龙头和鱼雷）应定期检查保养并记录。

5.1.6 电缆和拉力棒的使用与维护，按SY/T 6548的要求执行，并应有电缆使用记录。

5.1.7 仪器及专用器具固定牢靠，并应有相应的减振措施。

5.2 吊装

5.2.1 设备吊装前，作业人员应了解吊装设备的吊升能力，勘察设备摆放位置，确定吊装方法。

5.2.2 井下仪器吊装应在便于测井施工的位置进行。

5.2.3 贮源箱、雷管保险箱、射孔弹保险箱均应单独吊装。

5.2.4 吊装过程中不允许人员在吊物下面站立或通过。

5.2.5 测井设备的吊索具应定期检查和探伤，并保持记录。

6 施工作业

6.1 通则

6.1.1 作业前，作业队长应向钻井队（采油队或试油队）详细了解井下情况和井场安全要求，召开安全交底会，应有测井监督及相关人员参加，提出安全要求并做记录。将有关数据书面通知操作工程师

SY/T 5726—2018

和绞车操作人员。钻井队（采油队或试油队）应指定专人配合测井施工。
6.1.2 作业前，应进行工作前安全分析，制订与实施相应的控制和预防措施，并记录。
6.1.3 作业时，应协调钻井队（采油队或试油队）及时清除钻台作业面上的钻井液。冬季测井施工，应采取措施及时清除深度丈量轮和电缆上的结冰。
6.1.4 作业时，钻井队（采油队或试油队）不应进行交叉作业。
6.1.5 作业时，作业人员应正确穿戴劳动防护用品，遵守井场安全制度，不应动用钻井队（采油队或试油队）设备，上下钻台时应手扶扶梯，不应携带重物，不应攀登高层平台。
6.1.6 绞车到井口的距离应大于25m。作业前，应放好绞车掩木。安装天滑轮应加装保险装置（安全杠、链条等）。
6.1.7 作业时，发动机、发电机的排气管阻火器应处于关闭状态，测井设备摆放应充分考虑风向。
6.1.8 接外引电源时，应由专业人员接线，并专人监护。
6.1.9 绞车和井口应保持联络畅通。夜间施工，井场应保证照明良好。
6.1.10 测井车接地良好，地面仪器、车辆仪表应完好无损，电器系统不应有短路和漏电现象，接触电阻值等参数应达到技术指标的规定，并记录。
6.1.11 下井仪器应正确连接，牢固可靠。出入井口时，应有专人在井口指挥。
6.1.12 操作绞车时，操作人员应观察井口，并应观察张力变化，如遇张力异常，应及时将电缆上下活动，待张力正常后方可继续操作。上提电缆时，操作人员每隔500m设置极限张力值，并相应调整绞车扭矩阀。
6.1.13 人员不应触摸或跨越运动中的滑轮、马丁代克、滚筒和电缆。绞车运行时，人员不应进入滚筒室，电缆下方不应站人或穿行。
6.1.14 仪器车和绞车（工作车辆）上使用电取暖设备时，应远离易燃物，单个设备用电负荷不应超过3 kW，当用电总负荷超过车载电缆的安全负荷时，应单独供电。不应使用电炉丝直接散热的电炉，车（拖橇）内无人时，应切断电源。
6.1.15 遇有六级（含六级）以上大风、暴雨、雷电、大雾等恶劣天气，不应进行作业；若正在作业，应将仪器起入套管内并暂停作业。
6.1.16 在测井过程中，作业队长应进行巡回检查并做记录。测井完毕应回收废弃物。
6.1.17 对于高压油气井，应将应急工具摆放在井口适当位置。在作业过程中，钻井队应有专人观察井口，如发现有异常（溢流等）现象，应立即停止作业并采取应急措施。
6.1.18 在工作基准面2m及以上位置进行测井作业，应执行防坠落操作规范。

6.2 裸眼测井

6.2.1 电缆裸眼测井

6.2.1.1 作业时，裸眼井段电缆静止不应超过3min（有停留要求的测井项目除外）。
6.2.1.2 上提、下放电缆速度要均匀，并实时监控电缆速度、仪器深度、电缆张力的变化。测井电缆上提、下放速度应小于4000m/h；新电缆前三口井上提、下放速度应小于2000m/h。
6.2.1.3 井壁取心作业电缆下放速度应小于4000m/h，上提速度应小于3000m/h。
6.2.1.4 电缆下到2500m时停车，以后每增加1000m时应停车一次，检查绞车制动性能，观察下井仪器运行滞后情况。
6.2.1.5 测井现场（井口）装卸放射性同位素时，装源人员应确保井口封盖严密。

6.2.2 随钻测井

6.2.2.1 作业队长了解井场情况，勘察现场，确定设备、仪器房摆放位置。

6.2.2.2 作业前，应根据钻井工程设计、钻井地质设计编制随钻测井施工方案。施工前应向钻井队、钻井监督及地质监督通告施工方案。

6.2.2.3 仪器房的摆放应符合井场安全要求，方便观察井口作业、方便联调仪器、方便逃生。

6.2.2.4 作业队长安排随钻测井的井场设备安装和布线，根据需要安装井场各传感器并满足井场安全要求。

6.2.2.5 仪器下井前，作业队长了解井况并向井队交底，办理用电审批，由专业人员引入外部电源，接地良好。检查地线、仪器连接、电池接头、源罐存放地点、装源工具。

6.2.2.6 装源人员确保井口封盖严密，不应在井口转盘上搁放物品或工具。作业队长应做好随钻核测井仪器放射性监测。

6.2.2.7 测井过程中，发现井口溢流等异常情况及时报告井队。

6.2.2.8 当班人员应密切监视井下上传信号和地面传感器信号的变化，定期巡回检查。

6.2.2.9 测量随钻电阻率需获取钻井液样品时，应两人配合完成，不应碰触运动部件。

6.3 生产测井

6.3.1 井口防喷装置应定期进行检查和检测。

6.3.2 打开井口阀门前应检查井口防喷装置各部分的连接及密封状况。

6.3.3 开启和关闭各种阀门时，作业人员应站在阀门侧面。开启时应缓慢进行，待阀门上下压力平衡并确认防喷装置无泄漏，方可将阀门完全打开。

6.3.4 抽油机井测井作业，安装拆卸防喷装置时，抽油机应停止工作。

6.3.5 套管井测井电缆上提、下放速度应小于6000m/h，环空测井作业时仪器在油管与套管的环形空间内上提、下放速度应小于900m/h。仪器上提距井口300m时应减速。经确认仪器全部进入防喷管后，关闭防掉器。

6.3.6 拆卸井口装置前各阀门应关严，将防喷装置内余压放尽。在进行环空测井作业时，应检查偏心井口转盘是否灵活，若发现电缆缠绕油管，应首先采取有效措施解除缠绕。

6.4 射孔、井壁取心

6.4.1 划分装炮区域，摆放警示牌，将火工器材放到装炮工作区域内，装炮区域人员不应超过3人。

6.4.2 装炮前，作业队长应：
——确认关掉阴极保护系统。
——确认所有用电作业已停止。
——确认车体、井场无漏电或已采取措施消除漏电。
——确认所有无线通信工具已关闭。
——确认作业人员已正确穿戴防静电服等劳动防护用品。

6.4.3 射孔器与缆芯连接前，仪器与电缆断开，缆芯对地放电。

6.4.4 射孔时，所施工的井应有适宜的压井液和安全可靠的防喷装置。

6.4.5 射孔时应密切观察井口显示情况，发现有溢流预兆，应根据实际情况采取应急措施。

6.4.6 电缆射孔过程中发生溢流时，视其情况，采取相应措施。若电缆上提速度大于井筒液柱上顶速度，则起出电缆，关防喷装置；若电缆上提速度小于井筒液柱上顶速度，则直接关防喷装置。

6.4.7 射孔作业应加安全枪。

6.4.8 浅海井下作业射孔优先选用油管传输射孔。

6.4.9 井壁取心作业应按 SY/T 5326.1—2018 和 SY/T 5326.2—2017 的要求执行。

SY/T 5726—2018

7 完工

7.1 测井数据通过专用平台及时传送到指定部门和单位，并及时通知对方。
7.2 应按照操作规程拆除设备，不应上下抛掷工具和物件。

8 应急处置

8.1 一般规定

8.1.1 作业队与钻井队长共同勘察分析井下情况，备好电缆"T"型卡、断线钳等应急物资，听从钻井队统一指挥。
8.1.2 在含有硫化氢或其他有毒有害气体特殊测井作业时，应按 SY/T 6277 的要求执行。
8.1.3 放射性同位素测井单位应制订放射源丢失、被盗和放射性污染事故应急预案，并定期开展应急演练。

8.2 遇阻遇卡

8.2.1 下井仪器遇阻，应记录遇阻曲线，若在同一位置附近遇阻三次，则起出仪器，由钻井队下钻通井后再进行测井作业。
8.2.2 下井仪器遇卡，立即停止上提电缆，收回推靠器，观察电缆头张力和总张力，判断是仪器遇卡还是电缆遇卡。若仪器遇卡，反复活动电缆，考虑电缆使用状况，逐渐增加到最大安全拉力；若是电缆遇卡，立刻拉到最大安全拉力；若用最大安全拉力不能解卡，用同等张力拉紧电缆，向钻井队（采油队或试油队）通告并报主管部门。
8.2.3 当带有放射源的仪器遇卡，不应强行拉断电缆弱点，宜进行穿心打捞。

8.3 溢流

8.3.1 在测井过程中，井口值班人员应监视井口设备运行，按时做好气体检测记录。
8.3.2 在测井过程中，若出现溢流迹象，应将下井仪器慢速起过高压地层，然后快速起出井口停止测井作业，并及时报告钻井队。

8.4 放射源落井

8.4.1 作业现场人员应立即采取应急措施，并及时向上级领导汇报具体情况。
8.4.2 放射性同位素测井单位应组织专家实施落井放射源的打捞作业。
8.4.3 打捞失败和（或）发生放射性污染事故时，及时向公安部门、卫生行政部门和环境保护行政主管部门报告。

中华人民共和国
石油天然气行业标准
石油测井作业安全规范
SY/T 5726—2018

*

石油工业出版社出版
(北京安定门外安华里二区一号楼)
北京中石油彩色印刷有限责任公司排版印刷
新华书店北京发行所发行

*

880×1230毫米 16开本 0.75印张 19千字 印1001—1500
2019年2月北京第1版 2021年11月北京第3次印刷
书号:155021・7924 定价:20.00元

版权专有 不得翻印

ICS 13.100
E 09

SY

中华人民共和国石油天然气行业标准

SY/T 5742—2019
代替 SY 5742—2007

石油与天然气井
井控安全技术考核管理规则

Assessment specification for petroleum and gas well control safety technologies

2019－11－04 发布　　　　　　　　　　　　　　2020－05－01 实施

国家能源局　　发 布

SY/T 5742—2019

目　次

前言 ……… II
1 范围 ……… 1
2 规范性引用文件 …………………………………………………………………………………………… 1
3 井控培训合格证取证的人员范围 ………………………………………………………………………… 1
　3.1 管理人员 ……………………………………………………………………………………………… 1
　3.2 施工队伍 ……………………………………………………………………………………………… 1
　3.3 其他人员 ……………………………………………………………………………………………… 1
4 培训 …… 1
　4.1 一般规定 ……………………………………………………………………………………………… 1
　4.2 培训部门应具备的基本条件 ………………………………………………………………………… 2
　4.3 培训方式 ……………………………………………………………………………………………… 2
5 考核 …… 2
　5.1 考核分类及要求 ……………………………………………………………………………………… 2
　5.2 理论考试的内容 ……………………………………………………………………………………… 2
　5.3 实际操作考试的内容 ………………………………………………………………………………… 2
　5.4 考试方式 ……………………………………………………………………………………………… 2
6 发证 …… 2
7 复审 …… 2
8 管理 …… 3
附录 A（规范性附录） 理论考试内容 …………………………………………………………………… 4
附录 B（规范性附录） 井控培训合格证格式及内容 …………………………………………………… 5

SY/T 5742—2019

前 言

本标准按照 GB/T 1.1—2009《标准化工作导则 第 1 部分：标准的结构和编写》给出的规则起草。

本标准代替 SY 5742—2007《石油与天然气井井控安全技术考核管理规则》，与 SY 5742—2007 相比，主要技术内容变化如下：
——修改了标准的属性，由强制性行业标准转化为推荐性行业标准；
——修改了标准的适用范围（见第 1 章，2007 年版的第 1 章）；
——增加了规范性引用文件（见第 2 章）；
——修改了企业单位的名称（见 3.1，2007 年版的 3.1）；
——修改了施工队伍及其他人员井控培训合格证取证的范围及岗位名称（见 3.2 和 3.3，2007 年版的第 3 章）；
——修改了井控初次取证培训的培训学时（见 4.1.2，2007 年版的第 4 章）；
——修改了井控培训合格证复审周期（见 4.1.3，2007 年版的第 4 章）；
——修改了井控培训机构资质的要求（见 4.2.1，2007 年版的第 4 章）；
——修改了井控培训教材的批准部门（见 4.2.4，2007 年版的第 4 章）；
——修改了理论考试内容，将理论考试内容分为管理层和操作层两部分（见附录 A，2007 年版的附录 A）；
——修改了井控培训合格证的格式（见 B.2.1，2007 年版的附录 B）。

本标准由石油工业安全专业标准化技术委员会提出并归口。

本标准起草单位：中石化胜利石油工程有限公司黄河钻井总公司、中石化胜利石油工程有限公司钻井工程技术公司、中石化胜利石油工程有限公司渤海钻井总公司。

本标准主要起草人：高飞、刘吉伟、颜小帅、王玉琰、徐云龙、常云跃、范磊、聂双斐、郑丰兰。

本标准代替了 SY 5742—2007。

SY 5742—2007 的历次版本发布情况为：
——SY 5742—1997。

SY/T 5742—2019

石油与天然气井井控安全技术考核管理规则

1 范围

本标准规定了石油与天然气井井控培训合格证取证的人员范围及安全技术培训考核的管理办法。
本标准适用于从事陆上和滩海石油与天然气井的井控操作与管理人员。

2 规范性引用文件

下列文件对于本文件的应用是必不可少的。凡是注日期的引用文件，仅注日期的版本适用于本文件。凡是不注日期的引用文件，其最新版本（包括所有的修改单）适用于本文件。
海洋石油安全管理细则 国家安全生产监督管理局总局令第 25 号

3 井控培训合格证取证的人员范围

3.1 管理人员

油气生产单位、工程施工单位的领导及管理人员：主管生产、技术和安全工作的领导，正副总工程师；技术、生产和安全管理部门领导、主管井控设计、审批领导及参与井控管理的人员。

3.2 施工队伍

3.2.1 钻井队（平台）：正副队长（经理）、指导员、钻井工程师、安全管理人员、机械负责人、泥浆负责人、正副司钻和井架工。
3.2.2 井下作业队、试油（气）队、修井队、侧钻队：正副队长（平台经理）、指导员、作业工程师、安全管理人员、机械管理人员、正副司钻和井架工。
3.2.3 录井队：正副队长、现场地质录井人员。
3.2.4 测井队：正副队长、现场施工人员。

3.3 其他人员

3.3.1 钻井、试油（气）、井下作业、修井、侧钻等工程、地质与施工设计人员及现场监督人员。
3.3.2 井控专业检验维修机构技术人员和现场服务人员。
3.3.3 从事欠平衡钻井、控压钻井、气体钻井、试油（气）、固井、钻井液、取心、定向专业服务的技术人员及主要操作人员。

4 培训

4.1 一般规定

4.1.1 石油与天然气井的井控操作与管理人员，应接受井控安全技术知识教育，并按本标准进行培训。

4.1.2 初次取证培训时间应不少于 56 课时，并取得培训合格证书。

4.1.3 取得井控培训合格证的人员，每 4 年应进行一次再培训。

4.2 培训部门应具备的基本条件

4.2.1 培训机构取得相应的井控培训资质。

4.2.2 教员具有井控理论与实践经验，并取得井控安全技术培训资质。

4.2.3 有整套井控装置和专用工具、仪器、仪表及石油与天然气井井控模拟装置。

4.2.4 所使用的井控培训教材经相关主管部门批准。

4.3 培训方式

由井控培训机构组织集中培训。

5 考核

5.1 考核分类及要求

5.1.1 考核分理论考试和实际操作考试两部分。理论考试和实际操作考试均采用百分制，理论考试达到 70 分为合格，实际操作考试达到 90 分为合格。

5.1.2 考试不合格者，可进行一次补考；补考不合格者，应重新培训。

5.2 理论考试的内容

理论考试的内容见附录 A。

5.3 实际操作考试的内容

井控操作与管理人员实际操作考试的内容，主要是在钻井、试油（气）、修井、侧钻等施工过程中发生井涌时，所采取的安全技术措施。考试命题，由培训考核部门根据考试对象确定。

5.4 考试方式

5.4.1 理论考试采用闭卷方式。

5.4.2 实际操作考试应在装有整套井控装置的场所进行。

5.4.3 实际操作考试，由主考人负责。

6 发证

6.1 理论考试和实际操作考试成绩均达到合格者，由培训机构颁发井控培训合格证。

6.2 井控培训合格证格式及内容见附录 B。

7 复审

7.1 复审考试内容分为理论和实际操作两部分，经考试合格者，换发新的井控培训合格证。

7.2 复审不合格者，应按 5.1.2 执行。

8 管理

8.1 井控操作与管理人员的培训计划，由各需要培训单位主管教育培训和工程技术的部门负责编制。培训档案由培训机构保管，业务管理由主管工程技术的部门负责。

8.2 取得井控培训合格证的人员方可从事井控管理或操作。持证情况由主管工程技术部门和安全部门监督检查。

8.3 持证人员应保持相对稳定。调动工作时，经调入单位的井控主管部门审核同意，培训合格证继续有效。

SY/T 5742—2019

附 录 A
（规范性附录）
理论考试内容

A.1 管理层培训内容：
a) 井控基本理论。
b) 井喷发生的原因。
c) 溢流的及时发现及应采取的措施和步骤。
d) 石油与天然气井施工中，各种工况下的井喷预防及处理。
e) 硫化氢等有毒有害气体的防护知识及作业安全要求。
f) 地层压力预测和监测。
g) 井喷失控的处理。
h) 井喷事故案例分析。

A.2 操作层培训内容：
a) 井控基本理论。
b) 地层压力预测和监测。
c) 井喷发生的原因。
d) 溢流的及时发现及应采取的措施和步骤。
e) 石油与天然气井施工中，各种工况下的井喷预防及处理。
f) 压井方法及其计算。
g) 压井作业中异常情况的判断处理及易出现的错误做法。
h) 井喷失控的处理。
i) 井控装置的结构、安装标准、试压要求、操作方法及一般的维护知识和故障排除。
j) 井控管理标准、条例及要求。
k) 硫化氢等有毒有害气体的防护知识及作业安全要求。
l) 硫化氢、一氧化碳等有毒有害气体检测仪和可燃气体检测仪的使用与管理知识。
m) 正压式空气呼吸器的使用与管理知识。
n) 安全用电知识。
o) 防火防爆和灭火基本知识。
p) 井喷事故案例分析。

SY/T 5742—2019

附 录 B
（规范性附录）
井控培训合格证格式及内容

B.1 井控培训合格证格式

井控培训合格证规格为长85mm，宽55mm，用优质卡片纸印制，外加塑封膜；右侧为免冠正面头像，照片长33mm、宽22mm；培训单位钢质印章应压照片右下角盖印。

B.2 井控培训合格证内容

B.2.1 正面如图 B.1 所示。

```
                    井控培训合格证         ┌────┐
                                          │ 照 │
                                          │ 片 │
                                          └────┘
            编    号：_____
            姓    名：_____
            单    位：_____
            首次取证日期：_____
            有 效 期 限：_____
            培 训 机 构：_____
```

图 B.1 井控培训合格证正面

B.2.2 背面如图 B.2 所示。

```
                    注意事项

        a.持此证方可从事井控管理与操作。
        b.此证只限本人使用，不得转借。
        c.此证应妥善保管，如有遗失，速到培训部门补办。
```

图 B.2 井控培训合格证背面

中华人民共和国
石油天然气行业标准
石油与天然气井
井控安全技术考核管理规则
SY/T 5742—2019

*

石油工业出版社出版
（北京安定门外安华里二区一号楼）
北京中石油彩色印刷有限责任公司排版印刷
新华书店北京发行所发行

*

880×1230 毫米 16 开本 0.75 印张 17 千字 印 501—1500
2019 年 11 月北京第 1 版 2020 年 8 月北京第 2 次印刷
书号：155021・7964 定价：20.00 元
版权专有 不得翻印

ICS 13.100
E 09
备案号：43154—2014

中华人民共和国石油天然气行业标准

SY 5857—2013
代替 SY/T 5857—2006

石油物探地震作业民用爆炸物品管理规范

Management regulations of civil explosives in the seismic operation of petroleum geophysical exploration

2013-11-28 发布　　　　　　　　　　　　2014-04-01 实施

国家能源局　　发 布

SY 5857—2013

目　次

前言 ……………………………………………………………………………………………………… Ⅱ
1　范围 …………………………………………………………………………………………………… 1
2　规范性引用文件 ……………………………………………………………………………………… 1
3　术语和定义 …………………………………………………………………………………………… 1
4　总则 …………………………………………………………………………………………………… 2
5　采购和验收 …………………………………………………………………………………………… 3
6　运输 …………………………………………………………………………………………………… 3
7　储存 …………………………………………………………………………………………………… 5
8　使用 …………………………………………………………………………………………………… 9
9　清线 …………………………………………………………………………………………………… 12
10　销毁 ………………………………………………………………………………………………… 12
11　应急处置和事故管理 ……………………………………………………………………………… 13
附录A（规范性附录）　工地炸药交接班报格式 …………………………………………………… 14
附录B（规范性附录）　工地雷管交接班报格式 …………………………………………………… 15
附录C（规范性附录）　炸药出入库班报格式 ……………………………………………………… 16
附录D（规范性附录）　雷管出入库班报格式 ……………………………………………………… 17
附录E（规范性附录）　物探队钻井（下药）班报格式 …………………………………………… 18
附录F（规范性附录）　物探队爆炸班报格式 ……………………………………………………… 20
附录G（规范性附录）　小折射与微测井班报格式 ………………………………………………… 21
附录H（规范性附录）　清线班报格式 ……………………………………………………………… 23

Ⅰ

前 言

本标准除第 7.4.2 条第 1 项部分内容为推荐性外，其他技术内容均为强制性。

本标准按照 GB/T 1.1—2009《标准化工作导则 第 1 部分：标准的结构和编写》给出的规则起草。

本标准代替 SY/T 5857—2006《石油物探地震作业民用爆破器材管理规程》，与 SY/T 5857—2006 相比，除编辑性修改外，主要技术变化如下：
——增加"临时库"、"水域作业"两个术语（见第 3 章）；
——增加了"验收"（见第 5 章）；
——增加了"租用库"（见第 7 章）；
——增加了"小折射与微测井班报格式"（见附录 G）；
——修改了总则（见第 4 章）；
——对采购进行了修订（见第 5 章）；
——对运输进行了修订（见第 6 章）；
——对储存进行了修订（见第 7 章）；
——对使用进行了修订（见第 8 章）；
——修改了民爆物品班报记录格式，并将资料性附录改为规范性附录（见附录 A、附录 B、附录 C、附录 D、附录 E、附录 F、附录 H）。

本标准由石油工业安全专业标准化技术委员会提出并归口。

本标准起草单位：中国石油集团东方地球物理勘探有限责任公司。

本标准主要起草人：王全文、田国发、尹洪雷、于淑敏、张国兴、王进军、王继宏。

本标准代替 SY/T 5857—2006。

SY/T 5857—2006 所代替标准的历次版本发布情况为：
——SY 5857—1993。

SY 5857—2013

石油物探地震作业民用爆炸物品管理规范

1 范围

本标准规定了陆上（水域）石油地震勘探作业中民用爆炸物品（以下简称民爆物品）的采购、运输、储存、使用、清线和销毁等有关内容。

本标准适用于采用民爆物品作震源的石油地震勘探作业。

2 规范性引用文件

下列文件对于本文件的应用是必不可少的。凡是注日期的引用文件，仅注日期的版本适用于本文件。凡是不注日期的引用文件，其最新版本（包括所有的修改单）适用于本文件。

GB 2828.1 计数检抽样验程序 第1部分：按接收质量限（AQL）检索的逐批检验抽样计划
GB 6722—2011 爆破安全规程
GA 837—2009 民用爆炸物品储存库治安防范要求
民爆物品安全管理条例 中华人民共和国国务院令第466号 2006年9月1日起施行

3 术语和定义

下列术语和定义适用于本文件。

3.1
涉爆车 explosions involved cars
经车辆户籍所在地交通运输部门核准的、取得相应资质的运输民爆物品的专用车辆。

3.2
长途运输 long-distance transportation
从生产或贮存民爆物品的固定库至物探队民爆物品临时库（租用库）的运输。

3.3
工地运输 site transportation
物探队民爆物品临时库（租用库）至施工工地及在施工工地之间的运输。

3.4
临时库 temporary library
在物探队施工区域内，经当地公安机关许可，由物探队自建，用于本项目储存民爆物品的库房。

3.5
租用库 hire library
物探队在施工期间根据需要租用的、经当地公安机关认可的用于储存民爆物品的库房。

3.6
押运 escort in transportation
对民爆物品运输全过程的监护。

1

3.7
炮线　shot wire

连接雷管脚线至爆炸机的导线。

3.8
炸药包　dynamite bundle

安装了雷管的震源药柱或炸药。

3.9
爆炸站　explosion station

放炮时爆炸机及爆破员所处的位置。

3.10
清线　line cleaning

对盲炮的处理及其他遗留物的清理、处置、验证过程。

3.11
销毁　destroy by melting or burning

对不再使用的民爆物品的处理过程。

3.12
盲炮（哑炮）　misfire, unexploded charge

因各种原因造成药包拒爆的装药。未能按设计起爆的装药或部分装药。

3.13
殉爆　sympathetic detonation

当爆炸器材爆炸时，由于冲击波的作用引起相隔一定距离的另一爆炸器材爆炸的现象。

3.14
水域作业　waters

凡在江河、湖泊、沼泽、盐田、滩海等区域施工均属水域作业。

3.15
涉爆人员　explosion-involving personnel

在作业现场管理、接触、使用、看护民爆物品的人员，包括爆破工程技术人员、安全员、爆破作业人员（包药工、下药工、爆炸机操作员、清线工）、民爆物品运输车驾驶员、押运员、民爆物品仓库管理人员（保管员、警卫员）。

4 总则

4.1 涉爆单位应按照《民爆物品安全管理条例》（中华人民共和国国务院令第466号）的规定，向公安机关申请领取《爆破作业单位许可证》后，方可从事爆破作业活动。

4.2 涉爆单位和人员应遵守国家、当地政府和企业有关民爆物品安全管理法律、法规、标准和规章制度。

4.3 物探队应组织涉爆人员进行民爆物品安全管理知识、专业技能的内部培训，考核合格后上岗，其中爆破工程技术人员、安全员、保管员、爆破作业人员应取得公安机关核发的上岗资格证，押运员、民爆物品运输车驾驶员应取得地方交通主管部门核发的危险货物运输从业资格证，方可上岗操作。

涉爆单位应定期组织对涉爆人员证件复审，已不再从事或不符合爆破作业条件的人员应及时收回其涉爆证件，并交回原发证机关。

4.4 涉爆单位应建立健全民爆物品安全管理制度、岗位安全责任制度，涉爆人员应执行相关的规定。

4.5 涉爆人员应执行定岗、定责和爆炸作业各种安全距离的规定。做到持证上岗，穿戴防静电护品上岗。

4.6 涉爆场所禁区内禁止吸烟、禁止动用明火、禁止使用无线通信设施。

4.7 遇雷雨、大雾、沙尘暴等恶劣天气情况时，应立即停止涉爆作业。

4.8 涉爆单位应对涉爆作业进行危害因素辨识，编制民爆物品应急预案。

4.9 在不具备安全作业条件时，涉爆人员有权拒绝作业。

5 采购和验收

5.1 采购

5.1.1 购买民爆物品企业的供应部门（以下简称供应部门）应到所在地公安机关办理批次《民爆物品购买许可证》。

5.1.2 供应部门负责到经国家批准的民爆物品生产厂家或经销商采购，签订民爆物品买卖合同，并对采购产品质量负责。

5.1.3 应采购经过逐发、逐柱编码的雷管、震源药柱。

5.1.4 供应部门应建立采购台账。

5.1.5 企业主管部门应对民爆物品的采购过程实施审计和监督。

5.2 验收

5.2.1 涉爆单位应指定专人负责民爆物品的验收。民爆物品送达后，验收人员在入库前对民爆物品进行验收。

5.2.2 验收人员首先要核对证件，包括但不限以下内容：押运证、运输证、编码清单、发货通知单等。

5.2.3 民爆物品验收按照 GB 2828.1 规定执行，验收内容包括但不限于：名称、规格、型号、数量、编码、交接清单与实物的符合情况。

5.2.4 产品质量应按不低于 1‰ 的比例抽检，包括但不限以下内容：编码的正确性、附着力和清晰度，产品是否受压变形，药柱的封口、填充及密实度，雷管脚线短路情况等，抽检开箱的要保存质量报告单。

5.2.5 经核对无误后，送货方、接收方经办人员分别在民爆物品交接清单上签字，物探队留存一份。

6 运输

6.1 长途运输

6.1.1 民爆物品的长途运输单位，应持当地公安机关签发的《民爆物品运输许可证》，方可运输。

6.1.2 运输车（船）应符合国家交通运输和航运的有关安全规定。车（船）结构牢靠，安全技术状况应符合爆破器材运输车抗爆容器技术要求，机械、电器性能良好，证照齐全。

6.1.3 运输民爆物品的驾驶员应选派思想作风好、技术好、身体健康、经过涉爆安全培训并取得危险货物运输从业资格证的员工。

6.1.4 装运民爆物品的车（船）应限速行驶，公路运输按限速标志行驶；在高速公路上行驶，速度不超过 80km/h，队车（船）行驶时，前后车距离应大于 50m，上山或下山应大于 300m。运输民爆物品不应超载。

6.1.5 性质相抵触的民爆物品（见表1）不应混装，装运民爆物品的车（船）不应同时装运其他物品和搭乘无关人员。

表 1 民爆物品同库存放的规定

危险品名称	雷管类	黑火药	导火索	硝铵类炸药	属 A₁ 级单质炸药类	属 A₂ 级单质炸药类	射孔弹类	导爆索类	胶质炸药
雷管类	＋	－	－	－	－	－	－	－	－
黑火药	－	＋	－	－	－	－	－	－	－
导火索	－	－	＋	＋	＋	＋	＋	＋	＋
硝铵类炸药	－	－	＋	＋	＋	＋	＋	＋	＋
属 A₁ 级单质炸药类	－	－	＋	＋	＋	＋	＋	＋	＋
属 A₂ 级单质炸药类	－	－	＋	＋	＋	＋	＋	＋	＋
射孔弹类	－	－	＋	＋	＋	＋	＋	＋	＋
导爆索类	－	－	＋	＋	＋	＋	＋	＋	＋
胶质炸药	－	－	＋	＋	＋	＋	＋	＋	＋

注1："＋"表示能同车（船）运输、同库贮存；"－"表示不能同车（船）运输，不能同库贮存。
注2：雷管类包括火雷管、电雷管、导爆管雷管。
注3：硝铵类炸药指以硝酸铵为主要成分的炸药，包括粉状铵梯炸药、铵油炸药、铵松蜡炸药、铵沥蜡炸药、乳化炸药、水胶炸药、浆状炸药、多孔粒状铵油炸药、粒状黏性炸药、震源药柱等。
注4：属 A₁ 级单质炸药类为黑索金、太安、奥克托金和以上述单质炸药为主要成分的混合炸药或炸药柱（块）。
注5：属 A₂ 级单质炸药类为梯恩梯和苦味酸及以梯恩梯为主要成分的炸药或炸药柱（块）。
注6：导爆索类包括各种导爆索和以导爆索为主要成分的产品，包括继爆管和爆裂管。

6.1.6 运输民爆物品的车（船）应按照规定悬挂或者安装符合国家标准的安全警示标识，配备灭火器，危险物品运输车辆（船）要加装相关监控系统，运输民爆物品的车应符合 GA 837—2009 的要求。

6.1.7 长途运输的车（船）途经人烟稠密的城镇，应事先通知途经地公安机关，按照规定的路线行驶，途中经停应有专人看守，并远离建筑设施和人口稠密的地方，不得在许可以外的地点经停。船舶运输停泊地点距岸上建筑物应大于 250m。

6.1.8 途中应避免停留住宿，不应在居民点、行人稠密的闹市区、名胜古迹、风景游览区、重要建筑设施等附近停留。确需停留住宿的应报告投宿地公安机关。

6.1.9 运输民爆物品的驾驶员和押运人员不准在车上及其附近吸烟，不应携带火种和其他易燃品；中途停留时，应有专人看管，开车（船）前应检查货物装载有无异常。

6.1.10 民爆物品运输车 20m 内不应动用明火。

6.1.11 驾驶人员应服从装卸现场监护人员指挥，经同意后方可开车（船）。

6.1.12 运输途中，任何人不应擅自离车（船），每 2h～3h 停车休息一次，并对车况进行检查。

6.1.13 雷雨、大雾等恶劣天气不应运输；冰雪、泥泞路面运输时，运输车辆应采取防滑措施。

6.2 工地运输

6.2.1 工地运输民爆物品应遵守长途运输中的有关规定。

6.2.2 物探队开工前应与施工区所在县（市）公安机关取得联系，并办理施工期的运输手续。

6.2.3 施工中应定人定车（船）执行工地运输任务，不应随意调换。

6.2.4 运输民爆物品，应装入具有相关资质的专用集装箱内，并采取措施防止位移和碰撞。

6.2.5 押运员负责工地民爆物品的发放和剩余回收，并及时填写《工地炸药交接班报》（见附录A）和《工地雷管交接班报》（见附录B）。

6.2.6 不应运输炸药包。

6.2.7 在装有民爆物品的车辆上禁止安装、使用电台、对讲机、手机。

6.2.8 施工过程中，不应将装运民爆物品的车（船）停放在村庄、高压线及重要设施附近，20m之内不应有无关人员靠近。遇有雷雨时，车辆应停放在远离建筑物的空旷地。

6.3 装卸和搬运

6.3.1 装卸民爆物品时，应有专人负责组织和指导安全操作。无关人员不应进入装卸作业区。

6.3.2 装卸民爆物品应尽量在白天进行，确需在夜间装卸时，应有足够的安全照明设备并加强警戒。

6.3.3 搬运和装卸民爆物品时，应轻拿轻放，码平，采取相应的固定措施，不得摩擦、撞击、抛掷、翻滚；装卸雷管前应先释放静电，不准使用易打火的工具搬运；炸药、雷管要分开搬运。

6.3.4 性质相抵触的民爆物品（见表1）不能在同一地点同时装卸。

6.3.5 运输车（船）进入库区后熄火，驾驶员不应离开装卸现场，车（船）与库房距离不应小于2.5m。

6.3.6 雷雨天气不应装卸民爆物品。

6.3.7 人力搬运民爆物品时，一次搬运和装卸的限量按表2规定进行。

表2 民爆物品人工搬运和装卸限量表

民爆物品包装型式	搬运方式	搬运和装卸重量，kg
药柱	肩扛	≤10
散装药	肩扛	≤20
原装（箱）	背运	≤24
原装（箱）	挑运	≤48

7 储存

7.1 固定库

民爆物品固定库的设置与管理按照GB 6722中有关规定执行。

7.2 租用库

7.2.1 在施工期间需租用民爆库房的，应经当地公安机关认可。

7.2.2 物探队应对出租方的资质、合法性进行审核和确认，相关证件复印后报上一级主管部门备案。

7.2.3 与出租方签订合同和安全协议，明确双方的责任和义务。

7.2.4 配专人负责本队使用民爆物品的收存和发放，并填写《炸药出入库班报》（见附录C）和《雷管出入库班报》（见附录D），做到账目清楚，账物相符。

7.3 临时库

7.3.1 自建临时库，应报所在地县（市）公安机关审核批准，按照国家、所在地公安机关的规定设置技术防范设施。民爆物品临时库经公安机关验收合格，按核准的库容储存民爆物品。

7.3.2 民爆物品库的安全允许距离，一般应符合以下规定：

——设置民爆物品临时库，库区外保护对象的外部允许距离应按临时库设计的最大容量确定库区外部的安全距离。

——允许距离的起算点是仓库的外墙墙根边缘。

——确定外部距离时，可不考虑炸药性质和仓库有无土堤。

外部安全允许距离应符合下列规定：

——每个仓库至小型工矿企业围墙或100户至200户村庄边缘的距离，应大于表3的规定。

——每个仓库至其他保护对象的允许距离，应先按表4确定各该保护对象的防护等级系数，并以规定的系数乘以表3规定的距离来确定。

表3 民爆物品库至村庄（100户至200户）边缘的安全允许距离

存药量 t	≤200 >150	≤150 >100	≤100 >50	≤50 >30	≤30 >20	≤20 >10	≤10 >5	≤5
安全允许距离[a] m	1000	900	800	700	600	500	400	300

[a] 表中距离适用于平坦地形，遇到下列几种特定地形时，其数值可适当增减：

——当危险建筑物紧靠20m～30m高的山脚下布置，山的坡度为10°～25°，民爆物品库与山背后建筑物之间的距离，与平坦地形相比，可适当减小10%～30%。

——当危险建筑物紧靠30m～80m高的山脚下布置，山的坡度为25°～35°，民爆物品库与山背后建筑物之间的距离，与平坦地形相比，可适当减小30%～50%。

——在一个山沟中，一侧山高为30m～60m，坡度10°～25°，另侧山高30m～80m，坡度25°～30°，沟宽100m左右，沟内两山坡脚下民爆物品库直对布置的建筑物之间的距离，与平坦地形相比，应增加10%～50%。

——在一个山沟中，一侧山高为30m～60m，坡度10°～25°，另侧山高30m～80m，坡度25°～35°，沟宽40m～100m，沟的纵坡4%～10%，民爆物品库沿沟纵深和沟的出口方向建筑物之间的距离，与平坦地形相比，应增加10%～40%。

表4 各种保护对象的防护等级系数

被保护对象		防护等级系数
≤10户的零散住户		0.5
11户至50户的零散住户		0.6
51户至100户的村庄		0.8
101户至200户的村庄，小型工矿企业的围墙		1.0
乡、镇的规划边缘		1.2
县的规划边缘，大、中型工矿企业的围墙		2.0
大于10万人的城市规划边缘		3.0
铁路	Ⅰ级铁路线	0.8
	Ⅱ级铁路线	0.6
	Ⅲ级铁路线	0.5

表 4（续）

被保护对象		防护等级系数
公路	高速公路	0.8
	Ⅰ级公路	0.6
	Ⅱ，Ⅲ级公路	0.5
	Ⅳ级公路	0.4
通航船舶的河流航道		0.5
高压输电线路	35kV 输电线路	0.4
	110kV 输电线路	0.5
	220kV 输电线路	1.8
	330kV 输电线路	1.9
	500kV 输电线路	2.0
油库		0.6

7.3.3 民爆物品临时库应设铁丝网或围栏，并有禁行、禁火标志，周围 20m 设为警戒区。

7.3.4 物探队施工项目完成后，立即撤消民爆物品临时库。

7.3.5 民爆物品库区应设置避雷针和静电释放器。避雷针接地电阻不大于 10Ω，并经检测合格。

7.3.6 民爆物品临时库应设置灭火器、消防水桶、消防锹、消防钩等消防器材，专人保管，定期检查。

7.3.7 库区内应设置视频监控系统，采用 24h 连续记录方式，记录应选用数字录像设备，记录的图像信息应包括记录时的日期和时间，记录信息保存时间应大于 30d。库区围栏内侧应设置红外线入侵探测报警系统，有条件的还应与当地公安机关建立报警联动。视频监控系统和红外线入侵探测报警系统应由值班室统一供电，同时配置应急电源。应急电源应能保证对视频部分供电应大于 1h，报警部分供电应大于 8h。

7.4 民爆物品临时库的安全管理规定

7.4.1 民爆物品库应建立严格的值班、检查、登记、验收制度：
——警卫人员应持证上岗，配备必要的防身器具，不应酒后上岗、乱岗、串岗、睡岗。
——警卫值班室、宿舍应设在距离库房 30m 以外、通视良好的位置，实行 24h 值班。
——无关人员不应进入库区。
——填写值班日志。
——警卫人员应进行日常巡回安全检查：查看门、窗、锁有无损坏，库区周围有无火源、易燃物品及其他不安全因素。
——保管员负责出入库及账目管理，确保账物相符。库房实行"双人双锁"，不应收发无编码或编码有误的民爆物品。
——禁止储存炸药包。
——临时库应实施四防：人防、物防、技防、犬防。

7.4.2 民爆物品的存放应符合以下规定：
——民爆物品宜单库存放，起爆点火器材不应与炸药同一库房存放，如果两种以上同品种民爆物品同库存放，应符合表 1 规定。
——出入库应采用民爆物品信息管理系统，按规定时间上报数据，防止系统锁死。

——雷管入库,应存放在雷管库或专用雷管箱内,并做好防鼠工作。
——炸药入库存放,库房为建筑物时,码垛宽度不超过4箱,炸药垛高度不超过1.8m,雷管垛高度不超过1.6m,垛间距不小于0.5m,离库房墙壁不小于0.2m。
——库房为专用集装箱时,执行GB 6722的规定。

7.4.3 建立民爆物品出、入库检查验收登记制度,填写《炸药出入库班报》(见附录A)、《雷管出入库班报》(见附录B),做到账目清楚、账物相符。

7.4.4 库房内应使用防爆手电筒照明,不应在库内安装电气设备和电气照明装置,不应吸烟和动用明火。

7.4.5 不应将火种、易燃易爆物品等带入库区。

7.4.6 不应在库房内住宿和进行与工作无关的活动。

7.4.7 库区内无杂草,铁丝网外周围2m无杂草,无易燃易爆物品堆放,保持清洁,应设置安全防火标志牌。

7.4.8 雷管库与炸药库之间最小安全距离,按公式(1)确定(经验公式):

$$R_1 = K_1\sqrt{n} \quad\quad\quad\quad\quad (1)$$

式中：
R_1——最小安全距离,单位为米(m);
K_1——殉爆安全系数,雷管库与炸药库之间殉爆安全系数K_1值按表5选取;
n——库存雷管数,单位为发。

表5 雷管库与炸药库之间殉爆安全系数K_1值

库房种类	殉爆安全系数K_1		
	双方均无土围墙	单方有土围墙	双方均有土围墙
雷管库与炸药库	0.06	0.04	0.03
雷管库与雷管库	0.10	0.067	0.05

7.4.9 携带、配置无线电通信设施的人员、车辆不应进入库区。无线电发射机与民爆物品库最小安全距离见表6。

表6 无线电发射机与民爆物品库最小安全距离

发射机功率,W		<5	5～<10	10～<50	50～<100	100～<250
距离,m	频率25MHz	21	30	75	105	150
	频率150MHz	6	9	21	30	47

7.4.10 在库区内拉运民爆物品的车辆或其他动力设备,应装防火罩。

7.4.11 报废炸药和完好炸药应分别存放。

7.4.12 发现民爆物品丢失、被盗,应立即报告上级主管部门和所在地公安机关。

8 使用

8.1 平原地区

8.1.1 一般要求

8.1.1.1 物探队在施工前应组织涉爆人员进行民用爆物品安全管理、专业技术知识的内部培训，考核合格后上岗。

8.1.1.2 使用民爆物品应建立领取清退制度。《工地炸药交接班报》格式见附录A，《工地雷管交接班报》格式见附录B，《炸药出入库班报》格式见附录C，《雷管出入库班报》格式见附录D，《物探队钻井（下药）班报》（正面）格式见表E.1，《物探队钻井（下药）班报》（背面）格式见表E.2，《物探队爆炸班报》格式见附录F，《小折射与微测井班报》（正面）格式见表G.1，《小折射与微测井班报》（背面）格式见表G.2，《清线班报》格式见附录H，应做到账物对口。

8.1.1.3 填写民爆物品班报规定：
—— 执行专人专账的原则。
—— 班报填写应及时、清晰、准确，单页连续记录应不跨工区、不跨线（束）、不跨日期，并做到班报对口、日清日结。
—— 班报填写有误只能划改，不得涂改，并由当事人在划改处签字确认。

8.1.1.4 领取的炸药应存放在专用保管箱内，领取的雷管应放置在专用的具有相关资质的便携式雷管箱或专用防爆罐，不用时应及时上锁。不应把民爆物品与其他物品混放在同一容器内。

8.1.1.5 发现民爆物品编码有误或无编码时，应及时交回民爆物品库，并逐级报至上级安全管理部门。

8.1.1.6 当日剩余的民爆物品原则上应回收到民爆物品库，实现当日回收困难时，应制定专项方案，并报上级安全管理部门批准。当日剩余民爆物品应集中至民爆物品运输车上储存，不少于两人专门负责看守，周围50m内设置警戒区，停放点符合安全距离规定要求。

8.1.1.7 未穿戴防静电护品人员不应接触民爆物品。

8.1.1.8 移动式无线电发射机（电台）与雷管、炸药包的安全距离参照表6执行。

8.1.2 雷管测试

8.1.2.1 雷管测试应使用符合国家认定的专用雷管测试表，雷管测试表的最大输出电流不大于0.03A，一次通电时间小于2s。

8.1.2.2 测试雷管应选择安全地带，人员离开雷管15m以外。

8.1.2.3 不应地面测试炸药包。井内测试时，按8.1.5.6相关规定执行。

8.1.3 炸药包制作

8.1.3.1 制作炸药包时，应设置警戒区，警戒距离不小于15m。包药点与装有通信电台的车辆按表6的规定保持安全距离。包药点应与高压输电线路保持20m的安全距离。

8.1.3.2 严禁在车上制作炸药包。

8.1.3.3 一次只能取用一口井所用的炸药、雷管，执行"随取随用，随包随下"的原则。取用雷管应梳管拿取，不应牵管抽线，雷管脚线不应提前剪短，脚线剥皮应使用工具。取用炸药应轻拿轻放，不准随意扔甩，不应提前撒药。

8.1.3.4 制作药包时，便携式雷管箱与震源药柱应置于包药工视线范围内距其不大于2m的地方。

8.1.3.5 在制作药包过程中，应做到全过程短路，释放静电后方可作业。

8.1.3.6 每制作一包后，应及时记录在《物探队钻井（下药）班报》（见表 E.1 和表 E.2）。

8.1.3.7 做好炸药包后，炮线应绕在炸药包上并打结，若炸药包为多个药柱组成，应最后装起爆药柱。制作好的炸药包应安装防上浮器或采取其他防上浮措施。

8.1.3.8 同一炮点不应同时包装、存放两个或两个以上炸药包，多井组合应包完一包，下井一包。钻机未撤离井场时，炸药包应暂放置井场 15m 以外，并有专人看守。

8.1.3.9 小折射作业，依据设计井深和药量到涉爆车上取出规定炸药量（炸药分割采用专用工具）至井口，先释放静电，再取出规定用雷管发数，在井（坑）口完成药包制作，并填写《小折射与微测井班报》（见表 G.1 和表 G.2）。

8.1.3.10 微测井作业，先释放静电，依据设计井深和药量到涉爆车上取出规定用雷管发数，制作药辫时应设置 15m 警戒区。两人以上参加制作的，相互之间的安全距离大于 3m，并填写《小折射与微测井班报》（见表 G.1 和表 G.2）。

8.1.4 炸药包下井

8.1.4.1 单井作业钻机驶离井口 5m 以外，组合井作业钻机移动到下一井口，方可开始下药。

8.1.4.2 下药时应有专人负责，搬运炸药包应轻拿轻放，不应拖拽。

8.1.4.3 炸药包下井时，炮线应松紧适度，避免打结；使用爆炸杆下药，应用稳定压力，不应用力冲击、振动；不应强压炸药包。

8.1.4.4 炸药包下井后应轻提炮线检查药包是否上浮，确认无误，并埋井，埋井应根据施工季节和气候条件，制定相应的操作流程。

8.1.4.5 小折射作业，炸药包入坑后严禁使用碎石埋置炮坑。

8.1.4.6 微测井作业，药辫入井后防止脱包下不到规定位置。

8.1.5 爆破作业

8.1.5.1 爆炸站的操作人员应穿防静电护品，戴好安全帽。

8.1.5.2 在放炮前，警戒人员应检查井口周围的危险区内有无房屋、桥梁、水堤、输电通信线路和输油、输气管道等建筑物、构筑物，如有并对其构成威胁时，不应放炮。在确保其安全距离的情况下，方可放炮。

8.1.5.3 爆炸机操作员放炮前应检查并确认炸药包无上浮，方准将炮线引至爆炸站，由爆炸机操作员亲自连接炮线。不应使用爆炸机以外的任何电源进行爆炸作业。

8.1.5.4 警戒岗哨应用旗语（红旗规格 400mm×300mm）传递信号，确认警戒区内处于安全状态后，红旗上举表示可以放炮。不准用口语代替旗语。

8.1.5.5 受地形限制从爆炸站至炮井为盲区时，放炮前应派专人到看得见井口与爆炸站的安全地方设岗哨，用旗语传递信号，在确保安全的情况下才能放炮。

8.1.5.6 爆炸站设置在井口通视良好的上风方向，安全距离一般为：
——地表为黏土、沙土层，应大于 40m。
——地表为岩石、冻土层，应大于 65m。
——井深小于或等于 5m 时，应大于 100m。
——特殊情况另据爆炸方式、药量计算确定。

8.1.5.7 爆炸机操作规定如下：
——爆炸机操作员不应提前将炮线接入爆炸机，并不得提前充电。
——放炮时正确操作，译码器（爆炸机）插孔专孔专用，正确选择工作开关，防止误操作造成意外爆炸事故发生。
——当发生拒爆或临时改变放炮指令（如测试信号等）时，应将炮线从爆炸机上取掉并短路。

8.1.5.8 在接近危险区的边界处（即安全距离）应设警戒岗哨和安全标志，不应有人、畜、车（船）进入危险区域内。

8.1.5.9 放炮之前，爆炸机操作员再次检查危险区内的安全情况，发现井场有双炮线时，不应放炮。符合安全要求后方可报告仪器操作员准备放炮，仪器操作员收到爆炸机操作员的放炮通知后，才能下达放炮准备指令。

8.1.5.10 每放一炮后，应及时记录《物探队爆炸班报》（见附录F）。

8.1.5.11 放完炮立即拔掉爆炸机上的炮线。

8.1.5.12 产生盲炮时，应拔掉爆炸机上的主炮线，并短路后再查找原因。

8.1.5.13 在电磁波干扰源附近施工放炮时，应按表6规定的安全距离执行。

8.1.5.14 一般不应夜间作业，确需夜间作业时，应执行上级批准的作业许可。

8.1.5.15 水坑放炮时，水深应超过1.5m，单包炸药量不应大于2kg，应将爆炸点周围的其他物品清除干净，不应用石块或铁器等重物压在药包上起爆。

8.1.5.16 采取集中打井、集中采集组织方式的物探队，对已下药的炮井应采取防止盗挖措施。

8.1.5.17 小折射和微测井作业，炮点接线、埋药、放置炮线、放炮等应单人操作，其他人员不应靠近。

8.1.6 爆破作业善后处理

8.1.6.1 爆炸机操作员应检查爆炸现场，当无异常情况时，方可解除警戒。

8.1.6.2 刚爆炸完的井，不应抢拔井口炮线，防止毒气熏人或井口塌陷。

8.1.6.3 发生盲炮时，应依据桩号（单井）或编号（组合井）填入《物探队爆炸班报》（见附录F），待清线处理。

8.1.6.4 小折射和微测井作业，放炮后对地面坑（井）进行回填，恢复地表。

8.2 水域地区

8.2.1 水域地区民爆物品使用应遵守平原地区民爆物品使用管理的有关规定。

8.2.2 在水域地区进行地震勘探爆炸作业时，应事先取得政府主管部门的同意和许可，并遵守有关规定。

8.2.3 不应在浓雾、夜间和六级以上大风等恶劣天气进行爆炸作业，执行已审批的夜间作业许可。

8.2.4 爆炸作业船应按规定配备救生器材、消防器材，非爆炸作业人员不应上爆炸作业船。

8.2.5 爆炸作业船按海事要求配备通信设备的，在工作期间应处于关闭状态，遇有紧急情况时，在保证安全的前提下允许使用。

8.2.6 爆炸作业船距爆破点的安全距离不小于100m。

8.2.7 爆炸作业船通信设备应保证与其他勘探船的联系畅通，爆炸作业船上的通信设备与民爆物品的安全距离按表6的规定执行。

8.2.8 装运民爆物品的作业船与其他作业船只的距离应在200m以上，船上设警告标志，在雷管箱开启期间和包药过程中，应关闭通信设备。

8.2.9 水域放炮应专船专用，制作炸药包与放炮不应同船作业。

8.2.10 井中炸药包相对的水面上应有明显的浮标标志；检波点浮标应与炮点浮标用不同颜色加以区别。

8.2.11 炸药包制作完毕后应立即下井，不应在船上存放。

8.2.12 民爆物品应存放于距轮机最远的位置。雷管不应在雷管箱外放置。

8.2.13 爆炸点危险区之外，应设警戒船，警戒半径应大于200m，对往来船只发出信号，指示其行驶的航向，防止其误入危险区或靠近爆炸作业船。

8.2.14 发现裸露药包漂浮水面或出现其他异常现象时，不应起爆。

8.2.15 起爆前，应发出警报信号，所有船只应全部迅速撤出危险区。

8.2.16 在急流段爆炸作业时，爆炸作业船应由定位船或由固定站的缆绳固定，定位船的位置应设标识，防止走锚移位。

8.2.17 作业船上存放的民爆物品应与其他工具、物品分开放置；不应在民爆物品上压重物，不许脚踏；应采用专用民爆物品箱，并固定牢固。

8.2.18 炸药包发生拒爆时，应切断电源，并将炮线短路方可进入现场检查。

8.3 沙漠地区

8.3.1 沙漠地区民爆物品使用应遵守平原地区民爆物品使用管理的有关规定。

8.3.2 使用反循环或吹沙筒工艺打井的，下炸药包前应停钻冷却钻具；下药时应轻放，防止导线破损、折断。

8.3.3 放炮以后收炮线时，警惕井口塌陷。

8.4 山地（黄土塬）地区

8.4.1 山地（黄土塬）地区民爆物品使用应遵守平原地区民爆物品使用管理的有关规定。

8.4.2 炸药和雷管应分开搬运，并保持15m以上距离。

8.4.3 人工搬运民爆物品，不准携带通讯和带电设备。

8.4.4 当日剩余民爆物品按要求集中存放到专用民爆物品箱内，并有专人看护。

8.4.5 爆炸站与井口的安全距离，按公式（2）确定（经验公式）：

$$R_2 = 30\sqrt{Q} \quad \cdots\cdots\cdots\cdots\cdots\cdots\cdots\cdots\cdots (2)$$

式中：

R_2——安全距离，单位为米（m）；

Q——一次爆炸用的炸药量，单位为千克（kg）。

8.4.6 爆炸站及警戒的施工人员，不应靠近沟边或悬崖峭壁，以防止爆炸震动引起山体塌陷滑坡，造成人员坠落等事故。

9 清线

9.1 物探队应成立清线小组，制定清线管理制度，清理、回收残余的民爆物品和废旧炮线，排除哑炮、填埋炮井、恢复地表，填写《清线班报》（见附录H），建立档案。

9.2 盲炮处理应采用以下方法进行处理：

——重新起爆或殉爆。

——不应采用捅井的方法强行处理。

9.3 每清理一炮后，应及时记录在《清线班报》（见附录H）。

10 销毁

10.1 销毁民爆物品前应登记造册，提出实施方案，报上级主管部门批准，并向当地公安机关备案，按批准的方案销毁。

10.2 销毁方法和安全技术措施按 GB 6722—2011 中 14.9.4 的规定执行。

11 应急处置和事故管理

11.1 应急处置

11.1.1 涉爆单位应针对实际情况和产品的危险特性，制定民爆物品丢失、盗窃、抢劫、破坏和爆炸事故的应急预案，内容应有针对性、可操作性。

11.1.2 物探队每个施工期应组织对应急预案至少演练一次。

11.1.3 应急预案应报上级主管部门和公安机关备案。

11.1.4 作业过程中发生应急事件，应立即启动应急预案，进行应急处理。

11.2 事故管理

11.2.1 发生民爆物品丢失、被盗、爆炸事故，应立即向上级和公安部门报告。

11.2.2 发生事故的单位应积极配合事故调查组开展工作，并应针对事故原因，制定防止类似事故再次发生的防范措施，并对相关责任人按照相关制度处理。

附 录 A
（规范性附录）
工地炸药交接班报格式

工地炸药交接班报格式见表 A.1。

表 A.1 工地炸药交接班报

炸药型号：

日期	进库数量 kg	出库数量 kg	编码	交物人签字	收物人签字	累计余存 kg

SY 5857—2013

附 录 B
（规范性附录）
工地雷管交接班报格式

工地雷管交接班报格式见表 B.1。

表 B.1 工地雷管交接班报

日期	进库 数量 发	出库 数量 发	编码	交物人 签字	收物人 签字	累计 余存 发

附 录 C
（规范性附录）
炸药出入库班报格式

炸药出入库班报格式见表 C.1。

表 C.1 炸药出入库班报

炸药型号：

日期	进库数量 kg	出库数量 kg	编码	交物人签字	收物人签字	累计余存 kg	备注

SY 5857—2013

附 录 D
（规范性附录）
雷管出入库班报格式

雷管出入库班报格式见表 D.1。

表 D.1 雷管出入库班报

日期	进库数量 发	出库数量 发	编码	交物人签字	收物人签字	累计余存 发	备注

附 录 E
(规范性附录)
物探队钻井（下药）班报格式

物探队钻井（下药）班报格式见表 E.1 和表 E.2。

表 E.1 物探队钻井（下药）班报（正面）

线（束）号：

日期	桩号	井深，m			激发岩性	偏移距 m	药量 kg	炸药编码	雷管发	雷管编码	余存	
		设计	钻井	下药							炸药 kg	雷管发

班（组）长签字： 包药工签字：

表 E.2 物探队钻井（下药）班报（背面）

炸药型号：

					发物人	收物人
领取	炸药 （共　　kg）	kg	编码：			
		kg				
		kg				
		kg				
		kg				
		kg				
	雷管 （共　　发）	发	编码：			
		发				
		发				
		发				
		发				
交回	炸药 （共　　kg）	kg	编码：			
		kg				
		kg				
		kg				
		kg				
	雷管 （共　　发）	发	编码：			
		发				
		发				
		发				
		发				

附 录 F
(规范性附录)
物探队爆炸班报格式

物探队爆炸班报格式见表 F.1。

表 F.1 物探队爆炸班报

工区：			施工日期：		年 月 日	天 气：	
线（束）号：			开工时间：		时 分	收工时间： 时 分	
编码	桩号	井深 m	炸药 kg	雷管 发	爆炸情况		备注
					爆炸是否完全	拒爆单井编码	

注1：组合井按南小北大、西小东大、左小右大的原则进行编码。
注2：拒爆炸药、雷管进入消耗量。
注3：本班报日清。
注4：组合井填写按单井药量乘组合井数，雷管发数乘组合井数。

班（组）长签字：　　　　　　　　　　　　　填表人签字：

SY 5857—2013

附 录 G
（规范性附录）
小折射与微测井班报格式

小折射与微测井班报格式见表 G.1 和表 G.2。

表 G.1 小折射与微测井班报（正面）

工区：			线（束）号：			施工日期：			
天气：			开工时间：			收工时间：			
种类	领取				交回				
	数量	编码		发物人	收物人	数量	编码	发物人	收物人
雷管发									
炸药 kg									
桩号	激发岩性	井深 m	激发次序	炸药 kg	炸药编码	雷管发	雷管编码		爆炸情况

班（组）长签字：　　　　　　　　　　　　　　　　　　　　　爆炸机操作员：

表 G.2 小折射与微测井班报（背面）

桩号	激发岩性	井深 m	激发次序	炸药 kg	炸药编码	雷管 发	雷管编码	爆炸情况

附 录 H
(规范性附录)
清线班报格式

清线班报格式见表 H.1。

清线班报

工区：   线（束）号：

序号	井位桩号	井位坐标	拒爆单井编码	哑炮处理							处理日期	处理人	备注
				直接引爆		回收		编码				
				炸药	雷管	炸药	雷管	炸药编码	雷管编码			
		X： Y：										
		X： Y：										
		X： Y：										
		X： Y：										
		X： Y：										
		X： Y：										

当日领取：   84# 　 kg 　 85# 　 发 　 　 当日交回：   84# 　 kg 　 85# 　 发

当日收回：   84# 　 kg 　 85# 　 发 　 　 当日消耗：   84# 　 kg 　 85# 　 发

班（组）长签字：   填表人：

中华人民共和国
石油天然气行业标准
石油物探地震作业民用爆炸物品
管理规范
SY 5857—2013

*

石油工业出版社出版
（北京安定门外安华里二区一号楼）
北京中石油彩色印刷有限责任公司排版印刷
新华书店北京发行所发行

*

880×1230 毫米 16 开本 1.75 印张 51 千字 印 1—1500
2014 年 2 月北京第 1 版　2014 年 2 月北京第 1 次印刷
书号：155021·7022　定价：24.00 元
版权专有　不得翻印

ICS 13.100
E 09

SY

中华人民共和国石油天然气行业标准

SY/T 5974—2020
代替 SY 5974—2014

钻井井场设备作业安全技术规程

Technical safety code for drilling wellsite, equipment and operation

2020-10-23 发布　　　　　　　　　　　　　　2021-02-01 实施

国家能源局　　发 布

SY/T 5974—2020

目　次

前言 .... Ⅲ
1　范围 1
2　规范性引用文件 1
3　井场安全要求 2
　3.1　道路 2
　3.2　井场布置 2
　3.3　井场消防的要求 2
4　安装、拆卸 3
　4.1　安装、拆卸安全要求 3
　4.2　井架的拆卸、安装和起放 3
　4.3　钻台设备及辅助设施的安装 5
　4.4　动力机组的安装 6
　4.5　油罐的安装 7
　4.6　钻井泵、管汇及水龙带的安装 7
　4.7　钻井液净化设备的安装、拆卸 8
　4.8　液面报警仪的安装 8
　4.9　电气系统的安装 8
　4.10　电气焊设备及安全使用 9
　4.11　井场照明 9
　4.12　设备颜色 10
　4.13　视频监控系统 10
　4.14　井架逃生装置的安装 10
5　联络信号 10
　5.1　基本要求 10
　5.2　钻台、机房、泵房、井架二层台间的提示信号 10
　5.3　井架二层台与钻台岗位间指挥信号 10
　5.4　钻台与泵房、机房之间指挥信号 10
　5.5　井控信号 11
6　井控设计和井控装置安装、试压及井控作业 11
　6.1　井控设计 11
　6.2　井控装置的安装 13
　6.3　井控装置的试压 15
　6.4　井控装置的使用 15

Ⅰ

   6.5　井控装置的管理 ………………………………………………………………………………… 16
   6.6　钻开油气层前的准备和检查验收 ……………………………………………………………… 16
   6.7　油气层钻井过程中的井控作业 ………………………………………………………………… 17
7　钻进及辅助作业 ………………………………………………………………………………………… 18
   7.1　埋设导管后，下表层套管前的第一次钻进 …………………………………………………… 18
   7.2　封固表层套管后的各次钻进 …………………………………………………………………… 18
   7.3　接单根 …………………………………………………………………………………………… 19
   7.4　起下钻 …………………………………………………………………………………………… 19
   7.5　换钻头 …………………………………………………………………………………………… 19
   7.6　钻水泥塞 ………………………………………………………………………………………… 20
   7.7　取心 ……………………………………………………………………………………………… 20
8　欠平衡钻井特殊安全要求 ……………………………………………………………………………… 21
   8.1　实施作业的基本条件 …………………………………………………………………………… 21
   8.2　设计与装置配备 ………………………………………………………………………………… 21
   8.3　培训 ……………………………………………………………………………………………… 22
   8.4　现场准备 ………………………………………………………………………………………… 22
   8.5　气体监测 ………………………………………………………………………………………… 22
   8.6　接单根和起下钻作业 …………………………………………………………………………… 22
   8.7　应急 ……………………………………………………………………………………………… 22

前 言

本标准按照 GB/T 1.1—2009《标准化工作导则 第1部分：标准的结构和编写》给出的规则起草。

本标准代替 SY 5974—2014《钻井井场、设备、作业安全技术规程》，与 SY 5974—2014 相比，主要技术变化如下：
——修改了适用范围（见第1章，2014年版的第1章）；
——修改了井场安全要求（见第3章，2014年版的第3章）；
——删除了通信（见2014年版的第5章）；
——修改了设备安装、拆卸（见第4章，2014年版的第5章）；
——修改了联络信号（见第5章，2014年版的第6章）；
——修改了井控设计和井控装置安装、试压及井控作业（见第6章，2014年版的第7章）；
——修改了钻进及辅助作业（见第7章，2014年版的第8章）；
——修改了欠平衡钻井特殊安全要求（见第8章，2014年版的第9章）；
——删除了关井操作程序（见2014年版的附录A）；
——删除了顶驱钻机关井操作程序（见2014年版的附录B）。

本标准由石油工业安全专业标准化技术委员会提出并归口。

本标准起草单位：中国石油天然气集团公司川庆钻探工程有限公司、中石化石油工程技术服务有限公司。

本标准主要起草人：李建林、周浩、刘建平、高赛男、王梅、彭锌、卫金平、宋保华、姜国富、阮存寿、尹念敏、李磊、覃冬冬、陈耀军、宋玉平、宜建国、张宏江、张荆洲。

本标准代替了 SY 5974—2014。

SY 5974—2014 的历次版本发布情况为：
——SY 5974—1994、SY 5974—2007。

SY/T 5974—2020

钻井井场设备作业安全技术规程

1 范围

本标准规定了石油天然气钻井工程井场、设备安装及拆卸、联络信号、井控设计和井控装置安装、试压及井控作业、钻进及辅助作业、欠平衡钻井作业特殊安全要求。

本标准适用于陆地钻井作业，滩海陆岸钻井作业可参照执行。

2 规范性引用文件

下列文件对于本文件的应用是必不可少的。凡是注日期的引用文件，仅注日期的版本适用于本文件。凡是不注日期的引用文件，其最新版本（包括所有的修改单）适用于本文件。

GB/T 2819 移动电站通用技术条件
GB 4053.3 固定式钢梯及平台安全要求 第3部分：工业防护栏杆及钢平台
GB/T 5082 起重机 手势信号
GB 6095 安全带
GB 9448 焊接与切割安全
GB/T 13869 用电安全导则
GB/T 20972 石油天然气工业 油气开采中用于含硫化氢环境的材料
GB/T 22513 石油天然气工业 钻井和采油设备 井口装置和采油树规范
GB/T 23507.2 石油钻机用电气设备规范 第2部分：控制系统
GB/T 23507.3 石油钻机用电气设备规范 第3部分：电动钻机用柴油发电机组
GB/T 23507.4 石油钻机用电气设备规范 第4部分：辅助用电设备及井场电路
GB/T 31033 石油天然气钻井井控技术规范
GB 50034 建筑照明设计标准
SY/T 5087 硫化氢环境钻井场所作业安全规范
SY/T 5198 钻具螺纹脂
SY/T 5225 石油天然气钻井、开发、储运防火防爆安全生产技术规程
SY/T 5347 钻井取心作业规程
SY/T 5369 石油钻具的管理与使用 方钻杆、钻杆、钻铤
SY/T 5466 钻前工程及井场布置技术要求
SY/T 5593 井筒取心质量规范
SY/T 5623 地层压力预（监）测方法
SY/T 5964 钻井井控装置组合配套安装调试与使用规范
SY/T 5972 钻机基础选型
SY/T 6202 钻井井场油、水、电及供暖系统安装技术要求
SY/T 6277 硫化氢环境人身防护规范
SY/T 6279 大型设备吊装安全规程

1

SY/T 6503　石油天然气工程可燃气体检测报警系统安全规范
SY/T 6543　欠平衡钻井技术规范
SY/T 6586　石油钻机现场安装及检验
SY/T 6789　套管头使用规范
SY/T 6919　石油钻机和修井机涂装规范
SY/T 7028　钻（修）井井架逃生装置安全规范
SY/T 7371　石油钻井合理利用网电技术导则

3 井场安全要求

3.1 道路

3.1.1 通往井场的道路在整个施工过程中应保持路面平整，其路基（桥梁）承载能力、路宽、坡度应满足运送钻井装备、物资及钻井特殊作业车辆的安全行驶要求，道路的弯度、会车点的设置间距应保证车辆安全通行。

3.1.2 道路要求应按照SY/T 5466的相关规定执行。

3.2 井场布置

3.2.1 井场布置宜按SY/T 5466、SY/T 5087的规定执行，钻机基础选型应符合SY/T 5972的要求。

3.2.2 井场布置应考虑当地季节风的风频、风向，钻井设备应根据地形条件和钻机类型合理布置，利于防爆、操作和管理。

3.2.3 井场应有足够的抗压强度。场面应平整、中间略高于四周，井场周围排水设施应畅通。基础平面应高于井场面100mm～200mm。

3.2.4 钻井液沉砂池或废液池周围应有截水沟，防止自然水浸入。

3.2.5 钻台、油罐区、机房、泵房、钻井液助剂储存场所、净化系统、远程控制系统、电气设备等处应有明显的安全标志。井场入口、钻台、循环系统等处应设置风向标，井场安全通道应畅通。

3.2.6 井场周围应设置不少于两处临时安全区，一处应位于当地季节风的上风方向处，其余与之呈90°～120°分布。

3.2.7 石油钻井专用管材应摆放在专用支架上，管材各层边缘应用绳系牢或专用设施固定牢，排列整齐，支架稳固。

3.2.8 方井、柴油机房、泵房、发电房、油罐区、油品房、远程控制台、钻井液储备罐区、钻井液材料房、收油计量橇、循环罐及其外侧区域、岩屑收集区和转移通道、废油暂存区、油基岩屑暂存区等区域地面宜做防渗处理。重点防渗区应铺设防渗膜，油罐区、钻井液储备罐区、收油计量橇、废油暂存区、油基岩屑暂存区应设置围堰。

3.2.9 地处海滩、河滩的井场，在洪汛、潮汛季节应修筑防洪防潮堤坝和采用其他相应预防措施。

3.3 井场消防的要求

3.3.1 井场消防器材应配备35kg干粉灭火器4具、8kg干粉灭火器10具、5kg二氧化碳灭火器7具、消防斧2把、消防钩2把、消防锹6把、消防桶8只、消防毡10条、消防砂不少于4m³、消防专用泵1台、φ19mm直流水枪2只、水罐与消防泵连接管线及快速接头1个、消防水龙带100m。机房应配备8kg干粉灭火器3具，发电房应配备7kg及以上二氧化碳灭火器2具。野营房区应按每40m²不少于1具4kg干粉灭火器进行配备。600V以上的带电设备不应使用二氧化碳灭火器灭火。

3.3.2 消防器材应挂牌专人管理，并定期检查、维护和保养，不应挪为他用。消防器材摆放处应保持通道畅通，取用方便，悬挂牢靠，不应暴晒或雨淋。

3.3.3 井场动火应按规定办理动火作业手续。

3.3.4 探井、高压井、气井施工中，供水管线上应装有合格的消防管线接口。

3.3.5 井场火源、易燃易爆物源的安全防护距离应符合 SY/T 5225 的规定。

4 安装、拆卸

4.1 安装、拆卸安全要求

4.1.1 石油钻机在现场安装过程中的安全、设备、技术要求和安装后的检验要求，应符合 SY/T 6586 的要求。

4.1.2 起重吊运指挥信号应符合 GB/T 5082 的要求，大型设备吊装应符合 SY/T 6279 的要求。

4.1.3 吊装作业、高处作业、动火作业等应按规定办理作业许可。作业人员应持证上岗，并正确穿戴个体劳动防护用品。

4.1.4 高空作业人员进行井架攀爬或高空操作前应穿戴好安全带。使用防坠落装置时，应将防坠落装置挂环与穿戴的安全带挂环相连，同时锁紧安全锁扣。一套防坠落装置只准许一人使用，作业人员所携带重物（如工具等）的总重量应低于该装置的最大承载负荷。使用工具应拴保险绳。零配件应装在工具袋内，工具、零配件不应上抛下扔。

4.1.5 遇有 6 级（风速 10.8m/s～13.8m/s）及以上大风、雷电或暴雨、雾、雪、沙暴等能见度小于 30m 的恶劣天气时，应停止设备吊装或高空作业。

4.1.6 电（液、气）动绞车和起重机等起重设备不应超载荷工作，不应载人。在检维修等特殊情况下如确需载人，应采取可靠的安全措施。

4.1.7 所有受力钢丝绳应用与绳径相符的绳卡卡固，方向一致，数量达到要求。绳卡鞍座应卡在主绳段上。

4.1.8 井架上的各承载滑车宜为吊环式滑车。

4.1.9 各处钢斜梯宜与水平面倾角呈 30°～75°，并固定可靠。踏板应呈水平位置，两侧扶手应齐全牢固。

4.1.10 吊装、搬运盛放液体的罐体时，罐体内应无液体。

4.1.11 各种车辆穿越铺设在地面上的油、气、水管线及电缆时，应对管线及电缆采取防护措施。

4.2 井架的拆卸、安装和起放

4.2.1 井架的拆卸及安装

4.2.1.1 钻井队在安装井架和底座前，应对其进行检查。井架不应有弯曲、变形、严重伤痕或破损等情况。

4.2.1.2 拆卸和安装井架时，应有专人指挥，信号应统一。

4.2.1.3 井架和底座的连接销子应对号入座，不应将销子随意更换或用螺栓代替。

4.2.1.4 拆卸和安装井架连接销子时，危险区域内不应站人。

4.2.1.5 拆卸和安装井架过程中，地面人员不应在井架周围停留。任何人不应随同起吊物升降和转动。

4.2.1.6 作业人员不应在同一垂直面上交叉作业。

4.2.2 起放井架

4.2.2.1 井架起放作业时应注意以下特殊要求：
a）能见度小于 100m，或风速大于 5 级（7.9m/s）时，不应进行井架起放作业。

b) 井架起放作业不应在 −40℃ 以下的天气条件下进行。
c) 井架起放作业不应在夜间进行。
d) 不得以牵引车代替柴油机为动力起放井架作业。
e) 对于新配套或大修后第一次组装的井架，井架起放作业应在厂方指导下完成。

4.2.2.2 起放井架前应做好以下检查事项：

a) 检查销子、别针、滑轮，并确保齐全完好，螺栓紧固。
b) 指重表应读数准确，记录仪应工作正常。
c) 钻机控制系统各阀件应灵敏可靠。
d) 绞车刹车及辅助刹车应工作状态正常。
e) 各绳索应安装到位，滑轮应固定牢靠、润滑充足、转动灵活，起井架大绳应无交叉，绳卡紧固。
f) 井架底座应连接可靠，拉筋无损伤或变形。
g) 供气气压应在 0.8MPa ~ 1MPa，气路畅通，无积水。
h) 左、右缓冲液缸应行程一致，并调整至最大位置。
i) 人字架支撑轴头挡销螺栓应齐全紧固，天车、大钩、游车、绞车、井架上各滑轮应完好、灵活。
j) 钻井钢丝绳活绳头和死绳应固定可靠。
k) 柴油机、发电机、电气系统、液压系统和刹车系统等应运转正常。

4.2.2.3 起升井架时应注意以下事项：

a) 井架起升作业现场应有专人指挥、监护，一人操作刹把，一人协助。
b) 先试起井架，当井架起离支架 100mm ~ 200mm 时，现场人员应检查以下各项：
   1) 大绳和起井架大绳应进入滑轮槽，死（活）绳头及各绳卡应卡紧，钢丝绳无滑动痕迹。
   2) 钢丝绳在滚筒上应排列整齐。
   3) 供气系统及气控系统应正常，储气罐压力不应低于 0.8MPa。
   4) 人字架缓冲器活塞杆应达到行程。
   5) 二层平台应收拢捆好，井架上无遗留工具和物件。
   6) 刹车系统及辅助刹车各连接部位应正确、可靠，绞车水柜应装满水。
   7) 备用动力设备应启动。
   8) 钢鼓冷却水应备好。
c) 起井架时，井场内应无影响井架起升的障碍物，且能见度应不低于 100m。井架上的物件应采取防坠落措施，配重水柜内应注满水。除机房留守人员、司钻、关键部位观察人员、现场安全员和指挥者外，其他人员和所有施工机具应撤至安全区。安全距离应为正前方距井口不少于 70m，两边距井架两侧不少于 20m。

4.2.2.4 井架校正后，井架连接处的所有螺栓应再紧固一次。

4.2.2.5 放井架时应注意以下事项：

a) 下放作业应在一名指挥的统一指挥下进行，指挥所处位置应在操作者能直接看到且安全的地点。
b) 井架支架位置应放置正确。影响放井架的井架附属物应全部拆除。

4.2.2.6 底座的起升及下放应执行钻机操作规程。

4.2.3 钻机平移

4.2.3.1 钻机平移前，应根据不同平移方式制订作业方案。

4.2.3.2 钻机平移前，影响平移的设施应拆除，且钻台上活动的工具器材应固定牢固。

4.2.3.3 钻机平移前，应召开安全会议，分析存在风险，制订并落实消减措施。

4.3 钻台设备及辅助设施的安装

4.3.1 游动系统的安装

4.3.1.1 游动滑车的螺栓、销子应齐全紧固，护罩完好无损。

4.3.1.2 大钩及吊环的安装：
 a) 大钩钩身、钩口锁销应操作灵活，大钩耳环保险销应齐全、安全可靠。
 b) 吊环应无变形、裂纹，保险绳用 ϕ16mm 钢丝绳。

4.3.1.3 水龙头的安装：
 a) 鹅颈管法兰盘密封面应平整光滑。
 b) 提环销锁紧块应完好紧固。
 c) 各活动部位应转动灵活，无渗漏。

4.3.2 液动绞车、气动绞车的安装

4.3.2.1 绞车底座四角应紧固、平稳，刹车可靠。

4.3.2.2 起重钢丝绳应采用与绞车相适应的钢丝绳，不打结。滑轮应封口并有保险绳。

4.3.2.3 液动、气动绞车的安装应牢固、平稳、刹车可靠，并采用有防脱功能的吊钩。

4.3.3 大钳的安装

4.3.3.1 B 型大钳的钳尾销应齐全牢固，大销与小销穿好后应加穿保险销。

4.3.3.2 B 型大钳的吊绳应用 ϕ16mm 钢丝绳，悬挂大钳的滑轮其公称载荷应不小于 30kN。滑轮固定应用 ϕ16mm 的钢丝绳绕两圈卡牢。大钳尾绳应用 ϕ22mm 的钢丝绳固定于尾绳桩上。

4.3.3.3 液气大钳的吊绳应用 ϕ16mm 的钢丝绳，两端各卡 3 只绳卡。

4.3.3.4 液气大钳移送气缸应固定牢固并有保险绳，各连接销应穿开口销，高低调节灵敏，使用方便。

4.3.3.5 悬挂液气大钳的滑轮其公称载荷应不小于 50kN。

4.3.4 钻台和转盘的安装

4.3.4.1 转盘应紧固，天车、转盘、井口三者的中心线应在一条垂直线上，最大偏差不应大于 10mm。

4.3.4.2 钻台各连接销应穿齐保险销。钻台各定位固定螺栓应上紧并带上止退螺帽。

4.3.4.3 大门坡道应拴保险绳。

4.3.4.4 拆卸和安装过程中遇到防护设施不齐全时，应在该处设置明显的安全警示标志并采取必要的防范措施。

4.3.4.5 临边作业应有防坠落措施。

4.3.5 顶驱装置的安装

4.3.5.1 顶驱电控房应合理放置，顶驱电控房四周应留有工作空间。

4.3.5.2 顶驱吊运至钻台面前，应对所用绳套进行检查，确保其无断丝。

4.3.5.3 顶驱导轨上端宜通过耳板与天车底梁相连，并有一条安全链；顶驱导轨下端宜与固定在井架下段或人字架之间的反扭矩梁固定连接。导轨各段应连接牢固可靠。

4.3.5.4 顶驱装置液压管线应连接正确、紧固、无泄漏，电路应连接正确、安全。

4.3.6 防碰天车的安装

4.3.6.1 过卷阀式防碰天车：过卷阀的拔杆长度和位置根据游车上升到工作所需极限高度时钢丝绳

在滚筒上的缠绳位置来调整（依据使用说明书或现场设备要求）。气路应无泄漏。臂杆受碰撞时，反应动作应灵敏，总离合器、高低速离合器同时放气，刹车气缸或液压盘式刹车应在1s内动作，刹住滚筒。

4.3.6.2 机械式防碰天车（插拔式或重锤式防碰天车）：阻拦绳距天车梁下平面距离应依据使用说明书或现场设备要求进行安装，不扭、不打结，不与井架和电缆干涉，灵敏、制动速度快。用无结钢丝绳作引绳应走向顺畅，钢丝绳与上拉销连接后的受力方向与下拉销的插入方向所成的夹角应不大于30°，上端应固定牢靠，下端用开口销连接，松紧度合适，不打结，不挂磨井架或大绳。

4.3.6.3 数字式、电子式防碰天车：其数据采集传感器应连接牢固，工况显示正确，动作反应灵敏准确。

4.3.7 气控和液控的安装

4.3.7.1 气控台和液控台仪表应齐全，灵敏可靠。

4.3.7.2 气路管线应排列规整，各种阀件工作性能良好。

4.3.7.3 检修保养时，应切断气源、关停动力，总离合器手柄应固定好并挂牌。

4.3.8 钻台工具配备及其他

4.3.8.1 钻台应清洁，有防滑措施；设备、工具应摆放整齐，通道畅通。

4.3.8.2 井口工具应符合以下要求：
a) 吊卡活门、弹簧、保险销应灵活，手柄应固定牢固，吊卡销子应有防脱落措施。
b) 卡瓦固定螺栓、卡瓦压板、销子应齐全紧固，灵活好用。
c) 安全卡瓦固定螺栓、开口销、卡瓦牙、弹簧销子应齐全，销子应拴保险链。

4.3.8.3 指重表装置应符合以下要求：
a) 指重表、记录仪应读数准确、灵敏，工作正常。
b) 传压器及其传压管线应不渗漏。

4.3.8.4 钻台梯子应符合以下要求：
a) 钻台应安装分别通向钻台前方场地、后场机房、侧方循环罐的梯子，且应保持钻台梯子畅通无阻，梯子出口前方2m，侧方各1m范围内无杂物。
b) 梯子安装宜采用销轴连接方式，且装有防脱落别针，与地面角度不应大于60°。
c) 梯子防护栏应符合GB 4053.3的要求。

4.3.8.5 逃生滑道应符合以下要求：
a) 钻台逃生滑道宜采用销轴连接，并有防坠绳，销轴应有防脱别针。
b) 钻台逃生滑道内应清洁无阻，逃生滑道上端应安装1道安全链，防止人员意外坠落。
c) 钻台逃生滑道出口处应设置缓冲沙堆或缓冲设施，周边无障碍物。

4.4 动力机组的安装

4.4.1 液力变矩器或偶合器应固定在传动箱底座上，并车联动装置顶杠应灵活。各传动部分护罩应齐全完好，固定牢靠。所有管路应清洁、畅通，排列整齐。各连接处应密封，无渗漏。截止阀、单向阀、四通阀等阀件应灵活。机房四周栏杆应安装齐全，固定牢靠，梯子应稳固且有光滑的扶手。

4.4.2 配套机安装时，应将柴油机底盘置于平台底座或基础之上。各底座、柴油机、并车联动装置及万向轴等的螺栓连接应采取正确的防松措施。

4.4.3 柴油机与被驱动的钻机并车联动装置，其相互位置应统一找正，并保持传动皮带张紧度一致，然后固牢，保持相对位置正确。柴油机与钻机并车联动装置减速箱之间，不允许用刚性连接。采用万向联轴节连接时，柴油机连接器端面与被驱动的机械连接盘端面之间，在直径500mm范围内，平行度应为0.5mm。被驱动的机械连接盘外径对柴油机曲轴轴心径向跳动应为1mm。万向联轴器花键轴轴向位移应为15mm～20mm。输出连接部分调好后，应将两连接盘用螺栓固紧。

4.4.4 润滑系统用机油应在清洁、封闭的油箱内存放，并经充分沉淀和严格滤清后方可注入柴油机内使用。

4.5 油罐的安装

4.5.1 罐内应无杂物或泥沙。各部分应完好，无焊口开焊、裂缝。呼吸孔应畅通，罐盖、法兰、阀门等部件应齐全完好。

4.5.2 油罐的安装摆放位置应考虑井场地形、地貌、环境等因素，宜摆放在井场左侧；油罐区设置在土坎、高坡等特殊地形时，应有防滑、防塌等措施；油罐不应摆放在高压线路下方，且距放喷管线应保持一定安全距离。

4.5.3 油罐与发电房距离应不小于20m；井场条件达不到时，宜采取安全措施，设立安全墙、挡墙等。

4.5.4 各类油罐应分类集中摆放，不应直接摆放到地面。

4.5.5 高架油罐供油面应高于最高位置柴油机输油泵0.5m～1m；罐体支架结构应稳定牢固，无开焊断裂；罐上应安装流量表和设置溢流回油管线，流量表应在检测周期内；应设置梯子，并固定牢靠，安装防坠器。

4.5.6 油罐应接地。单体容积大于30m³的油罐应有2组接地。

4.6 钻井泵、管汇及水龙带的安装

4.6.1 钻井泵的安装

4.6.1.1 吊装钻井泵应用抗拉强度合适、等长的4根索具。

4.6.1.2 钻井泵找平、找正后，泵与联动机之间应用顶杠顶好并锁紧；转动部位应采用全封闭护罩，且固定牢固无破损。

4.6.1.3 钻井泵的弹簧式安全阀应垂直安装，并戴好护帽；应定期检查安全阀，不应将安全阀堵死或拆掉；剪切销钉应符合厂家要求。

4.6.1.4 钻井泵安全阀的开启压力不应超过循环系统部件的最低额定压力。

4.6.1.5 钻井泵安全阀泄压管宜采用ϕ75mm的无缝钢管制作，其出口应通往钻井液池或钻井液罐，出口弯管角度应大于120°，两端应采取保险措施。

4.6.1.6 预压式空气包应配压力表，空气包只准许充装氮气，充装压力应为钻井泵工作压力的1/3。

4.6.1.7 维护钻井泵前应执行上锁挂签程序，维护钻井泵时应先关闭断气阀，上锁后在钻台控制钻井泵的气开关上挂"有人检修"的警示牌。

4.6.2 地面高低压管汇安装

4.6.2.1 高压软管的两端应用直径不小于ϕ16mm的钢丝绳缠绕后与相连接的硬管线接头卡固，或使用专用软管安全链卡固。

4.6.2.2 高低压阀门应用螺栓紧固，手轮应齐全，开关灵活，无渗漏。

4.6.3 立管及水龙带安装

4.6.3.1 立管与井架间应固定牢靠，不应将弯头直接挂在井架拉筋上；用花篮螺栓及ϕ19mm的钢丝绳套绕两圈将立管吊挂在井架横拉筋上，弯管应正对井口，立管下部应坐于水泥基础或立管架上。

4.6.3.2 井架的立管在各段井架对接的同时应上紧活接头，水龙带在立井架前与立管应连接好，用棕绳捆绑在井架上；水龙带宜用 ϕ16mm 的钢丝绳缠绕好作保险绳，并将两端分别固定在水龙头提梁上和立管弯管上。

4.7 钻井液净化设备的安装、拆卸

4.7.1 安装

4.7.1.1 钻井液罐应以井口为基准进行安装，钻井液罐、高架槽应有一定坡度。
4.7.1.2 高架槽宜有支架支撑，支架应摆在稳固平整的地面上。
4.7.1.3 钻井液罐上应铺设用于巡回检查的通道，通道内应无杂物。
4.7.1.4 护栏应齐全、紧固、不松动。防护栏杆要求应符合 GB 4053.3 的规定。
4.7.1.5 上、下钻井液罐组的梯子不应少于 3 个。
4.7.1.6 钻井液净化设备的电器应由持证电工安装；电动机的接线应牢固、绝缘可靠。
4.7.1.7 安装在钻井液罐上的除泥器、除砂器、除气器、离心机及混合漏斗应与钻井液罐固定牢靠。振动筛找平、找正后，应用压板固定。
4.7.1.8 振动筛、除砂器、除泥器、除气器、离心机、搅拌器应安装牢固，传动部分护罩应齐全、完好。设备应运转正常，仪表灵敏准确；连接管线，旋流器管线应不泄漏，设备清洁。

4.7.2 拆卸

4.7.2.1 影响搬迁运输的固控设备、井控设备应拆除。
4.7.2.2 钻井液罐中应无残液、残渣。
4.7.2.3 钻井液罐过道、台板、支撑应固定牢固。
4.7.2.4 吊装钻井液罐的钢丝绳不应小于 ϕ22mm。

4.8 液面报警仪的安装

4.8.1 自浮式液面报警器应固定牢靠，标尺清楚，气路畅通，气开关和喇叭正常。
4.8.2 感应式液面报警器应固定牢靠，反应灵敏，电路供电可靠，蜂鸣器灵活好用。

4.9 电气系统的安装

4.9.1 电气控制系统应符合 GB/T 23507.2 的规定；电动钻机用柴油发电机组应符合 GB/T 23507.3 的规定；辅助用电设备及井场电路应符合 GB/T 23507.4 的规定；石油钻井利用网电应符合 SY/T 7371 的规定。
4.9.2 电气作业人员应符合 GB/T 13869 的规定。
4.9.3 移动式发电房的安装应符合 GB/T 2819 的有关规定，发电房应用耐火等级不低于四级的材料建造，且内外清洁无油污。发电机组应固定牢靠，且运转平稳；仪表应齐全、灵敏、准确，且工作正常。发电机外壳应接地，接地电阻应不大于 4Ω。
4.9.4 井场电气线路的安装应符合 SY/T 6202 的规定。井场距井口 30m 以内所有电气设备应符合 SY/T 5225 的防爆要求。
4.9.5 野营房电器线路安装时进户线应加绝缘护套管。在电源总闸，各分闸后和每栋野营房应分别安装漏电保护设备。
4.9.6 电控房的接线安装应符合以下要求：
——接线安装或检修时，应断电、上锁挂签，并专人监护。

——配电柜金属构架应接地，接地电阻不宜超过 10Ω。
——配电柜前地面应设置绝缘胶垫。

4.9.7 电动机安装应符合以下要求：
——露天使用电动机时，应有防雨水措施。
——电动机运转部位护罩应完好，且固定牢固。
——电动机外壳应接地，接地电阻不应大于 4Ω。

4.10 电气焊设备及安全使用

4.10.1 电焊机、氧气瓶、乙炔气瓶等应由专人保管，焊接人员应持证上岗。

4.10.2 电焊机应完好，使用前应接好地线，电焊线完整。

4.10.3 氧气瓶、乙炔气瓶应有安全帽和防震圈，分库存放在阴凉通风处的专用支架上，不应曝晒。氧气瓶、焊枪上不应有油污。

4.10.4 氧气瓶、乙炔气瓶相距应大于 5m，距明火处应大于 10m；乙炔气瓶应直立使用，氧气和乙炔气瓶上应加装回火保护装置。

4.10.5 焊割作业宜使用等离子切割机；等离子切割机不应在雨天和露天进行焊割作业；在潮湿地带作业时，操作人员应站立在铺有绝缘物品的地方，绝缘鞋等个体劳动保护用品应穿戴齐全；切割机长时间停用时，应将其存放于干燥的环境空间，并定期用干燥清洁的压缩空气吹去灰尘、检查电缆绝缘皮，确保无破损。

4.10.6 电焊面罩、电焊钳和焊工专用手套应符合有关要求。

4.10.7 焊接、切割作业应符合 GB 9448 的要求。

4.11 井场照明

4.11.1 照明电源

4.11.1.1 井场照明负荷应符合 GB 50034 的规定。

4.11.1.2 照明线路应安装符合技术要求的漏电保护开关。

4.11.1.3 井控系统照明电源、探照灯电源应从配电室控制屏处设置专线。

4.11.1.4 移动照明电源的输入与输出电路应实行电路上的隔离。

4.11.2 照明电压

4.11.2.1 照明灯的端电压应符合 GB 50034 的规定。

4.11.2.2 移动照明电压应符合 GB 50034 的规定。

4.11.3 照明线路

4.11.3.1 井场照明电路应采用胶套电缆。

4.11.3.2 单相回路的零线截面应相同；TT、TN-S 工作零线和保护零线的截面应不小于相线的 50%。

4.11.3.3 照明支路应使用安全电源。

4.11.3.4 井场场地照明线路宜采用 YZ 2×1.5mm² 电缆。

4.11.3.5 井架照明电路宜采用 YZ 2×2.5mm²；钻台和井架二层平台以上应分路供电，分支照明电路宜采用 YZ 2×1.5mm² 电缆敷设；电缆与井架摩擦处应有防磨措施。

4.11.3.6 井场用房照明主回路宜采用 YZ 4×6+1×2.5mm² 电缆，进房分支电路宜采用 YZ 2×2.5mm² 电缆，电缆入室过墙处应设防水弯头，室内过墙应穿绝缘管。

SY/T 5974—2020

4.11.3.7 机房、钻井液循环罐照明电路应采用耐油胶套电缆敷设，并敷有电缆槽或电缆穿线管。电缆槽或电缆穿线管应有一定的机械强度，可敷设在罐顶或外侧、机房底座内侧；专用接线箱或防爆接插件应有防水措施。

4.11.3.8 各照明电缆分支应经防爆接线盒或防爆接线箱压接，支路与分支做线路搭接时应做结扣绕接和高压绝缘处理。

4.11.4 灯具

4.11.4.1 距离井口半径30m以内的照明应采用隔爆型防爆灯具和防爆开关。
4.11.4.2 机房、泵房、钻井液循环罐上的照明灯具应高于工作面（罐顶）1.8m以上。其他部位灯具安装应高于地面2.5m以上。
4.11.4.3 灯具固定位置应符合施工要求，且固定牢靠。

4.12 设备颜色

设备颜色应符合SY/T 6919的要求。

4.13 视频监控系统

4.13.1 摄像机安装时应选择稳定坚固的安装面，设备的所有电气连接接头应处于防爆型腔体内部，设备之间的连接应使用防爆挠型管。
4.13.2 阻燃电缆的安装布设不应妨碍人员通行、施工作业和消防作业。
4.13.3 电缆与监控设备的连接应使用防爆快速连接器。
4.13.4 无线和有线网络监控设备应符合作业现场安全施工相关要求。

4.14 井架逃生装置的安装

井架逃生装置安装要求按SY/T 7028的要求执行；所用安全带应符合GB 6095的要求，安全带应与井架逃生装置配套；井架逃生装置应满足连续逃生的需要，导绳与地面夹角宜为30°～75°。

5 联络信号

5.1 基本要求

5.1.1 手势信号应在发信号、接信号双方可视的条件下采用，动作连续、准确。
5.1.2 声音信号应发送准确、接收清楚。

5.2 钻台、机房、泵房、井架二层台间的提示信号

钻台、机房、泵房、井架二层台间的提示信号见表1。

5.3 井架二层台与钻台岗位间指挥信号

井架二层台与钻台岗位间指挥信号见表2。

5.4 钻台与泵房、机房之间指挥信号

钻台与泵房、机房之间指挥信号见表3。

表1 钻台、机房、泵房、井架二层台间的提示信号

联络对象	声音信号
钻台 ←→ 井架二层台	用敲击钻具的方式联络
钻台 ←→ 泵房	汽笛一声，音长2s～3s
钻台 ←→ 机房	汽笛两声，音长2s～3s
机房 ←→ 泵房	汽笛一声，音长小于1s
钻台紧急呼叫	连续短音

表2 井架二层台与钻台岗位间指挥信号

操作内容	声音信号	手势信号
上提	敲击钻具一次	手心向上，单臂向上摆动
下放	连续敲击钻具两次	手心向下，单臂向下摆动
停止	连续敲击钻具三次	手心向下，单臂平摆
紧急停止	连续短促敲击钻具	

表3 钻台与泵房、机房之间指挥信号

操作内容	手势信号
开启1号钻井泵	举单臂过头顶，伸食指
开启2号钻井泵	举单臂过头顶，伸食指和中指
开双泵	双臂握拳举过头顶
停1号钻井泵	伸出食指顶住另一只手掌心，并举过头顶
停2号钻井泵	伸出分开的食指、中指顶住另一只手掌心，并举过头顶
停双泵	双臂交叉高举过头顶
打开回水阀门	伸开五指，右臂向下逆时针划圆，划圆半径应大于20cm
关闭回水阀门	伸开五指，右臂向下顺时针划圆，划圆半径应大于20cm

5.5 井控信号

5.5.1 井控信号

井控信号见表4。

5.5.2 紧急集合信号

需要紧急集合时，应按应急方案中的规定发出紧急集合信号。

6 井控设计和井控装置安装、试压及井控作业

6.1 井控设计

6.1.1 钻井井控设计、井控装置安装、试压及井控作业应符合GB/T 31033的规定。
6.1.2 根据地质提供的资料，钻井液密度设计以各裸眼井段中的最高地层孔隙压力当量钻井液密度值

为基准，另附加一个安全值：
   a）油井、水井为 0.05g/cm³ ~ 0.10g/cm³ 或控制井底压差 1.5MPa ~ 3.5MPa。
   b）气井为 0.07g/cm³ ~ 0.15g/cm³ 或控制井底压差 3.0MPa ~ 5.0MPa。
   c）煤层气井为 0.02g/cm³ ~ 0.15g/cm³。

表 4 井控信号

操作内容	声音信号	手势信号（在钻台上，面对远程控制台）
溢流警报信号	鸣汽笛 15s ~ 30s	
打开液动放喷阀（节流阀）	—	左臂向左平伸
关环形防喷器	—	双臂向两侧平举呈一直线，五指呈半弧状，然后同时向上摆，合拢于头顶
关半封闸板	—	双臂向两侧平举呈一直线，五指伸开，手心向前然后同时向前平摆，合拢于胸前
关闭液动放喷阀（节流阀）	—	左臂平伸，右手向下顺时针划平圆
打开环形防喷器	—	手掌伸开，掌心向外，双臂侧上方高举展开
打开半封闸板	—	手掌伸开，掌心向外，双臂胸前平举展开

6.1.3 含硫化氢、二氧化碳等有毒有害气体的油气层钻井液密度设计，其附加安全值或附加压力应取上限。具体选择钻井液密度安全附加值时，应根据实际情况考虑下列影响因素：
   a）地层孔隙压力预测精度。
   b）油层、气层、水层的产能和埋藏深度。
   c）地层油气中硫化氢的含量。
   d）地应力和地层破裂压力。
   e）井控装置配套情况。

6.1.4 根据地层孔隙压力梯度、地层破裂压力梯度、岩性剖面及保护油气层的需要，设计合理的井身结构和套管程序，并满足如下要求：
   a）探井、超深井、复杂井的井身结构应充分估计不可预测因素，留有一层备用套管。
   b）在地下矿产采掘区钻井，井筒与采掘坑道、矿井通道之间的距离不少于 100m，表层套管或技术套管下深应封住开采层并超过开采段 100m。
   c）套管下深要考虑下部钻井最高钻井液密度和溢流关井时的井口安全关井余量。
   d）高含硫油气井和高压油气井的技术套管、油层套管水泥应返至上一级套管内或地面。

6.1.5 每层套管固井开钻后，按 SY/T 5623 的要求测定套管鞋下第一个易漏层（新井眼长度不宜大于 100m）的破裂压力。

6.1.6 井控装置配套包括：
   a）钻井应装防喷器或防喷导流器。
   b）防喷器压力等级应与裸眼井段中最高地层压力相匹配，并根据不同的井下情况选用各次开钻防喷器的尺寸系列和组合形式。
   c）区域探井、高压油气井、含硫油气井、气井、深井和复杂井应使用标准套管头，其压力等级与相应井段的最高地层压力相匹配。
   d）节流管汇的压力等级应与井口防喷器压力等级相匹配。
   e）压井管汇的压力等级应与井口防喷器压力等级相匹配。

f) 绘制各次开钻井口装置及井控管汇安装示意图，按 SY/T 5964 的规定安装和试压。
g) 有抗硫要求的井口装置及井控管汇，其金属材质应符合 GB/T 20972 的相应要求，其非金属材料应具有在硫化氢环境下使用而不失效的性能。
h) 区域探井、高压油气井、高含硫油气井目的层段钻井作业中，应安装剪切闸板。

6.1.7 钻具内防喷工具、井控监测仪器、仪表及钻井液处理装置和灌注装置，应满足井控技术的要求。

6.1.8 含硫油气井、气油比高的油井应配置气体检测设备。

6.1.9 探井、气井、含硫油气井及气油比高的油井应配备钻井液液气分离器。

6.1.10 根据地层流体中硫化氢和二氧化碳含量及完井后最大关井压力值，并考虑能满足进一步采取增产措施和后期注水、修井作业的需要，按 GB/T 22513 的规定选用完井井口装置的型号、压力等级和尺寸系列。

6.1.11 钻井工程设计书中应明确钻开油气层前加重钻井液和加重材料的储备量，以及油气井压力控制的主要技术措施，并对同一区域曾发生的井喷、溢流、井漏等情况进行描述和风险提示。

6.1.12 在可能含硫化氢地区钻井，应对其层位、埋藏深度及含量进行预测，并在设计中明确应采取的相应安全和技术措施，且符合 SY/T 5087 的要求。

6.1.13 对探井、预探井、资料井应采用地层压力随钻检（监）测技术；绘制本井预测地层压力梯度曲线、设计钻井液密度曲线、dc 指数随钻监测地层压力梯度曲线和实际钻井液密度曲线，根据监测和实钻结果，及时调整钻井液密度。

6.1.14 在已开发调整区钻井，油气田开发部门要及时查清注水、注气（汽）井分布及注水、注气（汽）情况，提供分层动态压力数据；钻开油气层之前应采取相应的停注、泄压和停抽等措施，直到相应层位套管固井候凝完为止。

6.2 井控装置的安装

6.2.1 井口装置

6.2.1.1 防喷器和防喷导流器安装完毕后应校正井口、转盘、天车中心并固定牢固。

6.2.1.2 具有手动锁紧机构的闸板防喷器应装齐手动操作杆，靠手轮端应支撑牢固，便于操作，并挂牌标明开、关方向和到底的圈数。

6.2.1.3 钻井四通的安装应符合 SY/T 5964 的相关规定。

6.2.1.4 套管头的安装应符合 SY/T 6789 的相关规定。

6.2.2 防喷器控制装置

6.2.2.1 防喷器远程控制台安装要求：
a) 安装在面对井架大门左侧、距井口不少于 25m 的专用活动房内，周围 10m 内不得堆放易燃、易爆、腐蚀物品。
b) 管排架与防喷管线、放喷管线之间应保持一定距离，在穿越汽车道、人行道处用防护装置保护。不允许在管排架上堆放杂物和以其作为电焊接地线或在其上进行焊割作业。
c) 总气源应从气源房单独接出，与司钻控制台气源分开连接，并配置气源排水分离器；不应强行弯曲和压折气管束。
d) 电源应从配电板总开关处用专线直接引出，并用单独的开关控制。
e) 蓄能器完好，压力达到规定值，并始终处于工作压力状态。
f) 全封闸板换向阀应装罩保护，剪切闸板控制换向阀应限位保护。

6.2.2.2 司钻控制台应安装在有利于司钻操作的位置并固定牢固。

6.2.2.3 宜安装防喷器与钻机提升系统刹车联动防提安全装置，其气路与防碰天车气路并联。

6.2.3 井控管汇

6.2.3.1 防喷管线、放喷管线和钻井液回收管线应使用经探伤合格的管材，预测地层压力大于35MPa的防喷管线应采用金属材料，35MPa及以下压力等级防喷器所配套的防喷管线及钻井液回收管线可以使用同一压力等级的高压耐火软管线。含硫油气井的井口管线及管汇应采用抗硫的专用管材。

6.2.3.2 防喷管线应采用标准法兰连接，不应现场焊接，压力等级与防喷器压力等级匹配，长度超过7m应固定牢固。

6.2.3.3 钻井液回收管线出口应接至钻井液罐并固定牢靠，转弯处角度大于120°，其通径不小于节流管汇出口通径。

6.2.3.4 放喷管线安装要求：
a）放喷管线通径不小于 ϕ78mm。
b）放喷管线不应在现场焊接。
c）布局要考虑当地季节风向、居民区、道路、油罐区、电力线及各种设施等情况。
d）两条管线走向一致时，应保持间距大于0.3m，并分别固定，其出口应朝同一方向。
e）管线宜平直接出井场，行车处应有过桥盖板，其下的管线应无接头；转弯处应使用不小于120°的铸（锻）钢弯头或90°带抗冲蚀功能的弯头。
f）管线每隔10m～15m、转弯处两端、出口处应固定牢靠；若跨越10m宽以上的河沟、水塘等障碍，应支撑牢固。

6.2.3.5 井控管汇所配置的平板阀应符合GB/T 22513的相应规定。

6.2.3.6 井口四通的两侧应接防喷管线，每条防喷管线应各装两个闸阀，其中一只应直接与四通相连，宜处于常开状态。

6.2.3.7 防喷管线、节流管汇和压井管汇上压力表安装、使用要求：
a）配套安装截止阀。
b）使用高、低量程抗震压力表，低压量程表处于常关状态。
c）压力表定期检定，并有检测合格证。

6.2.3.8 节流控制箱摆放在钻台上靠立管一侧，所需气源应从专用气源排水分离器上接入。

6.2.3.9 反压井管线应固定牢固。

6.2.4 钻具内防喷工具

6.2.4.1 钻具内防喷工具的额定压力与设计中要求的防喷器额定压力相匹配。

6.2.4.2 旋塞阀应定期活动，旋塞阀不应作为防溅阀；钻台上配备与钻具扣型相符的钻具止回阀或旋塞阀，并配备抢装专用工具。

6.2.4.3 油气井钻井作业中，使用转盘钻进的井钻台上应准备一根防喷钻杆，使用顶驱钻井的井应准备一柱防喷立柱。

6.2.4.4 高含硫油气层作业应在钻具上加装近钻头钻具止回阀，但下列特殊情况除外：
——堵漏钻具组合。
——下尾管前的称重钻具组合。
——处理卡钻事故中的爆炸松扣钻具组合。
——穿心打捞测井电缆及仪器钻具组合。
——传输测井钻具组合。

6.2.5 液气分离器

6.2.5.1 安装在节流管汇汇流管一侧，与节流管汇之间用专用管线连接。

6.2.5.2 安全泄压阀出口应朝向井场外侧，不应接泄压管线。

6.2.5.3 排液管线接至循环罐上振动筛的分配箱，悬空长度超过 6m 应支撑固定。管口不应埋在箱内液体中。

6.2.5.4 排气管线按设计通径配置，沿当地季节风风向接至下风方向安全地带；出口处固定牢固并配置点火装置。

6.3 井控装置的试压

6.3.1 试压值

6.3.1.1 在井控车间，环形防喷器（封钻杆，不封空井）、闸板防喷器、四通、防喷管线、节流管汇、压井管汇应做额定压力密封试验，闸板防喷器还应做 1.4MPa ～ 2.1MPa 低压密封试验。

6.3.1.2 在钻井现场安装好后，试验压力在不大于套管抗内压强度 80% 的前提下，环形防喷器封闭钻杆试验压力为额定压力的 70%；闸板防喷器、压井管汇、防喷管线应做额定压力密封试验；节流管汇按零部件额定压力分级试压；放喷管线试验压力不低于 10MPa。

6.3.1.3 钻开油气层前及更换井控装置部件后，井口装置应进行压力密封试验。

6.3.1.4 防喷器控制系统按其额定压力做一次可靠性试压。

6.3.2 试压规则

6.3.2.1 除防喷器控制系统采用规定压力油试压外，其余均为清水，寒冷地区冬季可加防冻剂。

6.3.2.2 试压稳压时间不少于 10min，高压试验压降不超过 0.7MPa，低压试验压降不超过 0.07MPa，密封部位无渗漏为合格。

6.4 井控装置的使用

6.4.1 环形防喷器不应长时间关井，非特殊情况下不能用来封闭空井。

6.4.2 套压不大于 7MPa 的情况下，用环形防喷器进行不压井起下钻作业时，应使用 18°斜坡接头的钻具，起下钻速度不得大于 0.2m/s。

6.4.3 具有手动锁紧机构的闸板防喷器关井后，应手动锁紧闸板。打开闸板前，应先手动解锁，锁紧和解锁都应先到底，然后回转 1/4 ～ 1/2 圈。

6.4.4 环形防喷器或闸板防喷器关闭后，在关井套压不超过 14MPa 情况下，允许以不大于 0.2m/s 的速度上下活动钻具，但不准许转动钻具或过钻具接头。

6.4.5 当井内有钻具时，不应关闭全封闸板防喷器。

6.4.6 不应用打开防喷器的方式来泄井内压力。

6.4.7 现场检修装有铰链侧门的闸板防喷器或更换其闸板时，两侧门不应同时打开。

6.4.8 油气层作业期间，应定期对防喷器和阀门开、关活动。

6.4.9 用剪切闸板防喷器剪断钻具/油管宜按以下程序操作：
    a) 确保钻具/油管接头不在剪切闸板位置后，锁定钻机刹车系统。
    b) 关闭剪切闸板防喷器以上的环形防喷器。
    c) 打开放喷管线闸阀泄压。
    d) 在转盘面上的钻具/油管上适当位置安装相应的死卡，并与钻机底座连接固定。
    e) 打开剪切闸板防喷器上面和下面的半封闸板防喷器。

f）用远程控制台储能器压力关闭剪切闸板防喷器，直至剪断井内钻具/油管。

g）关闭全封闸板防喷器，控制井口。

h）手动锁紧全封闸板防喷器和剪切闸板防喷器。

i）关闭远程控制台储能器旁通阀，将防喷器远程控制台管汇压力调至正常值。

6.4.10 井场应备有与在用半封闸板同规格的半封闸板和相应的密封件及其拆装工具和试压工具。

6.4.11 防喷器及其控制装置的维护保养按 SY/T 5964 的相应规定执行。

6.4.12 有二次密封的闸板防喷器和平板阀，只能在其密封失效至严重漏失的紧急情况下才能使用其二次密封功能，且止漏即可，待紧急情况解除后，立即清洗更换二次密封件。

6.4.13 手动平板阀开、关到底后，带省力机构的应回转 3/4 ~ 1.5 圈。其开、关应一次性到位，不应半开半闭或作节流阀用。

6.4.14 压井管汇不能用作日常灌注钻井液用；防喷管线、节流管汇和压井管汇应采取防堵、防漏、防冻措施。最大允许关井套压值在节流管汇处用标示牌标示。

6.4.15 井控管汇上所有阀门都应挂牌编号并标明其开、关状态。

6.4.16 采油（气）井口装置等井控装置应经检验、试压合格后方能上井安装；采油（气）井口装置在井上组装后还应整体试压，合格后方可投入使用。

6.5 井控装置的管理

6.5.1 井控装置应有专门机构负责管理、维修和定期现场检查工作。

6.5.2 钻井队井控装置的管理、操作应落实专人负责，并明确岗位责任。

6.5.3 应设置专用配件库房和橡胶件空调库房，库房温度应满足配件及橡胶件储藏要求。

6.6 钻开油气层前的准备和检查验收

6.6.1 加强随钻地层对比，及时提出可靠的地质预报；在进入油气层前 50m ~ 100m，按照下一步钻井的设计最高钻井液密度值，对裸眼地层进行承压能力试验。

6.6.2 在调整区块钻井，应检查邻近注水、注气（汽）井停注、泄压情况。

6.6.3 应向钻井现场有关工作人员进行工程、地质、钻井液、井控装置和井控措施等方面的技术交底。

6.6.4 钻井队应落实井控责任制；作业班自安装井控设备后，每 30d 应不少于一次不同工况的防喷演习。钻进作业和空井状态应在 3min 内控制住井口，起下钻作业状态应在 5min 内控制住井口。

6.6.5 钻井队应组织现场全体员工进行消防演习，含硫地区钻井还应进行防硫化氢演习，并检查落实各方面安全预防工作。

6.6.6 实行钻井队干部在生产现场 24h 带班制度，负责检查、监督各岗位严格执行井控岗位责任制，发现问题立即组织整改。

6.6.7 实行"坐岗"制度，指定专人观察和记录循环罐液面变化和起下钻灌入或返出钻井液情况，及时发现溢流显示。

6.6.8 检查钻井设备、仪器仪表、井控装置、防护设备及专用工具、消防器材、防爆电路和气路的安装是否符合规定，功能是否正常，发现问题及时整改。

6.6.9 钻井液密度及其他主要性能符合设计要求，并按设计储备加重钻井液、加重剂、堵漏材料和其他处理剂，对储备加重钻井液定期循环处理，保持其性能符合要求。

6.6.10 钻开含硫油气层前，应对井场的硫化氢防护措施（含应急预案及演练等）进行检查。

6.6.11 钻井队应通过全面自检，确认准备工作就绪后，向建设单位汇报自检情况，并申请检查验收。

6.6.12 检查验收组按钻开油气层的要求进行检查验收合格后，经建设单位批准方可钻开油气层。

6.7 油气层钻井过程中的井控作业

6.7.1 钻井队应严格按工程设计选择钻井液类型和密度值；当发现设计与实际不相符合时，应按审批程序及时申报更改设计，经批准后才能实施；若遇紧急情况，钻井队可先处理，再及时上报。

6.7.2 发生卡钻需泡油、混油或因其他原因需适当调整钻井液密度时，井筒液柱压力不应小于裸眼段中的最高地层压力。

6.7.3 每只新入井钻头开始钻进前及每日白班开始钻进前，都要以1/3～1/2钻进流量检测循环压力，并做好泵冲数、流量、循环压力记录；当钻井液性能或钻具组合发生较大变化时应补测。

6.7.4 下列情况应进行短程起下钻检查油气侵和溢流：
a) 钻开油气层后第一次起钻前。
b) 钻进中曾发生严重油气侵起钻前。
c) 钻开油气层井漏堵漏后起钻前。
d) 溢流压井后起钻前。
e) 井内钻井液密度降低后起钻前。
f) 需长时间停止循环进行其他作业（电测、下套管、下油管、中途测试等）起钻前。

6.7.5 短程起下钻的两种基本做法：
a) 一般情况下试起10～15柱钻具，再下入井底循环一周，若钻井液无油气侵，则可正式起钻；否则，应循环排除受侵污钻井液并适当调整钻井液密度后再起钻。
b) 特殊情况时（需长时间停止循环或井下复杂时），将钻具起至套管鞋内或安全井段，停泵检查一个起下钻周期或需停泵工作时间，再下回井底循环一周观察。

6.7.6 起、下钻中防止溢流、井喷的技术措施：
a) 保持钻井液有良好的造壁性和流变性。
b) 起钻前充分循环井内钻井液，使其性能均匀，进出口密度差不大于0.02g/cm³。
c) 起钻中严格按规定及时向井内灌满钻井液，并做好记录、校核，及时发现异常情况。
d) 钻头在油气层中和油气层顶部以上300m井段内起钻速度不大于0.5m/s。
e) 在疏松地层，特别是造浆性强的地层，遇阻划眼时应保持足够的循环流量，防止钻头泥包。
f) 起钻完应及时下钻，不应在空井情况下进行设备检修。
g) 下钻应控制下钻速度。若静止或下钻时间过长，必要时应分段循环钻井液。

6.7.7 改善钻井液的脱气性能，发现气侵应及时排除，气侵钻井液未经排气不得重新注入井内。

6.7.8 若需对气侵钻井液加重，应在对气侵钻井液排完气后停止钻进的情况下进行，不应边钻进边加重。

6.7.9 加强溢流预兆及溢流显示的观察，做到及时发现溢流；"坐岗"人员发现溢流、井漏及油气显示等异常情况，应立即报告司钻。

6.7.10 钻进中发生井漏应将钻具提离井底、方钻杆提出转盘；采取定时、定量反灌钻井液措施，保持井内液柱压力与地层压力平衡，其后采取相应措施处理井漏。

6.7.11 电测、固井、中途测试应做好如下井控防喷工作：
a) 电测前井内情况应正常、稳定。若电测时间长，应考虑中途通井循环再电测。
b) 下套管前，应换装与套管尺寸相同的防喷器闸板；固井全过程（起钻、下套管、固井）应保证井内压力平衡。
c) 中途测试和先期完成井，在进行作业以前观察一个作业期时间；起、下钻杆或油管应在井口装置符合安装、试压要求的前提下进行。
d) 在含硫地层一般情况下不宜使用常规中途测试工具进行地层测试工作，若需进行时，应减少钻柱在硫化氢环境中的浸泡时间，并采取相应措施。

6.7.12 发现溢流立即关井，疑似溢流关井检查。

6.7.13 最大允许关井套压不应超过井口装置额定压力、套管抗内压强度的80%和薄弱地层破裂压力所允许关井套压三者中的最小值。

6.7.14 关井后应及时求得关井立压、关井套压和溢流量，根据关井立压和套压的不同情况，分别采取相应处理措施。

6.7.15 天然气溢流不宜长时间关井而不做处理。

6.7.16 空井溢流关井后，根据溢流严重程度，可采取强行下钻分段压井法、置换法、压回法等方法进行处理。含硫油气井发生溢流，宜选用压回法进行处理。

7 钻进及辅助作业

7.1 埋设导管后，下表层套管前的第一次钻进

7.1.1 导管鞋应坐在硬地层上，对松软地层下加深导管。

7.1.2 用动力钻具钻鼠洞时应有专人指挥。

7.1.3 大鼠洞的位置和斜度应有利于方钻杆的顺利起下。

7.1.4 鼠洞的位置、鼠洞管的斜度与出露钻台高度，应有利于方钻杆的起放和摘挂水龙头操作方便。

7.1.5 第一次钻进井眼要直，入井钻具应符合SY/T 5369要求的质量标准。

7.1.6 第一次钻井开始，控制钻压不大于钻铤柱质量的60%。

7.1.7 钻进中应根据井下情况变化和地面设备、仪表采集的信息变化分析判断，及时采取相应措施，实现安全钻进。

7.2 封固表层套管后的各次钻进

7.2.1 各次钻进前应先安装好井口装置，并校正天车、转盘和井口中心，固定牢固。

7.2.2 钻完井固井水泥塞，再次恢复钻进，应对套管采取保护措施：
   a) 在钻铤未出套管鞋前，钻压不大于钻铤质量的60%，转盘速度宜采用低转速。
   b) 技术套管下入较深、再次钻进井段较长的井，应采取保护套管的措施。

7.2.3 易缩径的软地层使用PDC钻头和喷射钻头应根据实际情况，每次钻进进尺不大于300m～500m应进行短程起下钻，起出长度应超过新钻进井段。

7.2.4 钻井液的选择包括：
   a) 对长段泥岩地层，应进行矿物组分分析，并依此选择具有相应抑制性的钻井液体系。
   b) 钻井液应进行净化处理，按钻井设计要求控制固相含量；固控设备配备应有振动筛、除砂器、离心机和除泥器（或清洁器）。
   c) 钻井液性能应满足录井、测井和测试要求。

7.2.5 钻进中应根据井内情况变化（钻速、钻井液性能、钻屑性能、钻井液体积和进出口流量等）和地面设备运转、仪表信息变化，判断分析异常情况，及时采取相应处理措施。

7.2.6 新牙轮钻头入井开始钻进时应采用轻压、适当转速钻进0.2m～1.0m，再逐渐增至正常钻压和转速，不应加压启动转盘。

7.2.7 新金刚石钻头入井开始钻进时，应在钻头接触井底前0.5m～1.0m先开大排量清洁井底，然后采用轻压、适当转速钻进0.5m～1.0m，再逐渐恢复到正常钻压和转速。

7.2.8 钻进中出现下列情况之一时应终止钻头使用：
   a) 钻头在井底工作有异常，如突发性蹩跳钻、钻速突降、转盘扭矩增大等，经处理无效。
   b) 钻头在井底工作正常，但钻头经济曲线率变化超过允许范围。

c）钻井泵泵压突变，已判断为循环短路、钻头喷嘴脱落或堵塞。
d）发生严重溜钻。

7.2.9 使用金刚石钻头时井底应无金属落物；不能用金刚石钻头划眼。

7.2.10 长井段的划眼或扩眼时应采用铣齿牙轮钻头。如用镶齿钻头划眼时，转速应控制在60r/min以下。

7.2.11 钻具在井内静止时间不得超过3min，防止黏附卡钻。

7.2.12 安全钻达下技术（油层）套管深度后，应根据钻井设计要求，及时进行测井、固井等其他作业。

7.3 接单根

7.3.1 接单根前应做好单根、井口工具和材料的检查准备。

7.3.2 不能用转盘卸扣。

7.3.3 采用小鼠洞接单根时，应按规定力矩旋紧连接螺纹，操作时应注意防止单根和方钻杆的连接螺纹退松。

7.3.4 接单根时应有防落物入井措施。

7.3.5 接好单根和方钻杆连接螺纹后，应开泵建立正常循环，才能下放钻柱恢复钻进。

7.4 起下钻

7.4.1 起下钻前应按照操作岗位负责分工，做好仪表、工具、器材和安全防护设施的检查，井口操作应有防落物入井措施。

7.4.2 起钻前应根据井眼条件、机械钻速、钻井液性能和地质录井资料要求，充分循环洗井，清洁井筒。

7.4.3 起下钻应根据钻机载荷、钻具质量、井眼条件，采用双吊卡或卡瓦操作；在井深大于1000m或大钩载荷大于300kN时，用双吊卡加小方补心或用长钻杆卡瓦。

7.4.4 起下钻铤应同时使用提升短节（或提升接头），卡瓦、安全提升短节和钻铤连接螺纹应用吊钳（或动力吊钳）旋紧，安全卡瓦应卡在距卡瓦上部0.05m～0.10m处；不应用转盘卸钻铤螺纹。

7.4.5 钻具联结螺纹应按SY/T 5369规定的最佳扭矩值旋紧；宜采用带有直读扭矩仪的液压大钳旋卸钻具螺纹。

7.4.6 连接钻具螺纹应采用符合SY/T 5198规定性能指标的润滑脂。

7.4.7 螺纹连接前应保持螺纹清洁完好。

7.4.8 下钻应采取限速措施。下钻大钩载荷超过300kN应使用辅助刹车。

7.4.9 钻具装有止回阀下钻时，每下20～30柱钻杆向钻具内灌满一次钻井液。

7.4.10 起下钻在复杂卡阻井段应降低上提下放速度。阻卡载荷超过当时钻具悬重（定向井、水平井考虑摩阻影响）50kN～100kN时，要及时采取措施，彻底消除阻卡后才能恢复正常作业。

7.4.11 钻具下完接方钻杆后，先开泵循环正常再转入正常作业。

7.5 换钻头

7.5.1 上卸钻头应用吊钳和专用钻头装卸器。钻头螺纹先用人工引扣，再用吊钳旋紧，不得猛拉猛绷，防止损坏钻头。卸钻头先用吊钳旋松螺纹，再用转盘低速（10r/min～12r/min）卸开。不得用转盘绷开螺纹。

7.5.2 连接钻头螺纹应用标准螺纹润滑脂，并按规定螺纹扭矩值上紧。

7.5.3 应根据起出钻头磨损情况和使用效果，结合钻进岩石可钻性选择入井钻头类型和钻头工作参数。

7.5.4 牙轮钻头入井前应检查钻头直径、轴承间隙、牙轮平面、牙齿、连接螺纹质量，焊缝质量、喷射钻头应检查喷嘴安装质量。

7.5.5 刮刀钻头入井前应检查钻头直径、连接螺纹质量、刀片高度差、合金块及刀片焊接质量、喷嘴质量等。

7.5.6 金刚石钻头入井前应检查钻头直径、胎体与钢体焊缝质量、金刚石或切削块烧结质量、水眼套安装质量和螺纹连接质量。

7.5.7 出入井钻头应进行钻头直径检查，起出钻头磨损严重时应及时采取划眼措施。

7.6 钻水泥塞

7.6.1 钻水泥塞宜用铣齿牙轮钻头，可采用加重钻杆或加1~2柱钻铤。

7.6.2 钻水泥塞的钻井液应具有抗钙污染性能。

7.6.3 钻水泥塞出套管鞋后，应根据钻井设计要求，进行套管鞋地层破裂压力试验。

7.7 取心

7.7.1 取心前应做好以下准备：
  a) 取心前由相关专业人员向钻井队交底，钻井队应清楚取心的要求、依据、井深、段长、岩性、取心工具结构及检查要求，执行好取心技术措施。
  b) 取心钻头的直径，应与全面钻进的钻头尺寸相匹配，如因条件限制，要用小直径取心钻头，其小井眼段长应小于50m。
  c) 起下钻阻、卡井段，应采用划眼通井等措施消除阻卡，不能采用取心钻头划眼。
  d) 凡固井后即需取心的井，应把井底处理干净后，才能进行取心作业。
  e) 处理好钻井液，保持其性能稳定，能保证井眼畅通，无垮塌、无沉砂、能顺利下钻到井底。
  f) 检查好钻井设备。
  g) 送井前应对外筒进行探伤、测厚和全面检查并填写取心工具卡片。
  h) 取心工具在装卸过程中，要防止摔弯、碰扁。

7.7.2 取心工具入井前应符合以下要求：
  a) 内筒转动灵活，每次启用取心工具前悬挂总成均要卸开清洗干净，加足润滑脂；每次换取心钻头下井前应调整好轴向间隙。
  b) 止回阀应排液畅通，密封可靠。
  c) 分水接头水眼应畅通。
  d) 内岩心筒的内径至少大于取心钻头内径5mm~6mm；卡箍的自由状态内径比取心钻头内径小2mm~3mm；上下滑动灵活，滑动距离应符合设计要求；卡板岩心爪的通径要大于取心钻头内径3mm~4mm。
  e) 经全部检查合格后，丈量外筒全长、内筒长、卡箍自由内径、钻头外径、岩心进口直径等主要尺寸，方能组装。
  f) 取心工具上、下钻台，应两端悬吊，操作平稳，并包捆好钻头。
  g) 吊到井口后，检查岩心爪底端与钻头台肩之间的纵向间隙，内岩心筒转动灵活。

7.7.3 各部分螺纹应完好无损，组装时应上紧螺纹，上螺纹扭矩推荐值见表5。

7.7.4 取心筒出入井时，应卡安全卡瓦。

7.7.5 起下钻操作平稳，不应猛提、猛放、猛刹，卸螺纹应平稳操作。

7.7.6 取心钻进符合以下要求：
  a) 取心井段应按设计要求和现场地质监督指令执行。
  b) 取心钻进的参数配合，应根据不同规范的工具具体制订。

c) 取心工具下到距井底 1m 时，先用较大排量循环钻井液冲洗井底，再以轻压，慢转树心 0.3m ～ 0.5m 后，逐步加够正常钻压钻进；割心起钻后，如井下留有余心，下次取心钻进前应套心。

d) 取心钻进，应事先调整好方入，尽量避免中途接单根，送钻力求均匀、平稳，防止溜钻，发现蹩钻、跳钻或钻时明显增高，分析原因及时处理，原因不明应起钻检查。

e) 取心作业时，因意外情况应上提钻具时，应先割断岩心，上提钻具；如遇溢流井喷，按井控要求处理。

f) 树心、取心钻进、割心、套心和起钻作业，均应由正副司钻操作。

表 5 取心筒上扣扭矩推荐值

外筒直径 × 内筒直径 mm	扭矩 N·m
121×93	6000 ～ 7000
133×101	8000 ～ 9000
146×114	10000 ～ 12000
172×136	12000 ～ 13000
180×144	13000 ～ 16000
194×153	26000 ～ 31000

7.7.7 如钻遇燧石或夹有黄铁矿地层时，应停止取心钻进，改下牙轮钻头钻过后再恢复取心作业。

7.7.8 定向取心应按 SY/T 5347 的要求执行。

7.7.9 取心质量应符合 SY/T 5593 的规定。

7.7.10 取心工作结束后，应将取心工具清洗、保养、组装好，并由井队钻井技术人员填好卡片。硫化氢地层取心：

a) 在从已知或怀疑含硫化氢地层中起出岩心之前应提高警惕；在岩心筒到达地面以前至少 10 个立柱，或在达到安全临界浓度时，应立即戴上正压式空气呼吸器。

b) 当岩心筒已经打开或当岩心已移走后，应使用便携式硫化氢监测仪检查岩心筒；在确定大气中硫化氢浓度低于安全临界浓度之前，人员应继续使用正压式空气呼吸器。

c) 在搬运和运输含有硫化氢的岩心样品时，应提高警惕；岩样盒应采用抗硫化氢的材料制作，并附上标签。

8 欠平衡钻井特殊安全要求

8.1 实施作业的基本条件

8.1.1 地层压力剖面、岩性剖面和油、气、水应性质清楚。

8.1.2 井身结构应合理，裸眼井段不应存在多个压力系统和高产水层。

8.1.3 地层应稳定性好，不易发生垮塌。

8.1.4 地层流体中硫化氢含量应小于 75mg/m³（50ppm）。

8.1.5 探井不宜采用欠平衡钻井。

8.1.6 应安装、使用溢流控制和处理装置。

8.1.7 施工作业队伍应经过专业技术培训。

8.2 设计与装置配备

欠平衡设计和装置配备应按 SY/T 6543 的要求执行。

8.3 培训

8.3.1 施工前，所有参加施工的人员应进行防硫化氢知识培训，其中副司钻以上人员应按 SY/T 6277 的规定取得合格证。

8.3.2 施工前，应向所有参与施工作业的人员进行欠平衡工艺技术和应急计划交底，并进行应急演习。

8.4 现场准备

8.4.1 施工前，施工单位应制订详细的应急预案，由本单位主管安全的领导审核并报业主审批。

8.4.2 距井口 100m 应挖一燃烧池，其容积由钻井工程设计提出。

8.4.3 燃烧池应进行防渗和防垮塌处理。

8.4.4 从井场到燃烧池铺设一条通道，便于架设燃烧管线。

8.4.5 井场应设立风向标，安装风向标的位置：绷绳、工作现场的立柱、临时安全区、道路入口处、井架上、器材室等。

8.4.6 井场应配备有足够数量的正压式空气呼吸器（钻台 5 套、值班房 5 套、操作间 3 套、地质值班房 5 套、钻井液值班房 2 套）；配备与空气呼吸器配套的空气压缩机，空气压缩机应安放在上风口处。

8.4.7 应储备足量的除硫剂、硫化氢及可燃气体检测仪（固定式和便携式）及硫化氢气体中毒抢救医疗器械及药品。

8.4.8 现场应备有足够的清水。

8.5 气体监测

8.5.1 欠平衡钻井期间应有专人进行井下气体燃爆监测。

8.5.2 可燃气体监测仪宜采用固定式；固定可燃气体监测仪应由专业人员进行安装、调试。还应配备便携式的可燃气体和硫化氢监测仪。

8.5.3 固定式可燃气体监测仪的安装、检查、维护、维修、检定及报废按照 SY/T 6503 的规定执行。

8.5.4 固定式可燃气体监测仪探头应安装在钻台上和振动筛等位置。

8.5.5 现场应连续 24h 监测可燃气体的浓度变化。

8.5.6 可燃气体监测仪一年鉴定一次，校验应由有资质的机构进行。

8.6 接单根和起下钻作业

8.6.1 钻台应准备有水管线。

8.6.2 接单根和起下钻作业时，应保证斜坡钻杆接头本体光滑，无毛刺等缺陷，减轻对旋转头胶心的损坏。

8.6.3 从起钻至油气层以上 300m 井段内，起钻速度应控制在 0.5m/s 以内。

8.7 应急

8.7.1 施工期间，宜有专兼职医护人员值班。

8.7.2 钻进期间，宜有消防车和消防人员在现场值班。

8.7.3 发生意外时，应启动应急程序。

中华人民共和国
石油天然气行业标准
钻井井场设备作业安全技术规程
SY/T 5974—2020

*

石油工业出版社出版
(北京安定门外安华里二区一号楼)
北京中石油彩色印刷有限责任公司排版印刷
新华书店北京发行所发行

*

880×1230 毫米 16 开本 2 印张 51 千字 印 1001—2000
2020 年 12 月北京第 1 版 2021 年 11 月北京第 2 次印刷
书号：155021·8114 定价：40.00 元
版权专有 不得翻印

ICS 13.100
E 09
备案号：43156—2014

SY

中华人民共和国石油天然气行业标准

SY 6322—2013
代替 SY 6322—1997

油（气）田测井用放射源贮存库安全规范

Safety rules for radioactive sources magazine used in
oil and gas field logging

2013-11-28 发布

2014-04-01 实施

国家能源局　　发布

SY 6322—2013

目 次

前言 ………………………………………………………………………………………………… Ⅱ
1 范围 ……………………………………………………………………………………………… 1
2 规范性引用文件 ………………………………………………………………………………… 1
3 基本要求 ………………………………………………………………………………………… 1
　3.1 设计与验收 ………………………………………………………………………………… 1
　3.2 安全防护 …………………………………………………………………………………… 2
　3.3 人员 ………………………………………………………………………………………… 2
　3.4 管理制度和记录 …………………………………………………………………………… 2
4 贮存、出入库管理 ……………………………………………………………………………… 2
　4.1 贮存 ………………………………………………………………………………………… 2
　4.2 出入库 ……………………………………………………………………………………… 3
　4.3 日常管理 …………………………………………………………………………………… 3
5 职业健康管理 …………………………………………………………………………………… 3
6 应急处置 ………………………………………………………………………………………… 3
参考文献 …………………………………………………………………………………………… 4

Ⅰ

前 言

本标准除第 3.2.4 条为推荐性条款外，其他技术内容均为强制性。

本标准按照 GB/T 1.1—2009《标准化工作导则 第 1 部分：标准的结构和编写》给出的规则起草。

本标准代替 SY 6322—1997《油（气）田测井用密封型放射源库安全技术要求》，与 SY 6322—1997 相比，主要技术内容变化如下：
——将标准名称由《油（气）田测井用密封型放射源库安全技术要求》更改为《油（气）田测井用放射源贮存库安全规范》；
——将范围修改为"本标准规定了陆上油（气）田测井用放射源贮存库（以下简称源库）的基本要求、贮存、出入库管理、日常管理、职业健康管理、应急与处置"、"本标准适用于陆上油（气）田测井用放射源贮存库"、"本标准不适用于非密封放射性物质的贮存"（见第 1 章）；
——修改了引导语，更新了引用文件（见第 2 章）；
——修改了 1997 年版的第 3 章、第 4 章、第 5 章，并增加了部分内容；
——增加"应急处置"（见第 6 章）。

本标准由石油工业安全专业标准化委员会提出并归口。

本标准起草单位：中国石化集团胜利石油管理局、中国石油集团测井有限公司华北事业部、中国石化集团中原石油勘探局测井公司。

本标准主要起草人：王云飞、项国庆、顿新忠、申英杰、宋华、李六有、李霏、吴瑞志、王艳、董晓燕。

SY 6322—2013

油（气）田测井用放射源贮存库安全规范

1 范围

本标准规定了油（气）田测井用放射源贮存库（以下简称源库）的基本要求、贮存、出入库管理、日常管理、职业健康管理、应急与处置。

本标准适用于陆上油（气）田测井用放射源贮存库。本标准不适用于非密封放射性物质的贮存。

2 规范性引用文件

下列文件对于本文件的应用是必不可少的。凡是注日期的引用文件，仅注日期的版本适用于本文件。凡是不注日期的引用文件，其最新版本（包括所有的修改单）适用于本文件。

GB 2894 安全标志及其使用导则
GB 18871 电离辐射防护与辐射源安全基本标准
GB 50395 视频安防监控系统工程设计规范
GBZ 235 放射工作人员职业健康监护技术规范
放射工作人员职业健康管理办法 中华人民共和国卫生部令 第 55 号 2007 年 11 月 1 日起施行
工作场所职业卫生监督管理规定 国家安全生产监督管理总局令 第 47 号 2012 年 6 月 1 日起施行

3 基本要求

3.1 设计与验收

3.1.1 设计应由具有相应资质的机构进行。

3.1.2 新建、改建、扩建及废弃源库，按国家法律、法规及相关标准要求进行安全、环境影响等有关评价，并经地方政府主管部门审批。

3.1.3 新建、改建、扩建及废弃源库，按国家法律、法规及相关标准要求验收合格后方可运行。

3.1.4 源库的选址应符合 GB 18871 的要求。

3.1.5 源库应为独立建筑，四周应设不低于 2m 的实体围墙。应设源库值班室和警卫室。

3.1.6 围墙与源库的距离满足围墙处的空气比释动能率应小于 $2.5\mu Gy \cdot h^{-1}$。

3.1.7 根据放射源类型、数量及总活度，源库内应分别设计安全可靠的放射源贮源坑（以下简称贮源坑）、贮源柜、贮源箱等相应的专用贮源设备。

3.1.8 贮源坑深度不小于 1.5m，其上口应高出坑口表面 0.1m～0.15m。贮源坑盖有适当材料与厚度的防护盖。贮源坑应保持干燥。

3.1.9 贮源坑防护盖、贮源柜和贮源箱表面空气比释动能率应小于 $25\mu Gy \cdot h^{-1}$。

3.1.10 源库墙体外 1m、高 1.5m 处的空气比释动能率应小于 $2.5\mu Gy \cdot h^{-1}$。

3.1.11 贮存大于 200GBq 的中子源或大于 20GBq 的伽马源的源库，应有机械提升设备与传送设备。

3.1.12 源库内应有良好的照明及通（排）风设施。

1

3.2 安全防护

3.2.1 源库应 24h 专人值守，每班不少于 2 人。

3.2.2 源库应有通信设施，并保持畅通。

3.2.3 源库应配备辐射监测仪器、职业危害防护用品。

3.2.4 源库配备 2 条（含 2 条）以上大型看护犬。夜间宜处于巡游状态。

3.2.5 源库应有覆盖库区的照明系统和视频监视系统。视频监视系统应符合 GB 50395 要求。

3.2.6 视频录像记录保存时间不少于 30d，图像应能明确辨识被摄录人员、车辆和其他主要设施。

3.2.7 源库围墙应设有防攀爬铁丝网和报警装置。

3.2.8 源库内应设有防盗报警装置或视频监视系统、消防设施。

3.2.9 源库应在明显位置设有"禁止入内"、"当心电离辐射"、"必须穿防护服"和"必须戴防护眼镜"的警示标志。警示标志应符合 GB 2894 的规定。

3.2.10 源库应在醒目位置设置公告栏，公布有关放射性职业危害防治的规章制度、操作规程和危害因素监测结果。

3.2.11 源库工作人员、放射源使用单位人员进入源库应正确穿戴防护用品并佩戴个人剂量计。

3.2.12 源库管理单位的行政正职是本单位源库安全的第一责任人，应执行国家关于源库安全方面的法律法规，并组织制定相应的源库安全管理规定和技术措施。

3.2.13 源库管理单位应对源库的危险源进行辨识、评估，制定安全监控管理制度和措施。

3.2.14 放射源主管部门应委托具有相应资质的机构每年对源库至少进行一次辐射环境监测，监测结果向工作人员公示。

3.2.15 放射源主管部门应委托具有相应资质的机构每年对源库至少进行一次职业危害因素检测，按有关法律法规进行职业危害现状评价。检测、评价结果向源库工作人员公布。

3.3 人员

3.3.1 源库工作人员的基本条件应符合以下要求：
   a) 年满 18 岁。
   b) 具有初中以上文化程度。
   c) 具备完全民事行为能力。

3.3.2 经职业健康检查，符合放射工作人员的职业健康要求。

3.3.3 经培训合格取得相应资质。

3.4 管理制度和记录

3.4.1 建立放射源验收、贮存、出入库、安全守卫、巡回检查、交接班检查等管理制度。

3.4.2 建立放射源贮存台账、废旧放射源处置等台账，并随所贮存放射源变化情况及时更新。应分别由放射源主管部门、源库或使用单位保存。

3.4.3 建立放射源验收、外来人员安全教育、出入库、巡回检查、交接班、人员（设备）出入库区等记录。记录保存期不应少于 2 年。

4 贮存、出入库管理

4.1 贮存

4.1.1 贮存放射源的罐（桶）（以下简称源罐）应便于搬运和放射源的取出。

4.1.2 源罐外表面应光滑、平整，无锈蚀、易去污。

4.1.3 源罐应能加锁，容易开启。在经受各种震动、翻倒后放射源不会自动掉出。并应有符合 GB 2894 要求的电离辐射警告标志。
4.1.4 放射源应单独存放，不应与易燃、易爆、腐蚀性物品等一起存放。
4.1.5 每个贮源坑、贮源柜和贮源箱明显位置应放置放射源编码卡，标明所贮放射源核素名称、国家编码、标号、活度等信息。
4.1.6 放射源贮存实行双人双锁管理。
4.1.7 源库管理单位应建立和保持放射源盘查制度，随时掌握放射源的数量、存放、分布和转移情况。
4.1.8 放射源的盘查至少应记录和保存每个放射源的存放位置、形态、活度及其他说明等资料。

4.2 出入库

4.2.1 新购置的放射源入库前应由放射源主管部门、源库管理单位等共同验收，验收合格后方可入库并填写记录。
4.2.2 使用单位凭领源通知单或相关证明到源库领取放射源。
4.2.3 源库工作人员对照放射源贮存台账核对所领放射源信息，确认无误后与使用单位人员共同提取放射源。
4.2.4 放射源出入库前，源库工作人员应用辐射监测仪器检查放射源并核对放射源实物信息，确认无误后办理交接手续，双方在放射源出入库记录上签字。

4.3 日常管理

4.3.1 值班人员按巡回检查制度检查，并填写巡回检查记录。
4.3.2 对进入库区的外来人员进行安全教育，填写外来人员安全教育记录和人员（设备）出入库区记录。
4.3.3 每年进行一次进行安全防护性能检查，检查内容包括放射源贮存情况、安全防护设施的运行情况等。
4.3.4 新源入库或更换源罐应及时进行检查，并记录备案。
4.3.5 废弃放射源应单独存放，按法律法规要求交回生产单位或者返回原出口方，确实无法交回生产单位或者返回原出口方的，送交有相应资质的放射性废物集中贮存单位贮存。

5 职业健康管理

职业健康管理应按照 GBZ 235、《放射工作人员职业健康管理办法》（中华人民共和国卫生部令第 55 号）、《工作场所职业卫生监督管理规定》（国家安全生产监督管理总局令第 47 号）的要求执行。

6 应急处置

6.1 源库应编制放射源丢失、被盗、辐射污染、人员异常照射等事件应急预案。
6.2 定期开展应急演练。
6.3 发生应急事件时，应立即上报并按应急预案要求进行应急处置。
6.4 事件发生后，源库工作人员应接受和配合有关部门的调查。

参 考 文 献

[1] GB 12379 环境核辐射监测规定
[2] GBZ 114 密封放射源及密封γ放射源容器的放射卫生防护标准
[3] GBZ 142 油（气）田测井用密封型放射源卫生防护标准
[4] 放射性污染防治法 中华人民共和国主席令 第6号
[5] 放射性同位素与射线装置安全和防护条例 中华人民共和国国务院令 第449号
[6] 放射性同位素与射线装置安全许可管理办法 中华人民共和国环境保护部令 第3号

中华人民共和国
石油天然气行业标准
油（气）田测井用放射源贮存库安全规范
SY 6322—2013

*

石油工业出版社出版
（北京安定门外安华里二区一号楼）
北京中石油彩色印刷有限责任公司排版印刷
新华书店北京发行所发行

*

880×1230毫米 16开本 0.75印张 15千字 印 1—2000
2014年2月北京第1版　2014年2月北京第1次印刷
书号：155021·7021　定价：12.00元

版权专有　不得翻印

ICS 13.100
E 09

SY

中华人民共和国石油天然气行业标准

SY/T 6326—2019
代替 SY 6326—2012

石油钻机和修井机井架承载能力检测评定方法及分级规范

The specification for grading and evaluating the loading capacity on derricks of the drilling rig and working rig

2019－11－04 发布　　　　　　　　　　　2020－05－01 实施

国家能源局　　发 布

SY/T 6326—2019

目　次

前言 ··· Ⅱ
1　范围 ·· 1
2　规范性引用文件 ··· 1
3　术语和定义 ··· 1
4　井架检测项目及内容 ·· 1
　　4.1　使用情况调查 ··· 1
　　4.2　外观检查 ·· 2
　　4.3　应力测试 ·· 2
5　检测设备 ·· 2
6　应力测试 ·· 2
　　6.1　测试环境条件 ··· 2
　　6.2　测点布置 ·· 2
　　6.3　测试载荷 ·· 2
　　6.4　测试数据误差范围 ··· 3
　　6.5　异常情况处理 ··· 4
7　承载能力评定 ·· 4
　　7.1　测试数据处理 ··· 4
　　7.2　评定方法 ·· 4
8　分级及报废准则 ··· 5
　　8.1　分级准则 ·· 5
　　8.2　报废准则 ·· 5
9　检测评定周期 ·· 5
　　9.1　新井架 ··· 5
　　9.2　在用井架 ·· 5
　　9.3　特定情况下的井架 ··· 6
10　测评报告 ·· 6
附录A（规范性附录）　井架外观检查报告 ··· 7
附录B（规范性附录）　外观检查验收准则 ··· 9
附录C（规范性附录）　井架测评报告 ·· 10
参考文献 ·· 11

Ⅰ

前　言

本标准按照 GB/T 1.1—2009《标准化工作导则　第1部分：标准的结构和编写》给出的规则起草。

本标准代替 SY 6326—2012《石油钻机和修井机井架底座承载能力检测评定方法及分级规范》，与 SY 6326—2012 相比，除编辑性修改外，主要技术内容变化如下：
—— 本标准的属性由强制性标准更改为推荐性标准；
—— 将标准名称从《石油钻机和修井机井架底座承载能力检测评定方法及分级规范》修改为《石油钻机和修井机井架承载能力检测评定方法及分级规范》；
—— 修改了标准的适用范围（见第1章，2012年版的第1章）；
—— 增加了规范性引用文件 SY/T 6408（见第2章）；
—— 删除了无损检测内容（2012年版的 4.1、4.2、8.1）；
—— 整合了检测项目与检测内容（见第4章，2012年版的第4章）；
—— 增加了通井机井架测试布点要求（见6.2.5）；
—— 合并了测试工况与测试载荷的内容（见6.3，2012年版的6.3）；
—— 修改了测试载荷（见6.3.1，2012年版的6.4.1）；
—— 删除了"井架综合评定方法"的内容（见2012年版的8.3）；
—— 删除了"停用时间达两年以上的井架，再次启用的"[见2012年版的10.3e)]；
—— 修改了检测评定周期（见第9章，2012年版的第10章）；
—— 修改了井架外观检查报告（见表A.1，2012年版的表A.1）；
—— 增加了外观检查验收准则（见表B.1）；
—— 修改了井架测评报告（见表C.1，2012年版的表B.1）。

本标准由石油工业安全专业标准化技术委员会提出并归口。

本标准起草单位：四川科特检测技术有限公司、东北石油大学、中国石油川庆钻探工程有限公司、中国石油宝鸡石油机械有限责任公司。

本标准主要起草人：万夫、翟尚江、廖飞龙、周咏琳、闫天红、孙刚强、秦柳、王浚璞、敬佳佳、刘炯、张友会。

本标准代替了 SY 6326—2012。

SY 6326—2012 的历次版本发布情况为：
——SY/T 6326—1997，SY/T 6326—2008；
——SY 6442—2010。

SY/T 6326—2019

石油钻机和修井机井架承载能力检测评定方法及分级规范

1 范围

本标准规定了石油钻机、修井机井架检测项目及内容、检测设备、应力测试、承载能力评定、分级及报废准则、检测评定周期、测评报告的编写。

本标准适用于石油钻机和修井机用井架；其他石油作业机用井架亦可参照执行。

2 规范性引用文件

下列文件对于本文件的应用是必不可少的。凡是注日期的引用文件，仅注日期的版本适用于本文件。凡是不注日期的引用文件，其最新版本（包括所有的修改单）适用于本文件。

GB/T 24263 石油钻井指重表
GB/T 25428 石油天然气工业 钻井和采油设备 钻井和修井井架、底座
JJG 623 电阻应变仪检定规程
SY/T 6408 石油天然气钻采设备 钻井和修井井架、底座的检查、维护、修理与使用
AISC 335：1989 建筑物钢结构规范（Specification for structural steel buildings）

3 术语和定义

GB/T 25428 界定的以及下列术语和定义适用于本文件。

3.1
最大钩载 maximum hook load

根据材料强度和规定的安全系数确定的设备能承受的最大载荷，即钻机在最多绳数下，大钩所能提升的最大载荷，包括静载荷和动载荷。

3.2
承载能力 load-carrying capacity

钻机、修井机和通井机井架结构考虑强度、稳定或疲劳等因素后所能承受的最大载荷。

3.3
毛截面 gross area

杆件的截面面积。

4 井架检测项目及内容

4.1 使用情况调查

4.1.1 通常使用情况调查内容包括：
  a) 出厂日期；
  b) 使用日期；

c）钻井/修井数量；
d）累计进尺；
e）平均井深；
f）最大钩载等。

4.1.2 发生事故调查内容包括：
a）事故类型；
b）修复记录；
c）已更换零部件的记录；
d）现存的主要问题等。

4.2 外观检查

外观检查内容和验收准则依据 SY/T 6408 的规定，详见附录 A 和附录 B。

4.3 应力测试

按第 6 章的规定进行。

5 检测设备

5.1 检查、测试用设备应按规定的周期进行校准、标定和检定。
5.2 指重表应符合 GB/T 24263 的规定。
5.3 应力测试用设备准确度级别不低于 0.2 级（见 JJG 623）。
5.4 应力测试系统总误差不超过 ±5%。

6 应力测试

6.1 测试环境条件

6.1.1 测试应在无雨、无雪天气进行。
6.1.2 测试时环境温度应为 −18℃ ~ 55℃。
6.1.3 风速不超过 8m/s。

6.2 测点布置

6.2.1 应力测点一般选择在应力均匀区、应力集中区和弹性挠曲区等危险应力区。
6.2.2 测试杆件应选择主受力杆件、损伤杆件和修理后杆件。
6.2.3 测试断面应选择在井架大腿断面开口处、井架大腿断面突变处、大腿损伤处、井架二层台处。
6.2.4 根据井架杆件形式不同，单根杆件测试点布置所贴的应变片的数量见表 1；测点位置示意图如图 1 所示。
6.2.5 除通井机井架测试断面应至少 1 个外，其余类型井架测试断面应不少于 2 个。

6.3 测试载荷

6.3.1 测试工况应满足测试载荷不小于设计最大钩载的 20%。
6.3.2 测试载荷为钩载。测试载荷值以指重表读数为准。

6.4 测试数据误差范围

每一工况测试次数不少于3次。每次测试卸载后，应力测试系统应调零。相同条件下，若前后两次测得应变值误差大于±5%时，需查明原因，并重新测试。

表1 单根杆件测点布置

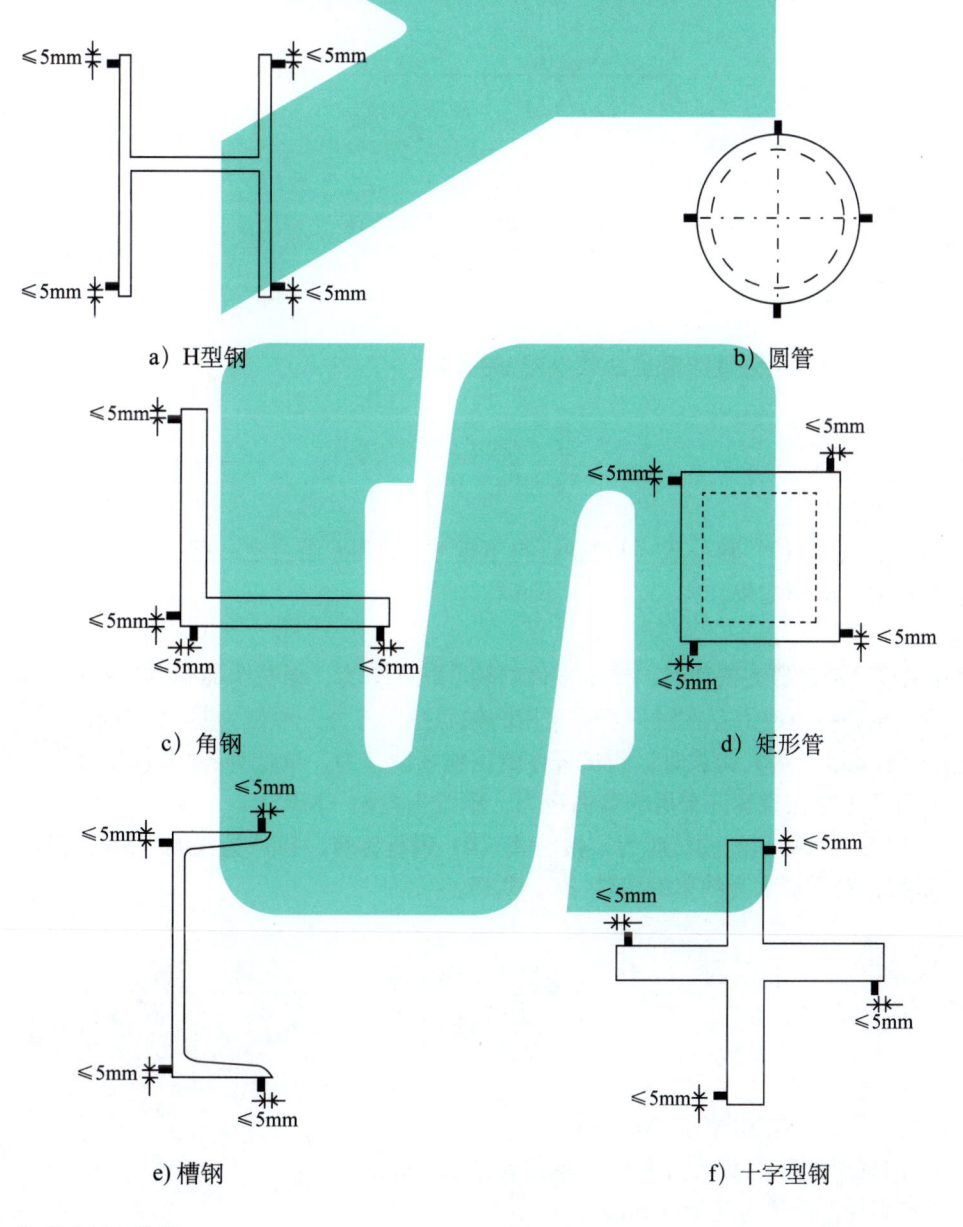

杆件形式	测点数量	测点位置
H型钢	4	H型钢幅板侧面对称分布，应变片距离幅板边缘不超过5mm[如图1中a)所示]
圆管	4	杆件中心线上对称分布[如图1中b)所示]
角钢	4	角钢幅板侧面，应变片距离幅板边缘不超过5mm[如图1中c)所示]
矩形管	4	方钢侧面对称分布，应变片距离边缘不超过5mm[如图1中d)所示]
槽钢	4	槽钢幅板侧面对称分布，应变片距离边缘不超过5mm[如图1中e)所示]
十字型钢	4	十字型钢幅板侧面，应变片距离边缘不超过5mm[如图1中f)所示]

a) H型钢   b) 圆管

c) 角钢   d) 矩形管

e) 槽钢   f) 十字型钢

注："■"表示测点位置。

图1 单根杆件测点布置示意图

6.5 异常情况处理

测试过程中如发现油漆起皱、焊缝开裂、屈曲、变形等现象应中止测试，并查明原因。

7 承载能力评定

7.1 测试数据处理

在材料弹性范围内，按线性外推法推算井架设计最大钩载时各测点的计算应力数据。

7.2 评定方法

井架承载能力计算按 AISC 335：1989 的规定进行。

井架承载能力强度应满足公式（1）和公式（2）的要求。

$$\frac{f_a}{F_a} + \frac{C_{mx}f_{bx}}{(1-\frac{f_a}{F'_{ex}})F_{bx}} + \frac{C_{my}f_{by}}{(1-\frac{f_a}{F'_{ey}})F_{by}} \leq 1.0 \quad \cdots\cdots (1)$$

$$\frac{f_a}{0.60F_a} + \frac{f_{bx}}{F_{bx}} + \frac{f_{by}}{F_{by}} \leq 1.0 \quad \cdots\cdots (2)$$

当 $\frac{f_a}{F_a} \leq 0.15$ 时，井架强度应满足公式（3）的要求。

$$\frac{f_a}{F_a} + \frac{f_{bx}}{F_{bx}} + \frac{f_{by}}{F_{by}} \leq 1.0 \quad \cdots\cdots (3)$$

在公式（1）、公式（2）和公式（3）中，与下标 b、m 和 e 结合在一起的下标 x 和 y 表示某一应力或设计参数所对应的弯曲轴。

式中：

f_a——井架承受设计最大钩载时，测试杆件的轴心拉压应力，单位为兆帕（MPa）；
F_a——只有轴心拉压应力存在时，容许采用的轴心拉压应力，单位为兆帕（MPa）；
f_b——井架承受设计最大钩载时，测试杆件的压缩弯曲应力，单位为兆帕（MPa）；
F_b——只有弯矩存在时容许采用的弯曲应力，单位为兆帕（MPa）；
F'_e——除以安全系数后的欧拉应力，按公式（4）进行计算，单位为兆帕（MPa）；
C_m——系数，对于端部受约束的构件：C_m=0.85。

$$F'_e = \frac{12\pi^2 E}{23(kl_b/r_b)^2} \quad \cdots\cdots (4)$$

式中：

E——弹性模量，单位为兆帕（MPa）；
l_b——弯曲平面内的实际无支撑长度，单位为毫米（mm）；
r_b——回转半径，单位为毫米（mm）；
k——弯曲平面内的有效长度系数。

只有轴心拉压应力存在时，容许采用的轴心拉压应力 F_a 按公式（5）计算：

a) 当任一无支撑部分的最大有效长细比 kl/r 小于 C_c 时，轴心受压杆件横截面应符合 AISC 335：1989 中 1.9 的规定，其毛截面上的容许拉压应力 F_a 为：

$$F_a = \frac{[1-\frac{(kl/r)^2}{2C_c^2}]F_y}{\frac{5}{3}+\frac{3(kl/r)}{8C_c}-\frac{(kl/r)^3}{8C_c^3}} \quad\quad\quad\quad\quad (5)$$

$$C_c = \sqrt{\frac{2\pi^2 E}{F_y}}$$

式中：

F_y——杆件材料的最小屈服应力，单位为兆帕（MPa）；

C_c——区分弹性和非弹性屈曲的杆件的长细比。

b) 当 kl/r 大于 C_c 时，轴心受拉压构件毛截面上的容许拉压应力按公式（6）计算：

$$F_a = \frac{12\pi^2 E}{23(kl/r)^2} \quad\quad\quad\quad\quad (6)$$

海上石油钻机和修井机井架承载能力评定时，按照 GB/T 25428—2015 中 8.1.2 和 8.3 的规定进行。

8 分级及报废准则

8.1 分级准则

井架承载能力分为四级：

——A 级：当测评钩载大于或等于设计最大钩载的 95% 时；
——B 级：当测评钩载小于设计最大钩载的 95% 且大于或等于设计最大钩载的 85% 时；
——C 级：当测评钩载小于设计最大钩载的 85% 且大于或等于设计最大钩载的 70% 时；
——D 级：当测评钩载小于设计最大钩载的 70% 时。

8.2 报废准则

评定为 D 级的井架应报废。

9 检测评定周期

9.1 新井架

由制造商提供有效的检测报告。

9.2 在用井架

9.2.1 在用陆地井架

9.2.1.1 钻机井架：

a）井架出厂年限达到第 8 年进行第一次检测评定；
b）评为 A 级和 B 级且使用年限超过 12 年的井架每两年检测评定一次；
c）评为 C 级的井架每年检测评定一次。

9.2.1.2 修井机井架：

a）井架出厂年限达到第 4 年进行第一次检测评定；
b）评为 A 级和 B 级且使用年限超过 8 年的井架每两年检测评定一次；
c）评为 C 级的井架每年检测评定一次。

9.2.2 在用海洋井架

检测评定周期为：
a）井架出厂年限达到第 4 年进行第一次检测评定；
b）评为 A 级和 B 级且使用年限超过 8 年的井架每两年检测评定一次；
c）评为 C 级的井架每年检测评定一次。

在加密井、交叉作业密集型或环境恶劣等风险性大的场所作业的钻机和修井机建议缩短检测周期。

9.3 特定情况下的井架

发生但不限于下列情况之一的，应进行井架检测评定：
——井架主要承载件在使用过程中出现开裂、弯曲、变形等现象，经修复后的；
——在使用过程中发生井架摔落、顶天车等事故的；
——井架经改装和大修的；
——井架遭受火灾、硫化氢等腐蚀性气体腐蚀过的；
——重大自然灾害，可能对井架造成影响的。

10 测评报告

测评报告见附录 C，应包括以下信息：
a）测点布置图及记录和测试结果；
b）数据分析结果；
c）井架承载能力的评价；
d）检测评定原始记录或复印件。

附 录 A
（规范性附录）
井架外观检查报告

井架外观检查报告见表 A.1。

表 A.1 井架外观检查报告

部件名称	检查项目	检查内容
井架大腿	1. 前腿，靠近司钻	□轻微弯曲　□较大弯曲　□需要修复　□完好 轴销联结：□不良　□完好　销轴孔：□不良　□焊缝开裂　□完好
	2. 前腿，司钻对面	□轻微弯曲　□较大弯曲　□需要修复　□完好 轴销联结：□不良　□完好　销轴孔：□不良　□焊缝开裂　□完好
	3. 后腿，靠近司钻	□轻微弯曲　□较大弯曲　□需要修复　□完好 轴销联结：□不良　□完好　销轴孔：□不良　□焊缝开裂　□完好
	4. 后腿，司钻对面	□轻微弯曲　□较大弯曲　□需要修复　□完好 轴销联结：□不良　□完好　销轴孔：□不良　□焊缝开裂　□完好
		所作标记的数目_____
横拉筋和斜拉筋		□轻微弯曲　□严重弯曲　□焊缝开裂　□损坏 □需要修复　□完好　所作标记的数目_____
二层台	1. 指梁平台	构架：□损坏　□焊缝裂纹　□完好　销子联结：□损坏　□完好 安全销：□丢失　□完好 指梁：□损坏　□焊缝开裂　□需要修复　□完好
	2. 操作台	□损伤　□焊缝开裂　□完好
	3. 栏杆	损伤：□较小　□较大　□焊缝开裂　□完好_____ 联结部件：□需要修复　□完好
	4. 钻杆支撑架	□损伤　□完好　联结部位：□需要修复　□完好
梯子		□焊缝开裂　□梯级不好　□联结不好　□完好 损伤：□较小　□较大　所作标记的数目_____
起升装置和伸缩装置	1. 液压缸	起升液缸：□泄漏　□外露表面　□锈蚀　□完好 伸缩液缸：□泄漏　□外露表面　□锈蚀　□完好
	2. 接头	□泄漏　□完好
	3. 软管和软管接头	□外露金属丝　□锈蚀　□损伤　□完好
	4. 销孔	□椭圆　□完好
	5. 伸缩液缸稳定器	□弯曲　□润滑　□完好
	6. 轻便井架导承	□经擦净并润滑　□完好
		所作标记的数目_____

表 A.1（续）

部件名称	检查项目	检查内容
锁紧装置伸缩式轻便井架	1. 销轴、棘爪	☐损伤　☐完好
	2. 座架	☐损伤　☐完好
	3. 机构	☐损伤　☐需要清洁并润滑　☐完好
		所作标记的数目_____
绷绳系统	1. 绷绳	☐损伤　☐需更换　☐完好
	2. 绳卡	☐松　☐装置适当　☐失落若干　☐完好
	3. 销子和安全销	☐失落　☐完好
	4. 花篮螺栓	☐锁紧　☐损伤　☐更换　☐完好
	5. 绳锚和埋桩	☐更换　☐完好
		所作标记的数目_____
栓装结构件	1. 所有螺栓联结点经检查符合要求，松动的螺栓已经上紧或完好_____	
	2. 所有螺栓联结点经检查并抽查其上紧程度，无须再进行上紧或修复，完好_____	
	3. 所作标记的数目_____	
死绳固定器及支座	1. 死绳固定器	☐损伤　☐锈蚀　☐完好
	2. 支座	☐损伤　☐锈蚀　☐完好　螺栓：☐需更换　☐完好
检验情况摘要	1. 是否应用了制造厂的总成图纸？☐是　☐否	
	2. 外观：☐良好　☐尚好　☐不好	
	3. 需要修理的部位：☐无　☐较多	
	4. 缺少零件的数目_____	

注1：检查时，应在损伤部位或设备上作醒目标记；根据检查情况在☐里打钩；未检项目不作标记。
注2：涉及不同井架型式的底座和起升装置，可另设检查项目。

附 录 B
（规范性附录）
外观检查验收准则

外观检查验收准则见表 B.1。

表 B.1 外观检查验收准则

	检查项目		验收准则
1	锈蚀	横截面	锈蚀 ≤ 10%
2	变形	大腿	在 3m（10ft）的长度内弯曲不超过 6.4mm（1/4in）
		立柱	在 3m（10ft）的长度内弯曲不超过 6.4mm（1/4in）
		结构件	无局部严重扭结或弯曲
		钢丝绳	无局部严重扭结或弯曲
3	机械损伤	结构件	无缺口、凹坑、划痕
4	缺失	螺栓、销子或安全卡	无缺失
		结构件	无缺失
5	连接失效	连接件与配件	无松动
注：本表仅供指导用，具体零件根据 OEM 技术规范可有不同的验收准则。			

SY/T 6326—2019

附 录 C
（规范性附录）
井架测评报告

井架测评报告见表 C.1。

表 C.1 井架测评报告

报告编号			共　页　第　页	
项目名称		规格/型号		
委托方地址		商标		
生产销售单位		生产日期		
使用单位		出厂编号		
样品标识		样品数量		
样品状态描述		到样日期		
样品编号		测评日期		
委托方联系人		环境条件		
测评地点					
测评设备					
测评依据					
测评结论	（检验专用章） 签署日期：　　年　月　日			
备注					
批准		审核		主检

10

参 考 文 献

[1] GB/T 11344 无损检测 接触式超声脉冲回波法测厚方法
[2] SY/T 5466 钻前工程及井场布置技术要求
[3] SY/T 6586 石油钻机现场安装与检验
[4] AWS D1.1 钢结构焊接规范（Structural welding code—Steel）

中华人民共和国
石油天然气行业标准
**石油钻机和修井机井架承载能力
检测评定方法及分级规范**
SY/T 6326—2019

*

石油工业出版社出版
(北京安定门外安华里二区一号楼)
北京中石油彩色印刷有限责任公司排版印刷
新华书店北京发行所发行

*

880×1230毫米 16开本 1印张 28千字 印501—800
2019年11月北京第1版 2022年7月北京第2次印刷
书号:155021·7967 定价:20.00元
版权专有 不得翻印

ICS 13.100
E 09

SY

中华人民共和国石油天然气行业标准

SY/T 6348—2019
代替 SY 6348—2010

陆上石油天然气录井作业安全规程

Safety regulations for onshore oil and gas logging operations

2019-11-04 发布　　　　　　　　　　　　　　2020-05-01 实施

国家能源局　发布

目　次

前言 ... Ⅲ
1　范围 ... 1
2　规范性引用文件 ... 1
3　一般规定 ... 1
　　3.1　资质管理 ... 1
　　3.2　管理要求 ... 1
　　3.3　化学试剂和气样管理 ... 1
　　3.4　个人防护 ... 2
4　安全防护设备配备及管理 ... 2
　　4.1　配备要求 ... 2
　　4.2　管理要求 ... 2
5　录井设备管理 ... 2
　　5.1　设备搬迁 ... 2
　　5.2　设备摆放 ... 3
　　5.3　设备安装 ... 3
　　5.4　电气系统安装 ... 3
　　5.5　传感器安装 ... 3
　　5.6　设备拆卸 ... 3
6　录井作业 ... 4
　　6.1　钻时录井 ... 4
　　6.2　岩屑录井 ... 4
　　6.3　荧光录井 ... 4
　　6.4　岩心录井 ... 4
　　6.5　气测录井 ... 4
　　6.6　钻井液录井 ... 4
　　6.7　地化录井 ... 4
　　6.8　定量荧光录井 ... 5
　　6.9　核磁录井 ... 5
　　6.10　元素录井 ... 5
7　其他作业安全 ... 5
　　7.1　下套管作业 ... 5
　　7.2　固井作业 ... 5
　　7.3　完井作业 ... 5

7.4 其他特殊作业 ……………………………………………………………………………………… 5
8 井控安全 …………………………………………………………………………………………………… 5
9 异常预报 …………………………………………………………………………………………………… 6
　9.1 井控异常预报 …………………………………………………………………………………… 6
　9.2 其他工程异常预报 ……………………………………………………………………………… 6
10 应急管理 ………………………………………………………………………………………………… 6

SY/T 6348—2019

前　言

本标准按照 GB/T 1.1—2009《标准化工作导则　第 1 部分：标准的结构和编写》给出的规则起草。

本标准代替 SY 6348—2010《录井作业安全规程》，与 SY 6348—2010 相比，主要技术内容变化如下：
——修改了标准名称，由《录井作业安全规程》变更为《陆上石油天然气录井作业安全规程》；
——修改了标准的属性，由强制性标准变更为推荐性标准；
——重新界定了标准的使用范围（见第 1 章，2010 年版的第 1 章）；
——增加了管理要求（见 3.2）；
——增加了化学试剂和气样管理（见 3.3）；
——增加了设备安装（见 5.3）；
——增加了传感器安装（见 5.5）；
——增加了设备拆卸（见 5.6）；
——增加了钻时录井（见 6.1）；
——增加了核磁录井（见 6.9）；
——增加了元素录井（见 6.10）；
——增加了下套管作业（见 7.1）；
——增加了固井作业（见 7.2）；
——增加了完井作业（见 7.3）；
——增加了其他特殊作业（见 7.4）；
——增加了井控安全（见第 8 章）；
——增加了异常预报（见第 9 章）；
——对其他各章节内容进行了补充。

本标准由石油工业安全专业标准化技术委员会提出并归口。

本标准主要起草单位：中国石油川庆钻探工程有限公司长庆石油工程监督公司、中国石油长庆油田分公司安全环保监督部、中国石油川庆钻探工程有限公司长庆钻井总公司。

本标准主要起草人：刘建平、李志光、陈根林、宜建国、户鸿章、孔庆伟、王凯、彭相龙、闫荣辉、曹宣。

SY 6348—2010 的历次版本发布情况为：
——SY 6348—1998。

SY/T 6348—2019

陆上石油天然气录井作业安全规程

1 范围

本标准规定了陆上石油天然气录井作业基本要求、安全防护、录井设备、录井作业、井控安全、应急管理及其他作业安全。

本标准适用于陆上石油天然气勘探开发地质录井作业。

2 规范性引用文件

下列文件对于本文件的应用是必不可少的。凡是注日期的引用文件，仅注日期的版本适用于本文件。凡是不注日期的引用文件，其最新版本（包括所有的修改单）适用于本文件。

GB/T 5082 起重吊运指挥信号
SY/T 5087 硫化氢环境钻井场所作业安全规范
SY/T 5190 石油综合录井仪技术条件
SY/T 6202 钻井井场油、水、电及供暖系统安装技术要求

3 一般规定

3.1 资质管理

3.1.1 录井企业应持有安全生产许可证和上级主管部门颁发的石油工程技术服务企业资质证书。
3.1.2 录井作业人员应持井控证、HSE 证，含硫区域还应持硫化氢培训合格证。

3.2 管理要求

3.2.1 录井企业应依据国家、行业、企业标准建立 HSE 管理体系。
3.2.2 录井队应成立安全生产管理小组，设兼职安全员。
3.2.3 录井队应推进安全生产标准化建设，设置规范统一的目视标识。
3.2.4 录井队应落实钻井施工现场环境保护要求，严禁随意处置岩屑。

3.3 化学试剂和气样管理

3.3.1 化学试剂建立台账，专人管理。试剂容器有清晰规范的标签，标签上应注明试剂名称、规格、浓度、特性、有效期等。
3.3.2 化学试剂应根据性质分类存放，易燃品、易爆品、氧化剂、腐蚀品、毒害品应单独存放，实行双人双锁双账管理。
3.3.3 可燃物质及有机溶剂不应放置在热源附近。
3.3.4 标准气样瓶应固定存放，远离热源。
3.3.5 录井仪器房、地质值班房内不应存放非试验用易燃易爆物品。
3.3.6 现场使用的化学试剂应有安全技术说明书，员工应了解其危险性、危害性及化学特性。

SY/T 6348—2019

3.3.7 操作浓酸碱时，应戴橡胶手套和防护眼镜。

3.3.8 氯仿应保存于密封的棕色瓶中，放置在阴凉处，荧光暗室保持空气流通。

3.3.9 酒精灯在使用前应检查灯体、灯芯有无损坏。酒精灯内液面不得超过灯体的 2/3，添加酒精后应将灯体擦拭干净。禁止在酒精灯燃烧状态下添加酒精，用完酒精灯后用灯盖盖灭火焰。

3.3.10 吸取酸碱溶液和其他化学试剂时应使用洗耳球。

3.4 个人防护

3.4.1 录井作业人员应正确穿戴个人防护用品上岗，作业前应进行岗位危害因素辨识。

3.4.2 在接触有毒有害、腐蚀性化学试剂时应正确使用防护用品。

3.4.3 岩心采样、劈心时，操作人员应佩戴护目镜。

3.4.4 录井作业人员巡回检查时，应注意起吊钻具、塌方、滑跌等安全风险。

3.4.5 上下循环罐、钻台等高处时应抓好梯子扶手。

3.4.6 烘、烤岩屑时，不得用手直接搅拌岩屑、取放岩屑盘。

3.4.7 在捞取、清洗岩屑过程中应佩戴复合式有毒有害气体检测仪。

3.4.8 钻具、管具上下钻台时，录井作业人员应与钻台大门坡道保持 15m 以上的安全距离。

4 安全防护设备配备及管理

4.1 配备要求

4.1.1 录井仪器配备要求：高压、高含硫区域应配备正压式防爆综合录井仪；录井房内应安装硫化氢、温度、烟雾报警器，满足 SY/T 5190 的要求。

4.1.2 漏电保护及接地：录井仪器房、值班房和野营房应安装漏电保护器，根据供电系统进行接零或接地保护。

4.1.3 电器设备：井场防爆区域的电器设备应具备防爆功能（有 EX 标志）。

4.1.4 硫化氢传感器：配备硫化氢传感器不少于 1 只。

4.1.5 可燃气体报警器：仪器房配备可燃气体报警器 1 只。

4.1.6 灭火器：仪器房配备 2 具 3kg CO_2 灭火器，地质房配备 2 具 3kg 干粉灭火器，放置稳固，便于取用。

4.1.7 正压式空气呼吸器：录井作业现场配置不少于 2 具正压式空气呼吸器。

4.1.8 气体检测仪：含硫化氢地区、新探区录井作业，应配备不少于 2 具复合式有毒有害气体检测仪。

4.2 管理要求

4.2.1 检测仪器和防护设备应专人管理，定期维护保养、检验检测。

4.2.2 正压式空气呼吸器气瓶充装压力应符合要求。

4.2.3 室内标定硫化氢传感器时，应保持空气流通。

5 录井设备管理

5.1 设备搬迁

5.1.1 录井设备搬迁作业前应召开安全会，辨识作业风险，落实安全措施。

5.1.2 录井房内严禁存放易燃易爆物品，录井设备应固定牢靠。

5.1.3 吊装、吊放应符合 GB/T 5082 的要求，起重作业应符合：
  a) 被吊物拴牵引绳，有专人指挥，指挥信号明确；
  b) 吊索具规格应满足吊装作业安全需要，吊挂时夹角宜小于 120°；
  c) 吊索具接触棱角处应加保护衬垫；
  d) 起重机旋转范围危险区严禁站人；
  e) 吊物装载合理、固定牢靠，应由承运方确认。

5.1.4 高处或临边作业时应系好安全带，正下方不得有人作业、停留和通过。

5.1.5 遇有六级以上（含六级）大风或者能见度小于 30m 的雨、雪、雾、沙尘暴时，应停止作业。

5.2 设备摆放

5.2.1 录井仪器房、地质值班房应摆放在井场右前方靠振动筛一侧，距井口 30m 以外，地基平整坚实，避开垫方、易垮塌滑坡及洪汛影响地带。

5.2.2 录井仪器房、地质值班房应张贴井场安全逃生路线图，并保持应急通道畅通。

5.3 设备安装

5.3.1 定期检查氢气发生器，保持排气畅通，防止氢气泄漏。

5.3.2 电热器、烘样箱安装应与墙体保持适当距离。

5.3.3 安全门应定期检查维护，保持开关灵活，密封良好。

5.3.4 定期检查空气压缩机安全阀、气路的有效性。

5.4 电气系统安装

5.4.1 电源应由电器工程师负责接入钻井队电网，开机时先开总电源，后开分电源。电源及绝缘应符合 SY/T 5190 的要求。

5.4.2 录井仪器房、地质值班房应架设专用电力线路，符合 SY/T 6202 的要求，并满足：
  a) 进出户加设绝缘护套，室内严禁私拉乱接电线和使用大功率用电器具；
  b) 录井房应设置漏电保护装置，室外电缆线用防爆接线盒连接；
  c) 室外报警器、报警灯架设应高出仪器房顶。

5.4.3 若录井队配备烘烤箱，则应采用独立漏电保护开关，烘烤箱与房体金属构件有效连接。

5.5 传感器安装

5.5.1 传感器应固定牢靠，整齐排线。

5.5.2 安装调试传感器，需切断动力、气源、电源时，应与钻井队沟通、联动。

5.5.3 固定式硫化氢传感器探头应安装在基准面 0.3m ~ 0.6m 处，有防雨防潮措施。

5.6 设备拆卸

5.6.1 应按工作流程分级断电，并在开关上悬挂安全警示标志。

5.6.2 按程序拆卸设备，防止造成人员伤害。

5.6.3 废弃物的处理应符合环境保护要求。

SY/T 6348—2019

6 录井作业

6.1 钻时录井

6.1.1 丈量钻具、管具时防止碰撞、挤压或滚落伤人。
6.1.2 在丈量方入时，应先确认已关停转盘。作业人员严禁站在转盘面上操作。
6.1.3 收集泵压、冲数时，作业人员应与钻井泵皮带轮转动部位保持安全距离，避开安全阀泄压方向。

6.2 岩屑录井

6.2.1 设置取样工作台，安装好护栏、梯子、扶手、照明设施。
6.2.2 捞、洗、晒样场地平整，方便操作；捞、洗样过程中严禁从管具上通过。
6.2.3 气体钻进时，应在钻井队安全技术人员指定地点取全取准岩屑。
6.2.4 腐蚀性及易燃易爆物品不得在烘样箱内烘烤。
6.2.5 油基、空气和天然气介质钻井，录井现场应做好防火、防爆工作。

6.3 荧光录井

6.3.1 荧光灯总功率不大于25W，外壳有效接地。
6.3.2 在对岩屑、岩心样品进行紫外线直照（干照、湿照）、滴照、标准系列对比试验时，防止紫外线对人体造成伤害。
6.3.3 使用氯仿做岩样滴照和标准系列对比试验时，应避免沾染眼球和皮肤。

6.4 岩心录井

6.4.1 含硫化氢地层取心作业，应执行SY/T 5087的规定。
6.4.2 钻台岩心出筒时，岩心与转盘面距离不应大于0.2m。使用岩心夹持工具，作业人员正面应避开岩心内筒出口。不得用手捧接岩心，严禁将手置于岩心下部。
6.4.3 岩心从钻台运往地面时，应捆绑牢固，缓慢下放。
6.4.4 岩心封蜡应在下风口方向且远离井口30m以外，禁止使用烤箱加热石蜡。

6.5 气测录井

6.5.1 持续监测、预报气测异常，发现硫化氢等有毒有害气体应立即报告。
6.5.2 现场做集气点火试验时，点火地点应符合防火防爆要求。

6.6 钻井液录井

6.6.1 及时进行地质交底，明确钻井液性能要求，提出防喷、防卡、防漏等地质预告。
6.6.2 含硫化氢地层钻进应做好防硫化氢应急预案。
6.6.3 发现溢流或其他异常现象应及时报告，通知有关人员采取相应措施。

6.7 地化录井

6.7.1 设备开机异常时，应及时关闭电源，排除故障后方可继续操作。
6.7.2 在样品分析过程中，严禁拆卸热解炉防护罩和氢焰检测仪器盖板。
6.7.3 取放坩埚应使用专用工具。

6.8 定量荧光录井

6.8.1 开机时应检查仪器运行状况，正常后方可操作。
6.8.2 分析场所应保持通风良好。

6.9 核磁录井

6.9.1 供电电源续电时间不小于 1h。
6.9.2 仪器应远离热源、无振动，与磁性物质距离不小于 1m。

6.10 元素录井

6.10.1 元素录井仪主机机箱应进行有效接地。
6.10.2 仪器工作时严禁打开样品腔体，避免 X 射线照射。
6.10.2 铍和铍的氧化物剧毒，操作过程防止铍窗破碎。

7 其他作业安全

7.1 下套管作业

7.1.1 套管排放整齐，丈量时防止套管碰撞、挤压或滚落伤人。
7.1.2 对作业过程进行监测，及时为钻井提供异常预告。

7.2 固井作业

7.2.1 录井人员作业时不得在高压区长时间停留。
7.2.2 对固井过程进行监控，及时为钻井提供异常预告。

7.3 完井作业

7.3.1 放射性测井作业，录井人员应撤离至安全区域。
7.3.2 中途测试作业，录井人员应避开高压危险区域，做好有毒有害气体监测与防护。

7.4 其他特殊作业

欠平衡钻井、中途测试、泡油解卡、爆炸松扣、倒套铣等特殊作业，应严格遵守施工主体单位的安全规定和应急措施。

8 井控安全

8.1 录井队应明确各岗位井控职责，服从钻井队统一管理。
8.2 录井队应严格执行井控管理制度和标准。
8.3 录井队应按照地质设计要求落实井控安全措施。
8.4 进入第一个油气层前至完井均应井控坐岗，按要求填写坐岗记录。
8.5 录井作业过程中发现异常情况要加密监测。
8.6 在起下钻、检修设备、测井等作业过程中，录井仪器应连续监测。

SY/T 6348—2019

9 异常预报

9.1 井控异常预报

正常钻进作业、起下钻作业及其他辅助作业，可根据气测值异常、钻井液性能变化及钻井液量的变化，结合《钻井地质设计》《钻井工程设计》内容，准确发出异常情况报告，确保井控险情得到及时、安全处置。

9.2 其他工程异常预报

若钻进过程中出现大钩载荷、转盘转速、转盘扭矩、机械钻速等工程参数异常变化时，应及时报告钻井队、甲方监督和管理部门，并做好记录。

10 应急管理

10.1 录井队应与钻井队签订安全生产协议，服从钻井队统一安全管理。

10.2 录井队应建立井喷、火灾、爆炸、触电、中毒、自然灾害等应急处置程序。

10.3 录井队应与钻井队建立有效的应急联动机制，信息互通共享，应急演练、救援等工作接受钻井队统一协调、统一指挥。

10.4 新探区及含硫化氢地区录井作业，应按要求配备相应防护设施设备。

10.5 录井队应配备急救箱、急救器械和药品。

中华人民共和国
石油天然气行业标准
陆上石油天然气录井作业安全规程
SY/T 6348—2019

*

石油工业出版社出版
(北京安定门外安华里二区一号楼)
北京中石油彩色印刷有限责任公司排版印刷
新华书店北京发行所发行

*

880×1230毫米 16开本 1印张 21千字 印501—1000
2019年11月北京第1版 2020年6月北京第2次印刷
书号：155021·7961 定价：20.00元

版权专有 不得翻印

ICS 13.100
E 09

SY

中华人民共和国石油天然气行业标准

SY/T 6349—2019
代替 SY 6349—2008

石油物探地震队安全管理规范

Safety management specifications for seismic crew

2019-11-04 发布　　　　　　　　　　2020-05-01 实施

国家能源局　　发 布

SY/T 6349—2019

目　次

前言 .... Ⅱ
1 范围 1
2 规范性引用文件 1
3 基础管理 1
　3.1 组织机构 1
　3.2 资源管理 1
　3.3 能力和培训 2
　3.4 风险管理 2
　3.5 法律法规和其他要求 3
　3.6 管理文件和记录 3
　3.7 许可管理 3
　3.8 分包商和供应商管理 3
　3.9 应急响应与准备 4
　3.10 监督检查 4
　3.11 事故事件管理 4
4 现场管理 4
　4.1 通则 4
　4.2 搬迁 5
　4.3 营地建设 5
　4.4 工区踏勘 7
　4.5 测量作业 7
　4.6 推土机作业 7
　4.7 钻井作业 7
　4.8 收放线作业 8
　4.9 可控震源作业 8
　4.10 气枪震源作业 8
　4.11 采集作业 9
　4.12 劳动防护用品配备 9
　4.13 员工健康管理 9
　4.14 民用爆炸物品管理 9
　4.15 交通安全管理 9
　4.16 特殊环境作业 11
　4.17 直升机作业 13
　4.18 野外求生 13
　4.19 环境保护 13

Ⅰ

SY/T 6349—2019

前 言

本标准按照 GB/T 1.1—2009《标准化工作导则 第1部分：标准的结构和编写》给出的规则起草。

本标准代替 SY 6349—2008《地震勘探钻机作业安全规程》。本标准将原标准仅有的"钻井"环节增加到石油物探地震作业的各个环节，与 SY 6349—2008 相比，主要变化如下：
——修改了标准的属性，由强制性行业标准变更为推荐性行业标准；
——修改了标准的名称，标准名称由《地震勘探钻机作业安全规程》变更为《石油物探地震队安全管理规范》；
——修改了标准的目次；
——增加了"基础管理"相关要求（见第3章，2008年版的第3章）；
——增加了"现场管理"相关要求（见第4章，2008年版的第4章、第5章、第6章、第7章、第8章）。

本标准由石油工业安全专业标准化技术委员会提出并归口。

本标准起草单位：中国石油集团东方地球物理勘探有限责任公司。

本标准起草人：赵伟、乐彬、苏景奇、王进军、李文胜、马伟、李识宇、苏晓迪、郭维、刘炳希、楚保、白凤、宋海路、王鹏。

本标准代替了 SY 6349—2008。

SY 6349—2008 所代替标准的历次版本发布情况为：
——SY 6349—1998。

SY/T 6349—2019

石油物探地震队安全管理规范

1 范围

本标准规定了石油物探地震队安全基础管理、现场管理等内容。

本标准适用于石油物探地震队作业过程中的人员健康安全伤害、财产损失、环境破坏等方面的安全管理。非地震队可参照执行。

2 规范性引用文件

下列文件对于本文件的应用是必不可少的。凡注日期的引用文件，仅注日期的版本适用于本文件。凡是不注日期的引用文件，其最新版本（包括所有的修改单）适用于本文件。

GB 6722 爆破安全规程
GBZ 188 职业健康监护技术规范
SY 5857 石油物探地震作业民用爆炸物品管理规范
中华人民共和国职业病防治法 主席令［2017］第81号
职业病危害因素分类目录 国卫疾控发［2015］92号
职业健康检查管理办法 国家卫计委令第5号

3 基础管理

3.1 组织机构

3.1.1 石油物探地震队（以下简称地震队）应成立安全管理领导小组，由队领导、安全管理员、班组长等组成。

3.1.2 地震队主要负责人是安全管理第一责任人，对安全管理全面负责。

3.1.3 根据项目规模、地质地形条件和风险大小，地震队应按照定员标准配备足够的专职安全管理员，班组应配备专（兼）职安全管理员。

3.1.4 地震队应明确各岗位的职责，建立安全生产责任制。

3.2 资源管理

3.2.1 地震队应对安全关键岗位人员（含队领导、地球物理师、安全管理员、班组长、特种作业人员、特种设备操作人员、涉爆作业人员、医务人员等）进行能力评价，达不到要求的不得上岗。评价内容应包括安全专业知识、技能和风险管控能力；身体状况和相应资质；岗位工作和应急处置能力。

3.2.2 地震队应列支安全专项费用，专款专用。内容应包括但不限于：
  a) 隐患的治理和风险控制。
  b) 重点要害部位防护、应急等设施的设置。
  c) 安全警示标识及营区安全设施的配置。
  d) 应急和安保有关设备、物资和用品的配置，以及应急演练。

1

e）安全教育培训与活动。
f）紧急救护设备、用品的配置，以及紧急逃生设备的配置与租赁。
g）集体和个人劳动防护用品的配备。
h）特殊地形的专用防护设备。
i）安全生产和环境保护评价。
j）员工健康检查。
k）审核、检查和监测。
l）废弃物的处置。
m）自然灾害的预防与灾情控制。
n）职业健康与食品卫生。
o）危险性较大工程安全专项方案的论证。
p）安全管理领导小组认可的其他项目。

3.2.3 地震队应建立设备设施管理台账，列出安全保护装置、消防设施、报警装置、应急设备设施等明细。设备设施使用前应制定操作规程或程序。应根据设备设施保养和检修要求，定期检修、保养、检验、校准和更替。

3.3 能力和培训

3.3.1 地震作业岗位员工应具有与岗位相适应的教育、培训经历；具备本岗位作业风险辨识和应急处置能力；需持证上岗人员应具备相应的资格证书；无 GBZ 188 规定的岗位相关职业禁忌症。

3.3.2 地震队应进行全员岗前培训，注重现场操作和实际演练，重要技能应测试。

3.3.3 地震队应建立并实施符合项目施工实际需求的安全培训计划，内容应包括：
a）安全法律、法规、标准、制度和规定。
b）安全基本知识；岗位操作规程。
c）应急及求生。
d）消防器材、报警装置、救助、通信等设备使用。
e）劳动防护用品使用。
f）岗位风险、岗位职责和岗位相关规定。
g）专业技能。

3.3.4 地震队应持有效证件上岗的人员，包括但不限于队长（经理）、安全管理（监督）人员、特种作业人员、特种设备操作人员、驾驶员、船员、涉爆作业人员、危化品运输人员、炊事人员、医务人员、涉海（水）作业人员。

3.4 风险管理

3.4.1 地震队应识别危险因素和环境因素，包括但不限于：
a）作业环境：
　　1）地表条件：海（水）上、山地、沙漠、沼泽等。
　　2）气象条件：暴风雪、沙尘暴、风暴潮、台风、高温高寒等。
　　3）地质灾害：山洪、泥石流、滑坡等。
b）设备设施：设备、工（器）具、基础设施等。
c）物料：民用爆炸物品、油品等的采购、运输、储存、使用、处置等。
d）工艺方法：施工方法、作业程序。
e）管理：组织机构、责任制、人员行为、制度建设、分包商等。

f）环保：环境敏感地区、生态影响、环保设施等。
g）健康：当地疫情、地方病等。
h）公共安全：社会治安、民族习俗等。

3.4.2 地震队应对危害因素和环境因素进行评价，确定等级，实施分级管理。

3.4.3 地震队应根据风险识别与评价的结果，按照"合理、实际、可行"的原则，制订相应的工程技术措施、管理措施、培训教育措施、个体防护措施和应急处置措施，将风险降低到可接受的程度。

3.4.4 地震队应开展重大危险源辨识与安全评估。对确认的重大危险源应登记建档，制订重大危险源管理措施，按规定备案。

3.5 法律法规和其他要求

地震队应主动识别并获取适用的现行法律法规、标准规范，建立清单并定期更新、公布。主要包括石油物探作业安全管理；民用爆炸物品、油料管理；特种设备、特种作业管理；交通管理；野外采集作业管理；健康和环保管理等。

3.6 管理文件和记录

3.6.1 地震队开工前应制订"HSE作业计划"及作业文件。其中，作业文件应包括安全生产责任制；隐患治理、教育培训、绩效考核、文件管理、作业许可管理、劳动防护用品管理、设备设施管理、民用爆炸物品管理、交通安全管理、船舶管理、营地管理、野外作业食品卫生管理、特种作业管理、承包商管理、应急管理等管理制度或程序；测量、钻井、收放线、震源激发、船舶关键操作等环节的作业指导书或操作规程。

3.6.2 地震队"HSE作业计划"应经上一级有关部门或业主审批。地震队应按"HSE作业计划"实施管理。项目结束后，地震队应对健康安全环保管理工作进行总结。

3.6.3 地震队应按记录控制制度实施记录管理。

3.7 许可管理

3.7.1 行政许可：地震队开工前应办理当地政府规定的相关许可，包括但不限于：
a）提供民用爆炸物品相关证件备案，办理许可。
b）车辆、船舶有效证件。
c）特种设备检验合格证书。
d）特种作业人员、特种设备操作人员、涉爆作业人员操作证。
e）环境敏感地区地震作业施工的环境许可。

3.7.2 作业许可：
a）地震队应对高处作业、临时用电作业、吊装作业、动火作业、进入受限空间作业、民爆物品销毁作业等危险作业实施作业许可管理。
b）地震队应对临时性、没有安全程序可遵循、作业区域相关规定和工作程序（规程）未涵盖的非常规作业实施作业许可管理。

3.8 分包商和供应商管理

3.8.1 地震队应与分包商和供应商签订合同，明确安全责任与管理要求。
3.8.2 地震队应对分包商的安全管理实施过程监督和检查。
3.8.3 地震队应将分包商应急工作纳入地震队应急管理，应急情况下实行联动。
3.8.4 地震队应对分包商进行安全绩效评价，实施动态管理。

SY/T 6349—2019

3.9 应急响应与准备

3.9.1 地震队应建立应急抢险救援组织，制订符合实际的应急处置预案，办理备案手续。应急处置预案包括但不限于：民用爆炸物品丢失被盗、意外爆炸、火灾、触电、自然灾害、人员迷失、人员伤害、食物中毒、船舶事故等。

3.9.2 地震队应配备应急设施、装备和物资，并建立台账。

3.9.3 地震队应组织应急处置预案的培训和演练，并对演练发现问题进行修订完善。

3.9.4 地震队发生突发事件后，应按规定向上级或当地政府主管部门报告，按程序启动应急处置预案，实施应急响应措施，对发生的应急救援情况进行总结。

3.10 监督检查

3.10.1 地震队应制订检查计划，开展健康安全环保工作监督检查。

3.10.2 地震队应对健康安全环保目标和指标的完成情况进行业绩考核。

3.10.3 地震队应对检查发现的问题、审核不符合项、合规性评价不合规项进行原因分析，采取针对性地纠正措施和预防措施，并确认有效性。

3.11 事故事件管理

3.11.1 地震队应执行国家、当地政府、企业的事故事件管理有关规定。

3.11.2 发生事故后，地震队应妥善保护现场及有关证据，接受和配合调查组的调查。

3.11.3 地震队应执行事故调查报告中的防范措施和对有关责任人的处理意见，并建立事故台账。

4 现场管理

4.1 通则

4.1.1 地震队应严格执行健康安全环保管理制度和操作规程，对生产活动中的风险进行有效控制。主要包括：
 a) 对各作业环节进行危害因素和环境因素识别，落实管理措施和要求，执行各环节操作程序或规程。
 b) 作业场所应按规定设置安全警示标识，进行危险提示、警示。
 c) 对违章指挥、违章作业、违反劳动纪律等行为进行检查、分析，并采取控制措施。
 d) 按项目制订健康安全环保活动计划，开展健康安全环保活动。

4.1.2 地震队作业人员应遵守以下规定：
 a) 生产组织人员不违章指挥。
 b) 员工自觉遵守劳动纪律，穿戴劳动防护用品，服从现场监督人员的检查。
 c) 发现违章行为和隐患及时上报、整改。
 d) 定期检查维护安全防护装置、设施。
 e) 特种作业人员持证上岗操作。
 f) 穿越危险地段要实地察看，采取监护措施后通过。
 g) 雷雨、暴风雨、沙暴等恶劣天气停止施工作业。
 h) 在苇塘、草原、山林等地区施工，不携带火种，严禁烟火，车辆安装防火罩。
 i) 严寒地区施工有防冻措施；炎热季节施工做好防暑降温措施；未经许可任何人不应下水游泳。
 j) 不使用非专用容器盛装燃油。

4.2 搬迁

4.2.1 地震队应成立搬迁领导小组，制订周密的搬迁计划，经上级主管部门批准后实施。
4.2.2 搬迁前对参与搬迁人员进行专门安全教育，明确任务、路线及安全措施，对车辆全面检查及维修。
4.2.3 大型设备应办理"超宽、超高、超长"运输审批手续。
4.2.4 租用车辆搬迁时，应与出租方签订合同和专门的安全管理协议，明确双方责任和安全要求。
4.2.5 搬迁车辆应编号行驶，前设引导车，后设服务车，限速行驶，保持适当车距，禁止互相超车；宜每行驶2h进行一次停车检查，严禁疲劳驾驶。
4.2.6 拖挂营房车时，营房车制动、灯光系统应完好，限速行驶。

4.3 营地建设

4.3.1 租赁场所或场地作为营地使用时，应签订合同，明确双方安全责任。用电、用水、消防、交通、取暖、居住条件等应符合相应标准，达不到要求时应按项目需要进行整改。不应租用危房作为营地。

4.3.2 自建营地，应符合：

a) 营地设置遵循以下原则：
   1) 远离噪声、剧毒物、易燃易爆场所和当地疫源地。
   2) 地势开阔平坦，考虑洪水、泥石流、滑坡、雷击等自然灾害的影响。
   3) 营区内外整洁、美观、卫生，规划布局合理，考虑临时民用爆炸物品库、临时加油点、发配电站、临时停车场设置的安全与便利。
   4) 尽量减少营地面积，减小环境影响。
   5) 远离野生动物栖息、活动区。
   6) 设立明显警示标志，各种场所配置合格足够的消防器材。
   7) 交通便利，易于车辆进出。

b) 营地布局要求如下：
   1) 营地设置标志旗（灯），设有"紧急集合点"。
   2) 营房车、帐篷摆放整齐、合理，间距大于3m。
   3) 营地应合理设置垃圾收集箱（桶），营地外设垃圾处理站（坑），生活污水不得直排。
   4) 发配电站设在居住区50m以外，临时加油点设在居住区100m以外，民用爆炸物品库设置安全距离按照SY/T 5857的规定执行。
   5) 设置专门的临时停车场，设置安全标志，停车场进出口保持畅通，视线良好，夜间应有充足的照明。

c) 营地用电要求如下：
   1) 由电工负责营地电气线路、电气设备的安装、接地、检查和故障维修。
   2) 电气线路按规范敷设，应有过载、短路、漏电保护装置。
   3) 各种开关、插头及配电装置应符合绝缘要求，无破损、裸露和老化隐患。
   4) 所有营房车及用电设备应设有保护接零或保护接地，且接地电阻符合要求。
   5) 实行分级配电，用电设备实行"一机一闸"，设有保护接地或保护接零措施。
   6) 架设临时线路、穿越车道时，架设高度应大于5.8m，其他架设高度大于3.5m；地下电缆埋设深度应大于0.3m，埋设沿线应设标记；移动电缆应采用铠装式电缆，穿越车道应有防碾压设施。
   7) 不准在营房、帐篷内私接各种临时用电线路。

d) 营地发配电要求如下：
   1) 发电机组应设置防雨、防晒棚，机组间距大于 2m，交流电机和励磁机组应有外壳或加罩。
   2) 保持清洁，有防尘、散热、保温措施，有防火、防触电安全标志。排气管有消音装置。
   3) 接线盒要密封，绝缘良好，严禁超负荷运行。
   4) 供油罐与发电机的距离大于 5m，阀门无渗漏，罐口封闭上锁。
   5) 发电机组良好接地并有短路保护、过载保护装置。应装两根接地线，接地电阻值符合要求。
   6) 机组滑架下应安装废油、废水收集装置，机组与支架固定部位应防振、牢固。
   7) 遵守岗位交接班制度，按时做好设备运行记录。

e) 营地临时加油点要求如下：
   1) 临时加油点严禁在高压线水平距离 30m 内设置，附近应无杂草、无易燃易爆和杂物堆放。四周应架设围栏，并设隔离沟、安全标志和避雷装置，应配灭火器、防火沙等。
   2) 加油区内严禁烟火，严禁存放车辆设备。
   3) 各种油品应分类存放。储油罐有呼吸阀，无渗漏、无油污，并设有防雷、防静电接地，接地电阻小于 10Ω，罐盖要随时上锁，并有专人管理。
   4) 油泵、抽油机、输油管等工具摆放整齐，有防尘措施。

f) 营地机修要求如下：
   1) 电气焊应遵守技术规程和安全规定，氧气瓶、乙炔瓶分开存放，不应曝晒。
   2) 设备、工具应摆放合理、整洁，安全附件齐全，工作后及时清理，材料堆放整齐，不得影响通道。不应用汽油擦洗设备和零部件。
   3) 砂轮机有护罩、轮板，操作时应戴护目镜。
   4) 车辆修理应设简易地沟，移动照明工作灯使用安全电压，并有护网装置。
   5) 车辆修理支撑架要牢固、平稳，使用前应严格检查。

g) 营地卫生要求如下：
   1) 定期对营区清扫、洒水，清除垃圾，做好消毒及灭鼠、灭蚊蝇工作。
   2) 营区应设有公共厕所，并保持卫生。
   3) 员工宿舍室内通风、采光良好，照明、温度适宜。内务整洁卫生，地面无污物、污水，不乱堆工具、材料。

h) 营地环保要求如下：
   1) 应在土壤吸收性好、地表水不能流入的位置设置污水处理坑，能容下营地排水，定期消毒。
   2) 废弃物和垃圾应分类，并适当处理。不得焚化危险材料。
   3) 不能长期切断当地的自然排水通道。
   4) 应制订防止油料意外泄漏的措施。

i) 营地饮食卫生要求如下：
   1) 为员工提供合理、多样、符合国家食品卫生标准的食品和饮品，应对饮用水源进行卫生调查和水质化验，为员工供应足够的合格饮用水。
   2) 建立饮食卫生监督检查制度和厨房卫生管理制度，预防食物中毒。餐饮服务人员持有效证件上岗，操作时应穿戴好工作衣帽，保持个人清洁卫生，工作期间不应用手直接接触成品。
   3) 食品采购通过正规渠道，选择合格供应商，不应采购、加工和销售腐烂变质食品。
   4) 执行生食与熟食隔离、成品与半成品隔离、食品与杂物药品隔离、食品与辅助佐料隔离。
   5) 对公用餐具采用蒸、煮或紫外线、远红外线等办法进行消毒；保持炊饮环境、厨房、储藏间、餐厅整洁卫生、通风良好，采取防蝇、防鼠、防虫措施；按照有关规定执行食品留样制度。

4.4 工区踏勘

地震队应组成踏勘小组开展工区踏勘，形成踏勘报告。踏勘内容包括但不限于：
a) 工区地表、地质特征。
b) 水文（地下水、河流、湖泊、水库）、水质。
c) 气候特点和规律。
d) 社会治安、道路交通、安全救援机构。
e) 民族宗教、民风民俗。
f) 自然资源。
g) 环保政策、受保护的野生动、植物分布。
h) 地表、地下公共设施。
i) 医疗保健、卫生设施和当地疫情。
j) 自然保护区、文物古迹。

4.5 测量作业

4.5.1 测线经过河流、沟渠、陡崖、岩石松软等危险地段或有障碍物时，测量工作应在采取安全措施的情况下进行。

4.5.2 测量人员应在测线草图上，标注测线经过区域的地面地下重要设施、重大环境目标，如高压线、铁路、桥梁、涵洞、地下电缆、管道、水井、文物、环境保护区等社会和民用设施。遇到危险地貌时，如断崖、陡坡、急弯及水深1m以上河道等处时，也应在测线草图上标出。

4.5.3 在高压供电线路、桥梁、堤坝、涵洞、建筑设施区域内设置炮点，应符合有关安全距离的要求。

4.6 推土机作业

4.6.1 作业时，操作手应注意观察周围15m内有无人员，观察将要推倒的障碍物下面有无人员。

4.6.2 在陡峭危险地形、复杂环境作业时，操作手应下车观察，在有人指挥、看护的情况下作业。

4.6.3 操作手离开推土机时，应将平铲落放地面，关闭电源，挂空挡位置。

4.7 钻井作业

4.7.1 钻井设备要求如下：
a) 钻机投入使用前应经技术检验，保证质量合格、安全附件齐全。
b) 钻机车不应作为牵引车使用；钻机绞车不应起吊其他重物。
c) 在寒冷地区施工时，应做好设备、气路、油路、水路与钻井液循环管线的防冻工作。
d) 钻机设备的各类仪表、手柄、安全阀等装置应灵敏可靠，各连接件应牢固，管线接头、螺栓连接应牢靠。滤清器应保持干净、畅通，各种油泊的液面应达到规定高度。
e) 钻机车应配备防静电接地链等安全附件、急救包、2具4kg以上ABC类火灾灭火器。
f) 山地钻机的吸油管线与油箱、电瓶线应连接良好。
g) 非专业人员不应随意调整液压系统压力。

4.7.2 钻机操作要求如下：
a) 钻井各岗位人员应分工明确，司钻以外人员不应操作钻机。
b) 钻井作业应依据钻机类型执行相应操作规程。寒冷地区，液压系统应空载启动，油温升至15℃方可作业。开钻前应先将钻井泵中的冰融化；停止作业后应将钻井泵和高压管中的水放尽。

c) 钻机作业前应观察周围有无高压输电线等障碍物，钻机作业和停放的位置与高压输电线的水平距离应不小于30m。钻机作业时，非本岗作业人员与钻机距离应不小于钻机塔高，距离大于5m。炮点与附近重要设施安全距离不足时，不得施工，并及时报告。

d) 不应在有地下电缆、管道等重要设施及文物保护区域内选井位、挖泥浆坑；钻机坡道打井时，应保持平稳、牢靠，刹好手刹，打好掩木。

e) 井架起升应按"慢—快—慢"次序进行。井架竖起后，应与人字架锁紧。井架起落过程中，钻杆下滑方向和钻机上不应站人。井架无法到位时，不应使用人力强拉硬拽。

f) 钻机转动、传动部位防护罩应齐全、牢靠。运行过程中，不应进行维修与保养，不得对运转部件擦洗、润滑、维修或跨越。不准用手调整钻头和钻杆。钻杆黏扣时应停机后用专用工具或管钳卸扣；液压、气压控制管线有压力时，不应拆卸钻机任何部位进行保养维修。

g) 钻机车移动应放倒井架，用锁板锁死，收回液压支脚。行驶过程中，钻机平台不准乘人，不得装载货物，应注意确认道路限制高度标志。过沟渠、陡坡或上公路时，应有人员指挥。

h) 更换钻杆时，应注意钻具放置方向，油门不易过大，钻杆未接紧不应提升或下降。

i) 极端天气应停止钻井作业，放下井架，人员撤离到安全地带。冰上作业应测量冰层厚度、标明施工区域，在确保安全情况下施工。

j) 人抬式山地钻机搬运应分体拆散进行，应有专人指挥带路，协作配合。遇危险路段应有保护措施，恶劣天气不得搬迁和作业。山体较陡时，应采取上拉方法搬运，严禁人员在钻机下部推、托。供油桶使用专用容器，距发动机发热部位大于2m。山地钻机软管不应靠近热源及运转部件。启动前，应对防护装置、链轮、油管、油位、空压机胶管开关和发动机熄火开关进行检查。

4.8 收放线作业

4.8.1 公路上架线时，应有专人警戒和监护，设置警示标志，人员穿反光马甲。

4.8.2 在没有保护装置的情况下，不应在行驶的车辆上进行收、放线作业。

4.8.3 两栖作业时，放线工应穿救生衣。用放缆船作业时，操作人员衣扣、袖口必须系紧。

4.8.4 深海拖缆作业船收放线时，收放线人员应与驾驶台保持良好通信，协调作业。

4.9 可控震源作业

4.9.1 操作手应取得机动车辆驾驶证，并掌握一般的维修保养技能方可独立操作。操作手应服从工程技术人员指挥。

4.9.2 震源车行驶速度要慢、平稳，各车之间大于5m，不准相互超车；危险地段要绕行，不准强行通过；行驶时，严禁任何人在震源平台或其他部位搭乘，严禁无关人员进入驾驶室；不应在坡度大于30°的坡道停车。

4.9.3 震源升压时，15m内任何人不得靠近；检查和排除故障应在降压后进行。

4.9.4 震源工作时，操作人员不得离开操作室或做与操作无关的事。

4.9.5 施工时，可控震源车与建筑设施边缘安全距离参照GB 6722中的13.2.2测量确定。

4.10 气枪震源作业

4.10.1 气枪震源作业前，对高压储气瓶、安全阀进行检查。

4.10.2 作业前对气枪连接部件、管路、吊链、卡子、吊绳、滑轮、保险装置、液压起吊管路等进行检查，确保无松动、损伤、断裂及其他不符合要求的现象。

4.10.3 气枪激发时，确认附近无相关人员和挂碰气枪管路的障碍物时，方可释放。激发区域严禁其他船只进入，吊臂下严禁站人。

4.11 采集作业

4.11.1 工程技术人员下达任务时，应提供标注危险地段和激发点附近重要设施的施工草图。

4.11.2 作业中，发现激发点与附近的重要设施安全距离不足时，不得施工，并及时报告。

4.11.3 检波器电缆线穿越危险障碍时（河流、水渠、陡坡等），应采取保护措施通过。穿越公路或在公路旁施工时，应设立警示标志，并有人监护，指挥过往车辆。

4.11.4 做好激发警戒监视工作，发现异常情况应立即报告爆炸员或仪器操作员，停止激发作业。

4.11.5 放线工不准离岗，注意测线过往车辆。

4.11.6 仪器车行驶要平稳，控制车速，不准冒险通过危险地段。仪器车停站要选择平坦、开阔的地方，车辆停稳后应察看周围情况，打好掩木，做好保护接地。

4.11.7 仪器操作室内禁止吸烟和使用明火。

4.12 劳动防护用品配备

4.12.1 地震队应按国家、行业和企业有关规定或标准，为员工配发合格的个人劳动防护用品。同时，还应为特殊作业人员配备不同功能的劳动防护用品（用具），包括但不限于：
——高原地区配备供氧设备。
——山地作业配备安全绳索、安全带。
——风钻作业配发防尘口罩（防尘帽）、护耳罩和防尘眼镜。
——可控震源驾驶员配发噪声防护用品。
——推土机驾驶员配发防尘口罩（防尘帽）、噪声防护用品。

4.12.2 员工上岗应按规定穿戴劳动防护用品。

4.13 员工健康管理

4.13.1 地震队应按规定为员工进行健康检查，建立员工健康档案，根据工区疫源病情况进行免疫接种。

4.13.2 地震队应根据施工地情况配备医务人员、医疗器械和药品。

4.13.3 地震队应根据工区特点，对照《职业病危害因素分类目录》确定职业病危害因素作业场所。

4.13.4 存在职业病危害因素作业场所的地震队，应按《中华人民共和国职业病防治法》有关规定实施管理，应对从业员工进行职业健康体检，并按《职业健康检查管理办法》实施监控。

4.14 民用爆炸物品管理

民用爆炸物品管理应符合 SY/T 5857 的要求。

4.15 交通安全管理

4.15.1 野外驾驶员符合以下要求：
——具有驾驶证照，并与准驾车型相符。
——具有适应野外行车的身体素质。
——掌握车辆设备的构造、原理和机械性能，具备排除一般故障和修理的技能。
——初次进入野外作业驾驶员应实地训练和跟车帮教，掌握野外地形驾驶技术方可单独驾驶。
——在沙漠、山地、高原、高寒、草原等地区行车的人员，应掌握急救常识和迷路、遇险求生和自救的安全知识。

4.15.2 车辆符合以下技术条件：
- ——符合车辆一般安全技术指标，执行车辆定期检验、保养计划和检修的规定。
- ——驾驶室、底盘、车座牢靠，机械、电气性能良好，有足够的负载量。
- ——车辆所有乘员的座位应配备安全带。
- ——沙漠车辆负载量不得超过额定载荷的70%，应配备沙漠备胎、垫板、拖车绳、备用水箱、燃料油桶、换轮胎工具、铁铲和灭火器等自救设备。根据沙漠地面地形情况，随时对轮胎充放气。
- ——野外施工车辆应安装通信电台（民用爆炸物品运输车除外），车辆外出施工期间应定时与营地值班员联系，告知本车所处的位置与情况，值班电台应做详细记录。
- ——应按照机动车辆维护要求、科目和检查周期进行车辆的修理、维护和保养。

4.15.3 工区道路符合以下条件：
- ——选择工区测线道路应注意避开危险地形，尽量减少急弯，弯道路面要宽、坚实。
- ——工区内道路应设置明显的标志牌（旗），特殊地形应加密标志。
- ——道路交叉和转弯处应设路标指示，指明方向和里程，危险路段应设限速、警告安全标志。
- ——被破坏的道路要及时修整。

4.15.4 车辆的行驶和运输应执行国家和当地政府有关道路交通法规，并在工地行驶中执行以下规定：
- ——出车前，应检查车辆机械性能，燃油和水是否充足，工具是否齐全，随车备胎、油桶是否捆绑牢固。
- ——起步前，驾驶员应检查车下及其周围是否有人。
- ——应限制行车路线和工区行车范围，不准在规定的行车路线外另辟新路行驶。
- ——人员按指定车辆乘坐，不准随意调车，并系好安全带。收工时驾驶员要清点人数。
- ——车辆外出施工期间应定时与营地保持联系，出工和收工车辆的间距应保持50m以上，队车行驶，不准互相超越；急弯、偏坡、松软路面或危险路段应单车通过，注意减速、谨慎驾驶。
- ——驾驶员不应疲劳驾驶。

4.15.5 荒漠地区单车行驶符合以下要求：
- ——单车外出应经领导批准，并选派技术熟练、具有丰富行车经验并熟悉工区道路的驾驶员。
- ——应沿已有的道路行驶，并有陪伴人员，出车前应规定遇险营救的联络信号与方式。
- ——出车前，应配备足够的饮用水、封装食品、食盐（因季节、人员而定）、火柴等生活用品；工具箱、备胎、补胎工具、千斤顶、垫木、打气泵、加油软管、充气皮管、气压表、短柄铁铲、牵引杠或钢丝绳、燃料油、风扇皮带和易损配件包；指南针、工区地形图、手电等用品；通信电台（民用爆炸物品运输车除外）、穿戴信号服、信号帽、防寒（防沙）靴、墨镜、备用加厚衣服和厚毯等；急救包。
- ——非紧急情况下，严禁荒漠地区夜间单车外出。

4.15.6 水网、潮间带交通符合以下要求：
- ——过水域时，两侧轮胎或履带应同时入水或登岸。
- ——渡越潮沟、路坎、沟坝等危险地段时，车上人员应先下车，待安全通过后方可上车。

4.15.7 山地交通符合以下要求：
- ——地震队宜对山地行驶驾驶员实施防御性驾驶培训。
- ——严格控制车速，保持与前车距离。遇突发情况不得急打方向盘。
- ——遇转弯时，车辆要减速慢行，不得超车。

——上下坡道，注意调整挡位。下坡不得空挡滑行。长下坡时，注意频繁刹车导致的刹车失灵。
——车辆故障应在直路上停靠。如必须在弯道停靠，应在弯道入口前放置三脚牌。
——注意山体的坠物，小心驾驶。

4.15.8 水上交通符合以下要求：
——船舶开航前应制订航行计划，准备相关资料，进行航前安全检查。配备罗盘或导航设备，重要船只应配备雷达和卫星导航，确保航行安全。
——船舶起航前应清理锚机周围物品，确认安全后方可起锚。
——船舶航行时严格遵守避碰规则。
——船舶进出港，通过狭水道、浅滩、危险水域或抛锚等情况时，应提前做好各种准备工作。
——船舶抛锚后，船舶应悬挂锚泊信号，安排人员值班。

4.16 特殊环境作业

4.16.1 山地作业

地震队应针对山地作业特点，制订和落实以下防范措施：
——作业前，所有员工应进行攀登技术和应急处置救护的训练，进行山地作业安全知识教育。
——配备必要的安全防护设施和防护用品见表1。

表1 山地作业安全防护设施和防护用品配备标准

类别	配备项目	说明
安全措施	登山专用绳索、八字环、安全带、通信话机、测量草图、工区地理图、地形图、哨子、登山镐	以班组为单位配备
生活用品	饮用水、食品、轻型折叠帐篷、床垫等	根据工区需要配备
个人护品	轻型耐磨防滑登山鞋、手套、安全帽	钻工还应配防砸鞋

——严禁两人以上同时使用同一条绳索攀爬作业；严禁夜间绳索攀爬作业。
——地震队应由向导带路进行工区踏勘，了解地理气候和可能的自然危害，制订应急措施。
——地震队应确定最佳的山地施工路线，尽量避开陡峭、危险地形，绕开障碍物。
——悬崖、陡坡作业，应在坚固点打桩，使用牵引绳索、登山镐，系好安全带，尽量减少负荷。
——上下山时，应注意适时休息，保持一定距离，严禁奔跑、跳跃。登山时尽量采用"之"字形，不准结队行走，窄路不得并行。
——雨后应等路面干燥方可登山作业，注意因潮湿和背阴路面苔藓导致滑落。
——山前或山谷作业，应制订预防措施，包括预防山石滚落和山体滑坡危害的紧急避险措施；雷雨季节预防山洪袭击的紧急撤离措施；恶劣气候自然灾害袭击的紧急撤离措施。
——山地搬运设备应提前探路，确定路线。搬运时应有人指挥，前后要协调配合。
——应遵守林区防火规定，并预防野兽、毒蛇袭击。
——在山上岩石层钻井、放炮应考虑在山下设警戒区，以防止飞石或滚石伤人。车辆均应配备三角掩木、通信设施、工区交通草图。
——地震队每天应与当地气象部门和水文部门联系，获得当天天气情况资料，随时向每个施工班组通报施工区的天气情况。雷雨天气不得进行施工作业。
——对于易发生洪水、冰雹、雷击、沙尘暴、暴风雪的山地，必要时，地震队应从当地气象部门聘请气象人员，在施工区域架设临时观测站，监视天气变化；施工时遇暴雨等紧急情况，施工人员要有序地撤离到最近的安全地带。
— 各施工班组应有人守护电台，及时记录和传达队部传来的气象信息。
— 在冲沟区域作业时，应在冲沟上游设瞭望哨，瞭望哨应距最近作业人员大于 5km，当冲沟上游分岔时，在每条冲沟都应设瞭望哨。瞭望哨应与作业人员保持良好通信，当通信被屏蔽时，应设中继站。
— 冲沟区域作业前，依据山势设安全岛或逃生绳、软梯，安全岛位置高于冲沟底部 3m 以上，并应在冲沟山体上标出明显的逃生方向，指向最近的逃生点。
— 野外宿营不得将帐篷搭建在悬崖下面、冲沟和河道中、低洼地带，也不得搭建在山顶。

4.16.2 高原作业

地震队应针对高原作业特点，制订和落实以下防范措施：
— 应对作业人员进行专项体检，禁止有高原禁忌的人员从事高原地震勘探作业。
— 开展高原病防范和急救知识的培训。
— 配置具有高原工作经验的医生、药品和器械。
— 配备必要的通信设备设施。
— 制订防护紫外线灼伤、雪盲症和动物袭人措施。

4.16.3 沙漠作业

地震队应针对沙漠作业特点，制订和落实以下防范措施：
— 营区上空悬挂队旗，设置信号灯。
— 施工人员必须穿戴信号服，配备足量的食物和水。
— 设专人接收天气预报，及时做好沙暴、大风等恶劣天气的防范措施。

4.16.4 海（水）上作业

地震队应针对海（水）上作业特点，制订和落实以下防范措施：
— 调查了解作业区域水上、水下的重要设施及障碍物。
— 船舶符合适航和备案要求，通信、消防、防污染、应急等设备设施完好。
— 出海人员持证上岗。
— 作业期间定时收集天气预报，风暴潮、大风等恶劣天气不得作业。

4.16.5 沼泽作业

地震队应针对沼泽作业特点，制订和落实以下防范措施：
— 作业前，应对工区进行详细调查，由向导探路，了解沼泽区域概况。
— 应配备专用防护设施和用品，包括便携式橡皮船、救生衣或救生圈；可连接的木杆和救助绳索；急救箱（包）；手持电台、手电和其他信号装置；防水保护衣裤。
— 未经批准任何人不准下水；沼泽区内作业不得单独行动，不得直接饮用沼泽池塘的水；下水作业应穿好防水衣裤，岸上有人监护；涉水超过臀部以上，用绳索系住通过；渡河应穿救生衣或带救生圈；通过被洪水淹没过的河流、小溪时，应事先制订周密计划，采取措施再通过；陷入泥坑时，其他人应用木杆或绳索救助；经常通过的小河、小溪或软泥通道应搭临时小桥或铺设硬板。

4.17 直升机作业

4.17.1 应对直升机作业制定和执行相应的管理制度。

4.17.2 吊装作业应有专人指挥并兼任信号员；吊装人员应穿戴好防护用品和对讲机；吊装人员挂好货物后，撤至安全地带方可发出起吊信息；货物起吊后，吊装人员应紧盯吊物，发现异常立即通知飞行员停止起吊；未经飞行员同意，禁止吊装民用爆炸物品等危险品；吊装作业时，应注意防止高速摆动的吊绳和吊钩伤人；禁止任何人靠近尾部旋翼；吊装作业时，无关人员不得进入作业区域。

4.17.3 飞机降落后，在飞行员示意前，任何人不得靠近飞机；登机人员应集中在一处，帽子和其他轻便物品应拿在手中，不得肩扛和背负物品登机；在机翼下行走时，要低头弯腰，不得靠近飞机尾部；离开飞机时不应向上坡方向走，接近飞机时不应向下坡方向走；登机人员进入客舱后，及时系好安全带；较高和竖长的物品应水平搬运，高度不得超过螺旋桨；禁止在飞机附近乱扔物品。

4.18 野外求生

4.18.1 地震队应定期组织员工进行求生训练和演练，培训员工的迷路和遇险自救能力；保证足够的饮水和食品储备；保障通信设备性能良好，统一呼叫频率，基地、营地与作业人员保持通信联络畅通；运输、紧急救援设备完好。

4.18.2 在迷路或遇险后，员工要保持镇静，不准离开车辆，不可开车乱闯；用指南针、地图辨明位置方向，沿车辙往回行驶，直到认路、辨明方向；因风（沙）暴或昏暗天气迷路时，应在路边停车等待，视野恢复正常后再行进；人员在缺水情况下，尽量躲避高温与曝晒，减少体内水分蒸发，设法保存体内热量，不做剧烈活动，注意保存体力；设置与周围环境反差大的目标，听到汽车或飞机声音应发出求救信号。

4.18.3 地震队应教育员工掌握发出求救信号的方法，包括利用通信设备向各方呼救；白天用喇叭、烟雾或用反光镜对准阳光向救援者闪光求救；夜间点燃可燃物、向空中发射信号弹、连续快速闪动灯光，让搜寻人员发现所在的位置。

4.19 环境保护

4.19.1 作业现场环保符合以下要求：
a) 测线开辟时，在安全的情况下尽量限制测线宽度，不随意砍伐树木。
b) 采集作业时，车辆在规定路线行驶；生产生活垃圾集中处理，不应随意丢弃；埋置检波器尽量减少植被破坏；不在植被上拖拽大小线；哑炮处理按 SY/T 5857 相关规定执行；放过炮的井、坑应及时回填；施工后及时清理炮点破碎物、垃圾、旗标和测量标志；钻井遇到泉眼时应尽快封井。
c) 车辆行驶应按规定线路行驶，不得随意更改线路，尽量减少植被破坏；被车辆破坏的沟渠、河坝要及时修整；在草原、森林行驶应安装防火罩；在工区植被区域应低速行驶；定期检查车辆泄漏情况，避免造成污染；尾气排放应符合规定；车辆修理要有防止燃油、机油泄漏的措施。
d) 直升机停机坪和简易机场应建在植被稀少地区；计划好飞行航线、飞行高度和着陆点；飞机应与敏感野生动物区、有巢居鸟群的悬崖保持适当的距离。
e) 避开重要野生动物繁殖区和迁徙路径；不得追杀、购买、接受野生动物；受特殊保护的植被，无论大小都不得破坏；不得挖采药材；不得折取、挖采植物做饭、取暖。
f) 车辆和人员不得破坏文物古迹；新发现古迹场所应做好标记，并向当地文物管理部门报告。

4.19.2 油料控制符合以下要求：
a) 储油容器不应安装在汛期洪水可能泛滥的区域；储油罐应保持 5%～7% 的气体空间；油料储

存应防止泄漏；定期检查油罐完好情况；油罐出口和加油软管之间应有阀门，备有软管和接头的应急修理设备；油罐或油桶上应注明所装的油类名称。

b）加油时，不能离开岗位，防止滴漏和溢出；如有滴漏应在滴油处放置盛油盘或吸油材料。

c）应备有清除泄漏的工具或材料。燃油和机油泄漏应及时清除并进行处理，泄油事故应上报。

4.19.3 营地附近应设置垃圾存放点，工地垃圾带回营地垃圾存放点；垃圾应分类存放，按照当地规定进行处理。

4.19.4 地震队撤离后，应尽可能地恢复原先的面貌。回收所有小旗、标志和废品；恢复工区内所有自然排水道；填实、压平污水坑。

4.19.5 项目结束后，地震队项目总结中应包含环境保护工作的内容。

中华人民共和国
石油天然气行业标准
石油物探地震队安全管理规范
SY/T 6349—2019

*

石油工业出版社出版
(北京安定门外安华里二区一号楼)
北京中石油彩色印刷有限责任公司排版印刷
新华书店北京发行所发行

*

880×1230毫米 16开本 1.25印张 34千字 印401—550
2019年11月北京第1版 2025年3月北京第2次印刷
书号：155021·7960 定价：25.00元
版权专有 不得翻印

ICS 13.100
E 09
备案号：58735—2017

SY

中华人民共和国石油天然气行业标准

SY/T 6610—2017
代替 SY/T 6610—2014

硫化氢环境井下作业场所作业安全规范

Specification for workplace safety of hydrogen sulfide environment

2017-03-28 发布

2017-08-01 实施

国家能源局　发布

SY/T 6610—2017

目　次

前言 ··· Ⅲ
1　范围 ··· 1
2　规范性引用文件 ·· 1
3　一般规定 ·· 1
　3.1　资质要求 ··· 1
　3.2　人员要求 ··· 1
　3.3　管理要求 ··· 2
4　设计 ·· 2
　4.1　一般要求 ··· 2
　4.2　地质设计 ··· 2
　4.3　工程设计 ··· 2
　4.4　施工设计 ··· 3
5　井场布置 ·· 4
　5.1　陆上作业 ··· 4
　5.2　海上作业 ··· 4
　5.3　管道 ··· 4
　5.4　警示标志 ··· 4
6　设施设备配置 ·· 4
　6.1　设施设备选择 ··· 4
　6.2　固定式硫化氢检测系统 ··· 5
　6.3　放空设施 ··· 5
　6.4　海上作业 ··· 6
7　施工 ·· 6
　7.1　起下钻作业 ·· 6
　7.2　射孔作业 ··· 6
　7.3　钻塞作业 ··· 7
　7.4　洗井、压井作业 ·· 7
　7.5　放喷与测试作业 ·· 7
　7.6　测井作业 ··· 8
　7.7　诱喷作业 ··· 8
　7.8　连续油管作业 ·· 8
　7.9　焊接作业 ··· 8
　7.10　交叉作业 ·· 8

Ⅰ

SY/T 6610—2017

8 检查、维护与检验 ·· 8

 8.1 检查 ··· 8

 8.2 维护 ··· 9

 8.3 检验 ··· 9

9 油气井废弃 ·· 9

 9.1 陆上作业 ··· 9

 9.2 海上作业 ··· 10

10 现场应急处置 ·· 11

 10.1 现场处置方案的编制 ··· 11

 10.2 应急行动 ·· 11

 10.3 应急演练 ·· 11

 10.4 应急撤离 ·· 11

 10.5 点火处理 ·· 11

附录 A（规范性附录） 硫化氢分压公式 ··· 12

参考文献 ·· 13

SY/T 6610—2017

前　言

本标准按照 GB/T 1.1—2009《标准化工作导则　第1部分：标准的结构和编写》给出的规则起草。

本标准代替 SY/T 6610—2014《含硫化氢油气井井下作业推荐作法》，与 SY/T 6610—2014 相比，有以下变化：
- ——删除了"术语和定义""人员培训"（见2014年版的第3章和4.1）；
- ——删除了"个人防护设备"（见2014年版的6.1，6.3，6.5，6.7，6.8）；
- ——增加了队伍选用、主要设计人员、设计审批人员的规定（见3.1）；
- ——修改了人员培训的要求，明确了进行硫化氢培训取证的人员、培训内容和要求（见3.2）；
- ——增加了硫化氢防护管理制度和现场资料要求（见3.3）；
- ——增加了地质设计要求（见4.2）；
- ——增加了工程设计要求（见4.3）；
- ——增加了施工设计要求（见4.4）；
- ——增加了陆上作业、海上作业井场布置及设备设施与管道安全距离要求（见5.1，5.2，5.3）；
- ——修改了"材料和设备"，进一步规定了硫化氢环境的设施设备选择要求（见6.1，2014年版的6.2）；
- ——修改了固定式硫化氢检测系统，增加了陆上作业、海上作业安装位置要求，报警值设定要求，规定了与测量目标距离（见6.2，2014年版的4.2）；
- ——增加了放空设施的安装、点火装、放空条件要求（见6.3）；
- ——增加了海上作业设施设备要求（见6.4）；
- ——修改了"修井作业"、"作业和操作"、"特殊作业"、"海上作业"，完善了涉及硫化氢环境的井下作业施工内容，并做出规定（见第7章，2014年版的第9章和第10章）；
- ——增加了检查、维护与检验的要求（见第8章）；
- ——增加了陆上作业、海上作业临时弃井及永久弃井要求（见第9章）；
- ——修改了"应急预案（包括应急程序）指南"，修改为现场处置方案编制、应急信号、应急演练、应急撤离、应急行动要求、点火处理（见第10章，2014年版的第7章）。
- ——删除了附录（见2014年版的附录A、附录B、附录C、附录D、附录E、附录F、附录G）；
- ——增加了"硫化氢分压公式"（见附录A）。

本标准由石油工业安全专业标准化技术委员会提出并归口。

本标准起草单位：中石化胜利石油工程有限公司井下作业公司、中石化中原石油工程有限公司井下特种作业公司、中石化西南工程有限公司井下作业分公司。

本标准主要起草人：张建刚、张明东、刘明辉、黄珊、李勇、王海波、何灿、魏守运、杨洪建、逄明胜、王涛、胡付军、任洪军。

本标准代替了 SY/T 6610—2014。

SY/T 6610—2014 的历次版本发布情况为：
- ——SY/T 6610—2005。

SY/T 6610—2017

硫化氢环境井下作业场所作业安全规范

1 范围

本标准规定了硫化氢环境井下作业场所的一般规定，设计，井场布置，设施设备配置，施工，检查、维护与检验，油气井废弃及现场应急处置等作业安全要求。

本标准适用于在中华人民共和国领域内，硫化氢环境中从事石油天然气作业活动的井下作业场所。

2 规范性引用文件

下列文件对于本文件的应用是必不可少的。凡是注日期的引用文件，仅注日期的版本适用于本文件。凡是不注日期的引用文件，其最新版本（包括所有的修改单）适用于本文件。

GB/T 20972.2　石油天然气工业　油气开采中用于含硫化氢环境的材料　第2部分：抗开裂碳钢、低合金钢和铸铁

GB/T 20972.3　石油天然气工业　油气开采中用于含硫化氢环境的材料　第3部分：抗开裂耐蚀合金和其他合金

GB/T 22513　石油天然气工业　钻井和采油设备　井口装置和采油树

GB/T 29639　生产经营单位生产安全事故应急预案编制导则

AQ 2018　含硫化氢天然气井公众危害防护距离

SY/T 5053.2　钻井井口控制设备及分流设备控制系统规范

SY/T 5323　石油天然气工业　钻井和采油设备　节流和压井设备

SY/T 6277　硫化氢环境人身防护规范

SY/T 7010　井下作业用防喷器

SY/T 7356　硫化氢防护安全培训规范

特种设备安全监察条例　中华人民共和国国务院令第549号

3 一般规定

3.1 资质要求

3.1.1 拥有石油天然气井的生产经营单位应建立作业队伍的选用制度。
3.1.2 承担硫化氢环境中油气井施工的作业队伍应具有相应的施工能力或经验。
3.1.3 主要设计人员应具有三年以上现场工作经验和相应高级专业技术职称。
3.1.4 设计审核人应具有相应专业高级或教授级技术职称。

3.2 人员要求

硫化氢环境中人员应按照SY/T 7356的规定，接受培训，经考核合格后持证上岗。

SY/T 6610—2017

3.3 管理要求

3.3.1 作业队伍应建立并实施安全管理体系，依法取得安全生产标准化达标等级和安全生产许可证。

3.3.2 作业队伍应制定硫化氢防护管理制度，内容应至少包括：
    a) 人员培训或教育管理。
    b) 人身防护用品管理。
    c) 硫化氢浓度检测规定。
    d) 作业过程中硫化氢防护措施。
    e) 交叉作业安全规定。
    f) 应急管理规定。

3.3.3 现场应至少建立以下资料：
    a) 人员持证或教育登记档案。
    b) 人身防护用品统计表。
    c) 人身防护用品检查表。
    d) 硫化氢浓度检测记录。
    e) 硫化氢防护措施落实检查记录。
    f) 交叉作业实施方案。
    g) 现场处置方案演练记录。

4 设计

4.1 一般要求

4.1.1 设计应由有设计资质（能力）的单位承担，并按程序审批；如需变更，按变更程序实施。

4.1.2 设计内容中应包括硫化氢复杂情况工艺的处理措施。

4.2 地质设计

地质设计应至少包括以下内容：
    a) 施工井的地质、钻井及完井基本数据，包括井身结构、钻开油气层的钻井液性能、漏失、井涌、硫化氢浓度等钻井显示、取心以及完井液性能、固井质量、水泥返高、套管头、套管规格、井身质量、测井、录井、中途测试等资料。
    b) 区域探井硫化氢预测含量。
    c) 区域地质资料、邻井的试油（气）作业资料，及本井已取得的温度、压力、产量及流体特性等资料，并应明确硫化氢的含量、分压和地层压力、地层压力系数或预测地层压力系数。分压的计算见附录A。
    d) 井下作业场所地下管线及电缆分布等情况。
    e) 绘制井场周围500m以内的居民住宅、学校、厂矿等分布资料图；对地层气体介质硫化氢含量大于或等于30g/m³（20000ppm）的油气井应提供1000m以内的资料。
    f) 应根据地质资料进行风险评估并编制安全提示。

4.3 工程设计

4.3.1 应根据地质设计编制工程设计，并按程序进行审批。

4.3.2 根据地质设计提供的地层压力，预测井口最高关井压力。

4.3.3 设施设备选择和配备应符合以下规定：
   a) 设施设备选材应符合 6.1 的要求。
   b) 施工所需要的井控装置压力等级和组合形式示意图，应提出采油（气）井口装置以及地面流程的配置及试压要求等。
   c) 采油（气）树、井控装置（除自封防喷器外）、变径法兰、高压防喷管的压力等级应与油气层最高地层压力相匹配，按压力等级试压合格。
   d) 储层改造作业，选择井控装置压力等级和制定压井方案时，应充分考虑大量作业液体进入地层而导致地层压力异常升高的因素。
   e) 地层气体介质硫化氢含量大于或等于 30g/m³（20000ppm）的油气井应采用配有液压（或气动）控制的采油（气）树及地面控制管汇。
   f) 对含硫化氢气井井口装置应进行等压气密检验。

4.3.4 修井液应符合以下要求：
   a) 修井液安全附加密度在规定的范围内（油井为 0.05g/cm³～0.10g/cm³，气井为 0.07g/cm³～0.15g/cm³）；或附加井底压力在规定的范围内（油井为 1.5MPa～3.5MPa，气井为 3MPa～5MPa），在保证不压漏的情况下，地层气体介质硫化氢含量大于或等于 30g/m³（20000ppm）的油气井取上限；井深小于或等于 4000m 的井应附加压力；井深大于 4000m 的井应附加密度。
   b) 应具有的类型、性能、参数。
   c) 应满足不低于井筒容积的 2 倍要求。
   d) pH 值应大于或等于 9.5。

4.3.5 压井液应符合以下要求：
   a) 应具有的类型、性能、密度、数量。
   b) 备用压井液和加重材料应共同满足不低于井筒容积的 1.2 倍要求。
   c) pH 值应大于或等于 9.5。
   d) 按现场压井液量的 2%～10% 储备除硫剂，含硫化氢探井应取上限值。

4.3.6 应针对含硫化氢井的射孔掏空深度提出要求。

4.3.7 含硫化氢井应使用油管输送射孔。

4.3.8 应有针对含硫化氢井相应的求产方式、措施。

4.3.9 应制定针对硫化氢层位的封层设计。

4.3.10 应制定针对可能存在异常情况的处置方法。

4.4 施工设计

4.4.1 应根据工程设计编制施工设计，并根据地质设计中的安全提示及工程设计中采用的工艺技术制定相应的安全措施。

4.4.2 按照工程设计，结合现场实际，分施工工序制定防硫化氢防护措施。

4.4.3 在预测含有、已知含有硫化氢的施工井，应具有以下内容：
   a) 绘制地面流程管线、主要设备设施的安装位置示意图。
   b) 现场使用的采油（气）树、防喷器、节流管汇、压井管汇、作业油管钻杆、入井工具、内防喷工具的防硫材料级别和压力级别。
   c) 试油（气）放喷排液过程中，硫化氢检测范围和应急疏散范围、特殊情况处理。
   d) 现场修井液、压井液、加重材料、除硫剂的有效储备数量、规格、性能。

5 井场布置

5.1 陆上作业

预测含有、已知含有硫化氢的油气井井场布置应满足以下规定：
- a）井场施工用的锅炉房、发电房、值班房与井口、油池和储油罐的距离宜大于30m，锅炉房处于盛行风向的上风侧。
- b）分离器距井口应大于30m；分离器距油水计量罐应不小于15m。
- c）排液用储液罐应放置距井口25m以外。
- d）职工生活区距离井口应不小于100m，应位于季节最大频率风向的上风侧。
- e）含硫化氢天然气井公众安全防护距离符合AQ 2018的要求。
- f）放喷管线出口应接至距井口30m以外安全地带，地层气体介质硫化氢含量大于或等于30g/m^3（20000ppm）的油气井，出口应接至距井口75m以外的安全地带。
- g）井场受限应制定防范措施。

5.2 海上作业

平台的生活区应位于季节最大频率风向的上风侧。

5.3 管道

井场在地下油气管道线路中心线两侧各5m地域范围内，不应进行挖掘、取土、用火、排放腐蚀性物质和放置作业设施设备。

5.4 警示标志

在硫化氢环境的工作场所入口处应设置白天和夜晚都能看清的硫化氢警告标志，警告标志配备应符合SY/T 6277的规定。

6 设施设备配置

6.1 设施设备选择

6.1.1 当天然气、凝析油或酸性原油系统中气体总压大于或等于0.4MPa，且该气体中的硫化氢分压大于0.3kPa时，以下设施设备材料应符合GB/T 20972.3的要求：
- a）放喷管线。
- b）油管、钻杆。
- c）封隔器和其他井下装置。
- d）阀门和节流阀部件。
- e）井口和采油（气）树部件。
- f）气举设备。

6.1.2 当天然气、凝析油或酸性原油系统中气体总压大于或等于0.4MPa，且该气体中的硫化氢分压大于0.3kPa时，使用的设施设备应符合以下要求：
- a）井口和采油（气）树符合GB/T 22513的规定。
- b）防喷装置符合SY/T 5053.2和SY/T 7010的规定。
- c）节流管汇的选用、安装和测试应符合SY/T 5323的规定。
- d）应配置液压防喷器。

6.2 固定式硫化氢检测系统

6.2.1 固定式硫化氢检测系统包括探头、信号传输、显示报警装置等，显示装置应具有显示、声光报警功能。

6.2.2 在硫化氢环境的陆上井下作业设施至少在以下位置安装固定式硫化氢探头：
   a）方井。
   b）钻台或操作台。
   c）循环池。
   d）测试管汇区。
   e）分离器。

6.2.3 在硫化氢环境的海上井下作业设施至少在以下位置安装固定式硫化氢探头：
   a）井口区甲板上。
   b）钻台上。
   c）污液舱或污液池顶部。
   d）生活区。
   e）发电机及配电房进风口。

6.2.4 固定式硫化氢探头应安装在距离测量目标水平面以上0.3m～0.6m处，且探头向下。
   a）显示装置安装在有人值守的值班室。
   b）声光报警器安装位置应满足现场的人员都能听到或看到报警信号。

6.2.5 报警值的设定应符合下列要求：
   a）当空气中硫化氢含量超过阈限值时 [15mg/m^3（10ppm）]，监测仪应能自动报警。
   b）第一级报警值应设置在阈限值 [硫化氢含量为15mg/m^3（10ppm）]。
   c）第二级报警值应设置在安全临界浓度 [硫化氢含量为30mg/m^3（20ppm）]。
   d）第三级报警值应设置在危险临界浓度 [硫化氢含量为150mg/m^3（100ppm）]。

6.2.6 检查应符合下列要求：
   a）每天都应对硫化氢检测系统进行一次功能检查，每次检查应有记录，记录至少保持一年。
   b）固定硫化氢检测系统检查应至少包括以下内容：
      1）设备警报功能测试。
      2）探头及报警装置的外观。

6.2.7 检测检验应符合下列要求：
   a）固定式硫化氢检测系统的检验应由企业认可的有检验能力的机构进行。
   b）固定式硫化氢检测系统每年至少检验一次。
   c）在超过满量程浓度的环境使用后应重新校验。

6.3 放空设施

6.3.1 点火装置应符合以下要求：
   a）放空设施应配备点火装置。
   b）至少有两种点火方式。

6.3.2 放空设施应经有资质的单位进行设计、建造和检验。

6.3.3 含硫化氢气体放空应符合以下要求：
   a）放空设施，应经放空扩散分析计算，确定放空设施的位置、高度及不同风速下的允许排放量。
   b）放空量符合环境保护和安全防火要求。

6.3.4 设置放空竖管的设施，放空竖管应符合下列规定：

a) 应设置在不致发生火灾危险和危害居民健康的地方。其高度应比附近建（构）筑物高出2m以上，且总高度不应小于10m。
b) 放空竖管直径应满足最大的放空量要求。
c) 放空竖管底部弯管和相连接的水平放空引出管必须埋地；弯管前的水平埋设直管段必须进行锚固。
d) 放空竖管应有稳管加固措施。
e) 严禁在放空竖管顶端装设弯管。

6.3.5 火炬应符合以下要求：
a) 分离器火炬应距离井口、建筑物及森林50m以外，含硫化氢天然气井火炬距离井口100m以外，且位于井场主导风向的两侧。
b) 海上井下作业设施应至少在两个方向设置放喷火炬。

6.3.6 陆上井下可用接有燃烧筒的放喷管线进行硫化氢放空。

6.3.7 应对硫化氢放空设施定期检查和维护。

6.3.8 分离器安全阀泄压管线出口应距离井口50m以外，含硫化氢天然气井泄压管线出口应距离井口100m以外，排气管线内径一致，尽量减少弯头，管线长期处于畅通状态。

6.4 海上作业

海上井下作业设备设施配备应符合6.1至6.3的规定，并应对所使用作业设备、管材、生产流程及附件等，定期进行安全检查和检测检验。

7 施工

7.1 起下钻作业

7.1.1 在射开含硫化氢油气层后，起钻前应先进行短程起下钻。短程起下钻后的循环观察时间不得少于一周半，进出口压井液密度差不超过0.02g/cm³；短程起下钻应测油气上窜速度，满足安全起下钻作业要求。

7.1.2 射开含硫化氢油气层后，每次起钻前洗井循环的时间不得少于一周半。

7.1.3 井下工具在含硫化氢油气层中和油气层顶部以上300m长的井段内起钻速度应控制在0.5m/s以内。

7.1.4 起钻中每起出5～10根油管或钻杆补注一次压井液，下钻中每下5～10根油管或钻杆（或15min）应及时计量返液量，同时监测进出口硫化氢浓度，并做好记录，发现异常情况及时汇报。

7.2 射孔作业

7.2.1 在预测含有、已知含有硫化氢井进行射孔作业时，应制定出射孔作业方案，待批准后方可进行射孔作业。方案应包括但不限于下述项目：
a) 参加射孔作业人员的防硫化氢培训持证情况。
b) 防硫化氢设备的配置情况。
c) 与作业现场协作单位接口的现场处置方案编制及演练情况。
d) 风险识别与评价，包括射孔作业打开高压地层时引发井喷的可能性、井口硫化氢浓度以及井场地貌、风力、风向等。

7.2.2 作业前的准备工作：
a) 召开相关方会议，向相关方人员进行射孔技术交底，与相关方人员就硫化氢风险情况（包括曾经发生过硫化氢泄漏的区域）、井控设备、防硫设施、风向标、井场的紧急集合点、逃生路线等方面进行信息沟通，确认与相关方的应急协作方式和途径。

b) 召开班前会议，通报硫化氢风险情况（包括曾经发生过硫化氢泄漏的区域），落实风险控制措施和应急措施。

c) 隔离射孔枪装配作业区域，明确人员活动范围。

7.2.3 对地层气体介质硫化氢含量大于或等于 30g/m³（20000ppm）的油气井射孔前应对周边居民进行预防性疏散。

7.2.4 射孔后，对井口出液或出气进行硫化氢浓度加密监测，并建立监测记录。

7.3 钻塞作业

7.3.1 钻塞施工所有压井液性能要与封闭地层前所用压井液性能一致。

7.3.2 在预测含有、已知含有硫化氢井进行钻塞作业时，应制定出钻塞作业方案，待批准后方可进行钻塞作业。方案应包括但不限于下述项目：

a) 参加钻塞作业人员的防硫化氢培训持证情况。

b) 防硫化氢设备的配置情况。

c) 与作业现场协作单位接口的现场处置方案编制及演练情况。

d) 风险识别与评价，包括钻塞作业时由于异常高压，引发井喷的可能性、井口硫化氢浓度以及井场地貌、风力、风向等。

7.3.3 作业前的准备工作：

a) 召开相关方会议，向相关方人员进行钻塞技术交底，与相关方人员就硫化氢风险情况（包括曾经发生过硫化氢泄漏的区域）、井控设备、防硫设施、风向标、井场的紧急集合点、逃生路线等方面进行信息沟通，确认与相关方的应急协作方式和途径。

b) 召开班前会议，通报硫化氢风险情况（包括曾经发生过硫化氢泄漏的区域），落实风险控制措施和应急措施。

7.4 洗井、压井作业

7.4.1 施工前应进行入井液化学反应评估，特别是入井液中的材料，确定其入井后是否产生硫化氢等有毒有害物质；若产生有毒有害物质，而又无法替代入井材料，应做好有毒有害物质的防护。

7.4.2 在修井液循环过程中，一旦有硫化氢气体在地面逸出，返出液应通过分离器分离直到硫化氢浓度降至安全标准，必要时，可对井液加除硫剂处理以除去硫化氢。

7.4.3 裂缝发育、酸压、压裂层等预计漏失严重的井，井下管柱上应连接循环孔能与地层连通，应在井口有采油（气）树时打开循环孔，进行压井堵漏。

7.4.4 在循环加重压井中，应逐步提高压井液密度，防止压漏地层造成严重漏失。

7.4.5 压井结束时，压井液进出口性能应达到一致，油套压为零；压井后应进行静止观察或短起下观察，循环压井液测气体上窜速度，控制气体上窜速度在安全范围内、不超过 30m/h；高压、高产井的观察时间应大于预计作业时间，即安全起下钻时间。

7.4.6 当井下管柱刺漏、断裂，无法建立循环或循环深度较浅，不能满足压井深度需要的情况下，在油管、套管安全强度内，采取置换法，挤入法，短循环置换法，正、反交替节流循环，控制泄压等方式压井，尽快建立井筒内液柱，做到井筒内液柱压力与地层压力平衡。

7.5 放喷与测试作业

7.5.1 放喷期间，燃烧筒处应有长明火。

SY/T 6610—2017

7.5.2 放喷、测试初期应安排在白天进行，试气期间井场除必要设备需供电外其他设备应断电。若遇6级以上大风或能见度小于30m的雾天或暴雨天，导致点火困难时，在安全无保障的情况下，暂停放喷。
7.5.3 含硫化氢井，出口不能完全燃烧掉硫化氢（如酸压后放喷初期、气水同出井水中溶解的硫化氢、二氧化硫），应向放喷流程注入除硫剂、碱，中和硫化氢、二氧化硫，注入量根据硫化氢、二氧化硫含量确定。
7.5.4 酸压后，排放残酸前，应提前向放喷池内放入烧碱或石灰，或向放喷流程注入碱，中和残酸和硫化氢。
7.5.5 含硫化氢层放喷前应书面告知周围500m以内的居民，放喷期间的安全注意事项，遇突发情况的应急疏散、扩大疏散等事宜；重点做好硫化氢与一般残酸等刺激性气味区别的宣传、教育工作等。
7.5.6 含硫化氢气体的取样和运输都应采取适当防护措施。取样瓶宜选用抗硫化氢腐蚀材料，外包装上宜标识警示标签。

7.6 测井作业

7.6.1 测井车应位于井口上风方向，与井口距离应大于25m。
7.6.2 应安装防硫化氢材质的井口装置和防喷管。
7.6.3 电缆或钢丝应适合含硫化氢作业环境，选择抗硫化物腐蚀的材料；电缆或钢丝入井前，应对绳索进行检查，使用缓蚀剂对其进行预处理。

7.7 诱喷作业

7.7.1 诱喷设备应位于井口的上风方向。
7.7.2 诱喷设备井口选择防硫化氢材质的井口装置和防喷管。
7.7.3 诱喷应用氮气、二氧化碳进行气举或混气水，禁用空气。

7.8 连续油管作业

7.8.1 根据主导风向和井场条件，连续油管装置应位于上风方向。
7.8.2 滚筒及其传送设备应固定牢固，避免意外移动。

7.9 焊接作业

耐蚀合金和其他合金材料的设施、进行焊接前，应按照GB/T 20972.3的要求进行焊接工艺评定，达不到工艺要求，不允许进行焊接。

7.10 交叉作业

与协作单位、承包商签订交叉作业协议，内容至少包括：
a) 安全环保主体确定。
b) 现场处置方案衔接。
c) 交叉环节任务划分。
d) 现场硫化氢风险提示。

8 检查、维护与检验

8.1 检查

8.1.1 进场前应检查井场布局及异常情况，检查内容应至少包括：主导风向、风向障碍物、低洼区域、循环罐位置、放喷池位置、放喷管线位置、井场通道等，检测是否存在硫化氢及设备设施摆放对硫化氢防护是否有利等。

8.1.2 每天开始工作之前，应安排专人实施日常检查，应至少包括以下检查项目：
   a) 已经或可能出现硫化氢的工作场所。
   b) 风向标。
   c) 硫化氢监测设备及警报（功能试验）。
   d) 人员保护呼吸设备的安置。
   e) 消防设备的布置。
   f) 急救药箱和氧气瓶。

8.1.3 在含有硫化氢和预测含有硫化氢的施工井，每 0.5h 对出口液、气体进行硫化氢气体检测，并建立检查记录。

8.1.4 在射开含硫化氢油气层前，施工单位和建设方应分别对施工前和准备工作进行检查和验收；施工过程中，作业队伍的上级主管部门和技术部门领导和技术人员进行指导和监督。

8.2 维护

接触硫化氢气体的设备设施在使用后，及时用清水冲洗，有条件使用气源吹干。

8.3 检验

8.3.1 重复使用的井口装置、防喷装置、紧急关闭阀、液动平板阀、地面高压流程管线和阀门、弯头，应定期检验合格。

8.3.2 采油（气）树（包括油管头）在送井前，由具有检验资质的单位进行等压气密封和水密封试压检验，有合格的检验报告。

8.3.3 在含硫化氢环境使用的井控装置应每口井送检一次。

8.3.4 锅炉、分离器、热交换器等压力容器的检验符合《特种设备安全监察条例》的规定，并建立特种设备安全技术档案。

9 油气井废弃

9.1 陆上作业

9.1.1 临时弃井

9.1.1.1 施工结束后，先将井压稳，在射孔套管的上一根套管打易钻桥塞（先期完井的油气井应在套管球座附件或筛管悬挂器以上第 2 根套管打易钻桥塞）或在产层以上 50m 打水泥塞，水泥塞厚度大于 100m。

9.1.1.2 在桥塞或第一个水泥塞上面，打第二个连续水泥塞，厚度应大于 200m。

9.1.1.3 井浅则在桥塞或第一个水泥塞上面，直接打水泥塞至井口以下 150m。

9.1.1.4 下入光油管到水泥塞以上 200m～300m，用封闭层的压井液密度压井。

9.1.1.5 井口装井口帽并加盖井口房，进行标注（井号、封井日期、硫化氢含量等）。

9.1.1.6 井口装置、井口房应完善，并定期进行压力观察。

9.1.2 永久弃井

9.1.2.1 全井作业施工结束后，先将井压稳，从最上层产层底部以下 20m～50m 至顶部（该产层射

SY/T 6610—2017

孔井段）全段注水泥，水泥浆在套管内应返至产层顶以上100m～200m，其中先期完井的井应返至套管鞋以上100m～200m，同时向产层挤入水泥浆封堵气层，封堵半径应超过钻井井眼半径的3倍。

9.1.2.2 在完井的第一个水泥塞上面，打第二个连续水泥塞，厚度为100m～200m，高压井、含硫化氢井的第二个水泥塞厚度为150m～300m。

9.1.2.3 在井筒内的套管尾管悬挂器、回接筒位置打水泥塞。水泥塞顶界在尾管悬挂器、回接筒以上50m～150m；水泥塞底界在尾管悬挂器、回接筒以下50m～150m，水泥塞厚度大于100m～300m。

9.1.2.4 井浅和重要（特殊）的废弃井全井注水泥封闭。

9.1.2.5 井筒内的压井液密度大于已射孔产层的最高压井液密度。

9.1.2.6 井口装井口帽并加盖井口房，进行标注（井号、封井日期、硫化氢含量等）。井口装置应安装盖板法兰、闸阀，泄压通道，并按要求试压合格。

9.1.2.7 永久弃井结束后，应根据政府主管部门的要求提交资料备案。

9.1.2.8 已完成封堵的废弃井每年至少巡检1次，并记录巡井资料；地层气体介质硫化氢含量大于或等于30g/m³（20000ppm）的油气井封堵废弃后应加密巡检。

9.2 海上作业

9.2.1 临时弃井

临时弃井作业应符合下列要求：
a) 在最深层套管柱的底部至少打50m水泥塞。
b) 在海底泥面以下4m的套管柱内至少打30m水泥塞。

9.2.2 永久性弃井

永久性弃井作业应符合下列要求：
a) 在裸露井眼井段，对油、气、水等渗透层进行全封，在其上部打至少50m水泥塞，以封隔油、气、水等渗透层，防止互窜或者流出海底。裸眼井段无油、气、水时，在最后一层套管的套管鞋以下和以上各打至少30m水泥塞。
b) 已下尾管的，在尾管顶部上下30m的井段各打至少30m水泥塞。
c) 已在套管或者尾管内进行了射孔试油作业的，对射孔层进行全封，在其上部打至少50m的水泥塞。
d) 已切割的每层套管内，保证切割处上下各有至少20m的水泥塞。
e) 表层套管内水泥塞长度至少有45m，且水泥塞顶面位于海底泥面下4m～30m之间。
f) 永久弃井时，所有套管、井口装置或者桩应实施清除作业。对保留在海底的水下井口装置或者井口帽，应向海油安办有关分部进行报告。

9.2.3 弃井实施备案

作业者或者承包者在进行弃井作业或者清除井口遗留物30d前，应向海油安办有关分部报送下列材料：
a) 弃井作业或者清除井口遗留物安全风险评价报告。
b) 弃井或者清除井口遗留物施工方案、作业程序、时间安排、井液性能等。

9.2.4 资料提交

施工作业完成后15d内，作业者或者承包者应向海油安办有关分部提交下列资料：
a) 弃井或者清除井口遗留物作业完工图。
b) 弃井作业最终报告表。

10 现场应急处置

10.1 现场处置方案的编制

10.1.1 对于硫化氢逸散、火灾爆炸、人员中毒等情况按 GB/T 29639 的要求编制现场处置方案。
10.1.2 作业场所各施工单位编制的现场处置方案应具有联动性。
10.1.3 应急信号应符合 SY/T 6277 的要求。
10.1.4 根据现场工作岗位、组织形式及人员构成，明确各岗位人员的应急工作分工和职责。
   a）明确向地方政府汇报程序、对公众的告知程序。
   b）承包商的现场处置方案纳入生产经营单位管理。

10.2 应急行动

应急行动应具体落实到各岗位，明确应急工作职责，按照应急处理程序在最短时间内实现应急处置。

10.3 应急演练

10.3.1 井下作业场所应急演练应由作业队统一组织指挥，相关各方共同参加。
10.3.2 含硫化氢井在射开油气层前应按预案程序和步骤组织以预防硫化氢为主要目的的井控演练。含硫化氢井井控演练每个班组每周至少进行一次。
10.3.3 每次演练应进行总结讲评，各方提出演练中存在的问题以及改进措施，并完善预案，应急演练的记录文件应保存至少一年。演练应做好记录，包括班组、时间、工况、经过、讲评、组织人和参加人等。评价内容包括：
   a）在应急状态下通信系统是否正常运行。
   b）应急处理人员能否正确到位。
   c）应急处理人员是否具备应急处理能力。
   d）各种抢险、救援设备（设施）是否齐全、有效。
   e）人员撤离步骤是否适应。
   f）相关人员对现场处置方案是否掌握。
   g）预案是否满足实际情况，是否需要修订。

10.4 应急撤离

应急撤离符合 SY/T 6277 的要求。

10.5 点火处理

10.5.1 含硫油气井井喷或井喷失控事故发生后，应防止爆炸。
10.5.2 发生井喷后应采取措施控制井喷，若井口压力有可能超过允许关井压力，需点火放喷时，井场应先点火后放喷。
10.5.3 井喷失控后井口实施点火符合 SY/T 6277 的要求。
10.5.4 点火程序的相关内容应在现场处置方案中明确；点火决策人宜由建设单位代表或其授权的现场负责人来担任，并列入现场处置方案中。
10.5.5 点火人员佩戴防护器具，在上风方向，尽量远离点火口使用移动点火器具点火；其他人员集中到上风方向的安全区。
10.5.6 点火后应对下风方向尤其是井场生活区、周围居民区、医院、学校等人员聚集场所的硫化氢浓度进行监测。

SY/T 6610—2017

附 录 A
（规范性附录）
硫化氢分压公式

A.1 计算气相系统的硫化氢分压

硫化氢分压可用系统总压乘以硫化氢在气相中的摩尔分数进行计算，见公式（1）：

$$p_{H_2S} = p \times \frac{x_{H_2S}}{100} \quad\quad\quad\quad\quad\quad (A.1)$$

式中：
p_{H_2S}——H₂S 分压，单位为兆帕（MPa）；
p——系统分压（绝），单位为兆帕（MPa）；
x_{H_2S}——H₂S 在气体中的摩尔分数，用百分数表示。

例如，气体总压为 70 MPa（10153psi），气体中硫化氢摩尔分数为 10%，硫化氢分压为 7MPa（1015psi）。如果系统中的总压和硫化氢的浓度是已知的，硫化氢分压也能用公式（A.1）来计算。

A.2 计算不含气的液体系统的有效硫化氢分压

对于液体系统（不存在平衡气体组成），有效的硫化氢热力学活度可用下列方法测定的硫化氢真实分压确定：
a）用任何适当的方法测定液体在操作温度下的泡点压力（p_B）。
注：对气体分离单元下游的充满液体的管道，最后一个分离器的总压可以作为泡点压力的一个好的近似值。
b）用适当的方法测定泡点条件下气相中硫化氢的摩尔分数。
c）按公式（A.2）计算泡点气相中的硫化氢分压：

$$p_{H_2S} = p_B \times \frac{x_{H_2S}}{100} \quad\quad\quad\quad\quad\quad (A.2)$$

式中：
p_{H_2S}——H₂S 分压，单位为兆帕（MPa）；
p_B——泡点压力，单位为兆帕（MPa）；
x_{H_2S}——H₂S 在气体中的摩尔分数，用百分数表示。
d）用此方法测定液体系统中的硫化氢分压，可用此值确定系统是否符合 GB/T 20972.2 规定的酸性环境，或者确定符合 GB/T 20972.2 规定的酸性程度。

参 考 文 献

[1]　GB 50493　石油化工可燃气体和有毒气体检测报警设计规范
[2]　AQ 2012　石油天然气安全规程

中华人民共和国
石油天然气行业标准
硫化氢环境井下作业场所作业安全规范
SY/T 6610—2017

*

石油工业出版社出版
(北京安定门外安华里二区一号楼)
北京中石油彩色印刷有限责任公司排版印刷
新华书店北京发行所发行

*

880×1230毫米 16开本 1.25印张 34千字 印1801—2100
2017年8月北京第1版 2025年2月北京第3次印刷
书号:155021·7669 定价:25.00元
版权专有 不得翻印

ICS 13.100
E 09

SY

中华人民共和国石油天然气行业标准

SY/T 6818—2019
代替 SY 6818—2011

煤层气井钻井工程安全技术规范

Safety technique specification for coal bed methane well drilling

2019-11-04 发布　　　　　　　　　　　　2020-05-01 实施

国家能源局　　发　布

目 次

前言 ··· Ⅱ
1 范围 ·· 1
2 规范性引用文件 ··· 1
3 术语与定义 ··· 1
4 钻井设计 ·· 2
  4.1 设计单位资质 ··· 2
  4.2 设计原则和依据 ·· 2
  4.3 地质设计 ··· 2
  4.4 钻机选型 ··· 2
  4.5 井身结构设计 ··· 2
  4.6 钻井液设计 ·· 2
  4.7 井控装置 ··· 3
  4.8 固井设计 ··· 3
5 钻井施工作业 ·· 3
  5.1 施工队伍及人员资质 ·· 3
  5.2 井场布置及设备安装 ·· 3
  5.3 钻井及辅助作业 ·· 4
  5.4 取心 ··· 5
  5.5 下套管、固井 ··· 5
  5.6 煤层段复杂情况的预防 ··· 6
  5.7 井口与套管保护 ·· 7
  5.8 钻井弃井 ··· 7
6 职业安全卫生 ·· 7
  6.1 职业安全 ··· 7
  6.2 职业卫生 ··· 8
7 应急预案 ·· 8
  7.1 预案制定 ··· 8
  7.2 应急演练 ··· 9
  7.3 事故管理 ··· 9

SY/T 6818—2019

前　言

本标准按照 GB/T 1.1—2009《标准化工作导则　第1部分：标准的结构和编写》给出的规则起草。

本标准代替 SY 6818—2011《煤层气井钻井工程安全技术规范》，与 SY 6818—2011 相比，主要技术内容变化如下：

——修改了标准的属性，由强制性标准变更为推荐性标准；
——增加了部分规范性引用文件（见第2章）；
——增加了术语和定义部分内容（见第3章）；
——增加了钻机选型的内容（见4.4）；
——增加了施工准备的内容（见5.3.1）；
——修订了职业安全卫生的内容（见第6章，2011年版的第5章）；
——增加了"钻井施工前和打开目的层位前，钻井队应按照 GB/T 31033—2014 附录 D 的要求进行井控关井动作"（见7.2.1）。

本标准由石油工业安全专业标准化技术委员会提出并归口。

本标准起草单位：中国石油化工股份有限公司华东油气分公司安全环保处、中石化华东油气分公司石油工程技术研究院、中石化华东油气分公司采油一厂。

本标准主要起草人：杨力、赵军胜、沈建中、匡立新、王宗敏、乔建、潘俊鸥、王曦、张晓荣、王鹏飞。

煤层气井钻井工程安全技术规范

1 范围

本标准规定了煤层气井钻井设计、钻井施工作业、职业安全卫生、应急预案与事故管理的基本安全要求。

本标准适用于煤层气钻井工程。

2 规范性引用文件

下列文件对于本文件的应用是必不可少的。凡是注日期的引用文件，仅注日期的版本适用于本文件。凡是不注日期的引用文件，其最新版本（包括所有的修改单）适用于本文件。

GB/T 19139 油井水泥试验方法
GB/T 31033—2014 石油天然气钻井井控技术规范
AQ 1081—2010 煤层气地面开采防火防爆安全规程
SY/T 5087 硫化氢环境钻井场所作业安全规范
SY/T 5724 套管柱结构与强度设计
SY 5974 钻井井场、设备、作业安全技术规程
生产安全事故报告和调查处理条例 国务院第 493 号令（2007）
煤层气地面开采安全规程（试行）国家安全生产监督管理总局令第 46 号（2012）

3 术语与定义

下列术语和定义适用于本文件。

3.1

含硫化氢井 coal bed methane well with hydrogen sulfide

天然气的总压大于或等于 0.4MPa，而且该气体中硫化氢分压大于或等于 0.0003MPa 的煤层气井；或地层天然气中硫化氢含量大于 30mg/m³ 的煤层气井。

3.2

一般煤层气井 general coal bed methane well

除探井、含浅层天然气或硫化氢的开发井以外的煤层气井。

3.3

水源钻机 hunt for water sources rig

一种适用冷热水钻井、盐井钻井、煤层气钻井等开发工程的地质钻机。该型钻机与石油钻机的最大区别是井口无法安装防喷器等井控装置。

4 钻井设计

4.1 设计单位资质

设计单位应取得本企业或者行业规定的从事钻井设计的资质。

4.2 设计原则和依据

4.2.1 符合 HSE 管理体系要求，贯彻落实中华人民共和国安全生产法，安全生产工作应坚持"安全第一、预防为主、综合治理"的安全生产方针。

4.2.2 科学有效地发现和保护煤储层，满足勘探开发需求。

4.2.3 减少钻探过程中各种复杂情况的产生，为顺利钻井、测试、压裂、排采创造条件。

4.2.4 钻井工程设计应依据钻井地质设计和邻井有关资料进行编制。

4.2.5 钻井工程设计应按程序审批。钻井作业中，因情况变化，需变更设计，原则上应按原审批程序进行；若在钻井过程中出现紧急情况（如井筒发生井涌井喷、施工区有毒气体超过安全临界浓度、井口可燃气体接近爆炸下限）时，现场工程技术人员应进行紧急处置。

4.3 地质设计

4.3.1 井位选择应避开滑坡、崩塌、泥石流等地质灾害易发地带。

4.3.2 应提供区域地质简介、岩性剖面及本井预测的孔隙压力、破裂压力、坍塌压力。

4.3.3 应提供邻井的煤层显示和复杂情况资料，并特别注明含硫化氢、含浅层天然气等地层的层位、深度和预计含量，已钻井的地层测试及排采资料。

4.3.4 应根据钻探目的和煤储层条件，提出生产套管的合理尺寸和完井方法。

4.4 钻机选型

4.4.1 煤层气探井、含硫化氢或含浅层天然气的开发井应选择石油钻机。

4.4.2 一般煤层气井可选择水源钻机。

4.4.3 煤层气井的钻机选型根据井别、井型、井身结构、含有毒有害气体等情况，在钻井工程设计中予以明确。

4.5 井身结构设计

4.5.1 井身结构设计应以钻井地质设计为依据，确定合理的井眼尺寸、套管下深及水泥返深等。

4.5.2 生产套管固井要求水泥浆返至目的煤层顶部以上 200m，若目的煤层上部层位有油气显示，则封固至油气显示段以上 200m。

4.5.3 钻下部地层采用的钻井液密度，产生的井内压力不致压破上层套管鞋处地层，以及裸露的破裂压力系数最低的地层。

4.5.4 下套管的过程中，井内钻井液柱压力与地层压力之差值，不致产生压差卡套管事故。

4.5.5 考虑地层压力设计误差，限定一定的误差增值，井涌压井时在上层套管鞋处所承受的压力不大于该处地层破裂压力。

4.6 钻井液设计

4.6.1 钻井液密度设计一般应以裸眼井段最高地层孔隙压力当量钻井液密度值增加一个安全附加值 $0.02g/cm^3 \sim 0.10g/cm^3$。具体选择安全附加值时，应根据地层孔隙压力预测准确度、硫化氢的含量、埋藏深浅等情况来决定。含硫化氢气井、探井应取安全附加值的上限。对于漏失井、异常低压井应以近平衡或欠平衡钻井技术要求确定钻井液密度。

4.6.2 选用钻井液要有利于井下安全、有利于防止污染（减少硫化氢和二氧化碳排放）、有利于发现和保护煤储层。

4.6.3 钻井液中应控制硫化氢含量小于安全临界浓度 30mg/m³，若超过时应添加相应的除硫剂、缓蚀剂，控制钻井液 pH 值 9.5 以上。

4.6.4 探井、含浅层天然气或硫化氢的开发井现场应按 SY/T 5087 相关要求设计储备加重钻井液和加重材料。

4.6.5 应根据预测地层压力梯度设计钻井液密度，施工中随钻监测地层压力梯度和实际钻井液密度，并依据监测结果和井下实际情况及时调整钻井液密度。

4.7 井控装置

4.7.1 探井、含浅层天然气或硫化氢的开发井应至少安装闸板防喷器。

4.7.2 闸板防喷器的等级、规格尺寸，包括与其配套的液压控制系统和节流管汇的试压标准，按照 GB/T 31033—2014 执行。

4.7.3 一般煤层气井应满足"一级井控"的要求。

4.8 固井设计

4.8.1 套管柱

4.8.1.1 按照 SY/T 5724 进行套管柱设计。

4.8.1.2 套管柱强度设计安全系数：抗挤为 1.0～1.125，抗内压为 1.05～1.25，抗拉为 1.6 以上。

4.8.1.3 套管柱上串联的各种工具、部件都应满足套管柱设计要求。

4.8.2 固井施工设计

4.8.2.1 各层套管都要进行固井施工设计。

4.8.2.2 固井施工前应按 GB/T 19139 的规定进行水泥浆室内试验。

4.8.2.3 针对低压漏失层，应采用低密度水泥浆体系，环空全井段液柱当量密度应小于煤储层破裂压力系数。

4.8.2.4 优化水泥浆体系，并按固井施工设计要求配制水泥浆，以利于提高固井质量。

5 钻井施工作业

5.1 施工队伍及人员资质

5.1.1 施工队伍应取得本企业或者行业规定的从事钻井施工作业的资质。

5.1.2 钻井队队长、技术员、司钻、井架工、泥浆工应持有井控操作证、防硫化氢培训合格证、HSE 培训合格证；特种作业人员应按国家规定持有相应的特种作业操作证；其他人员应经过上岗培训取得相应的上岗证。

5.2 井场布置及设备安装

5.2.1 通往井场的道路、井场应符合 SY 5974 的相关要求。

5.2.2 探井、含硫化氢或含浅层天然气的煤层气开发井井场的有效使用面积符合 SY 5974 的相关要求；一般煤层气井井场的有效使用面积应不小于 50m×30m。

5.2.3 探井、含硫化氢或含浅层天然气的煤层气开发井井口，距高压线及其他永久性设施不小于75m，距铁路、高速公路及村庄、学校、医院和油库等场所不小于200m；一般煤层气井井口距架空电力线的距离应不小于1.5倍杆高，距100人以上居住区、村镇、公共福利设施和其他永久性设施应不小于25m；距铁路、高速公路及村庄、学校、医院和油库等场所不小于20m。

5.2.4 井场设备安装应符合SY 5974的相关要求。

5.2.5 井场与周边环境应进行警戒隔离，在井场醒目位置悬挂安全警示牌。应在井场及周围有光照和照明的地方设置风向标，其中一个风向标应挂在施工现场及在其他临时安全区的人员都能看到的地方，现场风向标不应少于2个。

5.2.6 探井、含硫化氢或含浅层天然气的煤层气开发井井架底座高度应满足井控装置安装的要求。井架底座内及钻井液暴露位置处应保持通风良好。

5.2.7 井场距井口30m以内的电气系统的电气设备（如电机、开关、照明灯具、仪器仪表、电器线路及接插件、各种电动工具等）应符合防爆要求。

5.2.8 井场消防应符合SY 5974的相关要求。

5.2.9 钻台与地面按规定安装和布置专用逃生滑道或逃生通道，二层台设备逃生绳并配限速器，在全年最小频率风向的下风侧向设置紧急集合点。

5.2.10 钻井现场严禁烟火，防火防爆设施应摆放布置合理，便于拿取。

5.2.11 进入防爆区域内的内燃动力机车应采取安装阻火器等相应的安全技术措施。

5.3 钻井及辅助作业

5.3.1 施工准备

5.3.1.1 钻井队应根据钻井工程设计编制钻井施工设计，钻井施工设计应按《煤层气地面开采安全规程（试行）》第四十二条要求对各种井下复杂情况提出预防和处理措施，并对现场施工作业人员做好技术交底和安全交底工作。

5.3.1.2 钻井施工作业前，钻井队应做好本井钻井施工过程中井筒、井场及周边环境的安全风险识别和隐患排查，并根据评估结果落实相应的治理方案，对识别出的重大风险应制订应急预案。

5.3.1.3 钻井施工作业前应按要求进行开工验收，验收合格后方可开工。

5.3.2 煤层井段钻井要求

5.3.2.1 钻进煤层前，制订钻进煤层的具体措施。

5.3.2.2 钻井现场施工人员应掌握开泵、停泵、起下钻、发生溢流、抢险作业等各种报警系统的信号。

5.3.2.3 进入煤层前40m应加强观察，发现溢流、漏失及垮塌应及时采取相应技术措施。

5.3.2.4 钻井液性能测试仪器应定期校正。钻井液性能应按要求进行调节控制。

5.3.2.5 起下钻操作平稳，下钻速度应不大于20m/min；下钻到井底提前30m开泵，缓慢下放钻具到井底；下钻遇阻不得超过100kN，否则应开泵划眼至井眼通畅，再恢复正常作业。

5.3.2.6 起钻应控制速度，遇卡井段，不得高于正常悬重的50kN，否则应开泵倒划眼或下放至畅通井段调整钻井液性能后再试起钻；每起2～3柱（双根）钻杆向井内灌满钻井液一次，钻铤每起一根向井内灌满钻井液一次。

5.3.2.7 起钻换钻头后应立即下入钻铤和部分钻杆，严防空井筒发生井喷。

5.3.3 非煤层井段钻井要求

应按照SY 5974的相关要求执行。

5.4 取心

5.4.1 绳索取心

5.4.1.1 井眼应符合下列要求：
 a) 井下无漏失、无溢流、无垮塌，起下钻畅通无阻。
 b) 井底干净，无落物。

5.4.1.2 工具及设备应符合下列要求：
 a) 用于提升和下放内筒的绞车，其提升拉力应大于 30kN。
 b) 绞车钢丝绳应定期检查，保证安全可靠。
 c) 打捞器安全销的选用应符合设计要求。

5.4.1.3 取心作业应符合下列要求：
 a) 煤层段取心应采用低钻压、低转速、低排量、低射流冲击力参数钻进。
 b) 严格控制下放速度，以防水眼堵塞。中途遇阻以冲为主，少划或不划眼，严重遇阻改用牙轮钻头通井划眼至畅通为止。
 c) 送钻均匀，严禁顿钻、溜钻，严禁中途停泵、停转盘或上提方钻杆。

5.4.2 常规取心

应按照 SY 5974 的相关要求执行。

5.5 下套管、固井

5.5.1 下套管前准备

5.5.1.1 井眼应稳定，不漏、不涌、不垮塌。对漏失井和既喷又漏的井，应在下套管前认真堵漏，直至满足固井施工要求。

5.5.1.2 应对入井的套管及附件进行检查、丈量。

5.5.1.3 应按固井施工要求，调整钻井液性能，储备足够的顶替液。

5.5.2 下套管作业

5.5.2.1 套管上钻台应戴好专用护丝，按规定扭矩上扣。

5.5.2.2 套管柱上提下放应平稳。上提高度以刚好打开吊卡为宜，下放坐吊卡时应减少冲击。

5.5.2.3 应控制好套管柱下放速度，及时灌浆。并需安排专人观察和记录井口钻井液返出情况，如发现异常情况，及时采取相应措施。

5.5.2.4 下套管结束，开泵循环钻井液，排量应从小到大，逐步增加，防止憋漏地层，建立好固井作业前的钻井液循环。同时检验井口装置。

5.5.3 固井施工

5.5.3.1 固井设备和配合固井的有关设备应进行试运转并运转正常。

5.5.3.2 使用的水泥头及管线，施工前应按照固井设备额定工作压力进行试压。

5.5.3.3 入井水泥浆应按设计密度要求均匀混配，密度差宜控制 ±0.03g/cm^3，应安排专人监测水泥浆密度，并做好记录。现场水泥浆应留样以备复查。

5.5.3.4 应按照施工设计排量注入水泥浆和顶替液，注意观察井口压力变化，同时观察出浆口排量。出现异常情况，及时采取相应措施。

5.5.3.5 钻井队应安排专人负责进行替浆量的计量。
5.5.3.6 碰压前，应降低替浆施工排量。
5.5.3.7 候凝应按固井施工设计书中规定的候凝时间执行。

5.6 煤层段复杂情况的预防

5.6.1 井漏

5.6.1.1 按照地质预测，可能发生井漏的井应按设计要求储备堵漏材料。
5.6.1.2 控制下钻速度，下钻过程中分段循环钻井液，开泵平稳，排量由小到大。
5.6.1.3 下钻遇阻不得强下，提到正常井段开泵循环钻井液，不得在遇阻井段开泵。
5.6.1.4 在满足井眼净化的前提下，尽可能采用小排量钻进，降低环空循环压耗。
5.6.1.5 在渗透性好的地层钻进，应适当降低钻井液密度，提高黏切。

5.6.2 垮塌

5.6.2.1 煤层段钻进，宜采用光钻铤钻具结构，不宜带扶正器。
5.6.2.2 钻进中出现憋钻、跳钻、泵压升高、转盘负荷加重时，应立即停止送钻，及时将钻具提离井底，采取划眼、倒划眼、小排量循环等措施，恢复正常后再钻进。
5.6.2.3 煤层中接单根时，应做到"早开泵，晚停泵"。若发现接单根困难，应立即小排量恢复循环，待泵压稳定后，再逐渐增大排量。
5.6.2.4 尽量避免在钻至煤层段时起下钻，若必须在煤层段起钻时，起钻前应充分循环钻井液，并避开在煤层定点循环。
5.6.2.5 煤层段起钻采用低速，防止压力激动，并做好连续灌满钻井液。起下钻遇阻时严禁强提猛压。
5.6.2.6 钻进时采用低钻压，低转速并控制机械钻速，坚持"进一退二"原则，采取重复破碎的方法，将坍塌物化整为零携带出来。
5.6.2.7 在"进一退二"的原则下，每打完一个单根重复划眼2~3次，并控制划眼速度。
5.6.2.8 煤层钻进的钻井液流变性要适当，控制pH值7~9。尽量避免在煤层段大排量和定点循环。
5.6.2.9 进入煤层前控制钻井液较低的失水量和较好的造壁性。加入封堵剂，改善对地层的封堵胶结能力。若出现垮塌，循环钻井液，适当提高钻井液密度，平衡地层应力。
5.6.2.10 发生卡钻，按下列步骤操作：
  a) 停泵1min~2min，让煤屑以不同方式排列下落。
  b) 重新缓慢开泵，逐渐增大排量。
  c) 重复上述步骤直到解除。
5.6.2.11 起钻过程中出现遇卡情况，注意活动钻具并及时分析井下情况，采用倒划眼的办法起出，下钻时，采用牙轮钻头不装喷嘴，对起钻遇阻井段认真划眼、循环，处理好钻井液，待井下正常后，再起钻换钻头，恢复正常钻进。

5.6.3 井涌

5.6.3.1 现场按设计要求储备一定量的加重材料，做好一级井控应急预案。
5.6.3.2 根据井眼尺寸大小、井深、施工内容及本区块规定的溢流量，及时发现、控制溢流。
5.6.3.3 循环加重时，控制加重速度，每一循环周加重密度不超过0.05g/cm^3，加重应均匀。
5.6.3.4 下列情况应进行短程起下钻，观察气侵情况，及时发现和控制溢流：
  a) 钻开煤层后每次起钻前。

b）溢流压井后起钻前。
c）井漏堵漏或尚未完全堵住起钻前。
d）钻进中曾发生严重气侵但未溢流起钻前。
e）钻头在井底连续长时间工作或中途通井后。
f）长时间停止循环进行其他作业（中途测试、设备维修、电测、下套管等）起钻前。
g）钻井液性能发生变化，调整处理完成后起钻前。

5.7 井口与套管保护

5.7.1 保持天车、井口、转盘在一条垂直线上，其偏差不大于10mm。

5.7.2 各层次套管保持居中。对于钻井周期较长的井、丛式井、大位移井、水平井，在表层套管、技术套管内的钻井作业应采取相应套管保护措施。

5.7.3 防喷器用 ϕ16mm 钢丝绳和正反螺丝在井架底座的对角线上绷紧。

5.7.4 复杂地区坚硬地层的表层套管，下套管时应采取防倒扣的措施。

5.7.5 钻水泥塞出套管，应采取有效措施保证形成的新井眼与套管同心，防止下部套管倒扣及磨损。

5.7.6 套管头内保护套应根据磨损情况及时调换位置或更换。

5.8 钻井弃井

5.8.1 钻井弃井要求打水泥塞封固煤层段、水层段及其上部地层 50m；在表层套管鞋上下打水泥塞，长度为 50m，并试压合格。

5.8.2 井口焊井口帽，标注井号，并做好地下工程资料档案。

6 职业安全卫生

6.1 职业安全

6.1.1 防人身伤害

6.1.1.1 现场作业严禁违章指挥、违反劳动纪律。

6.1.1.2 严格执行安全操作规程，防止误操作。

6.1.1.3 严禁在钻井平台、二层台向下抛掷工具或物品。

6.1.1.4 现场设备所有旋转部位应安装防护罩等，严禁直接接触旋转部位。

6.1.2 现场用电

6.1.2.1 井场电气安装：

a）电气设备、线路的安装应规范、合理。
b）井场自发电时，应按井场配置的电气设备的负载、功率来配备发电机组。
c）井场主电路电缆应采用防油橡套电缆。
d）井场电气设备防爆要求应符合5.2.8的规定。
e）每路主电缆敷设到电气设备后，应留有一定的余量。
f）电缆敷设位置应考虑避免电缆受到腐蚀和机械损伤。
g）电缆与电气设备连接时，各电气设备的输入与输出应按额定工作电压、电流、功率选用防爆接插件连接。
h）接照明电源时，应三相负载平衡。

i) 井场场地照明灯，应用专线控制。
j) 市电供电时变压器安装位置距井口不得小于50m，变压器围栏上设置"有电危险"的警示牌。
k) 井场电路安装后应进行严格检查，不得有错接及配备不合理等现象。
l) 井场电路在启用前，应先试通电，确定整个井场电网运转正常后，才能正式启用。

6.1.2.2 现场临时用电应做到"一机一闸一保护"。

6.1.2.3 现场采用接地保护系统的用电设备均应接地，且接地电阻宜不大于4Ω。

6.1.2.4 井场的井架、油罐、泥浆罐应安装防雷防静电接地装置，其接地电阻应不大于10Ω。

6.1.3 高风险作业

6.1.3.1 现场凡涉及用火作业、起重作业、高处作业、进入受限空间等高风险作业，均应实施作业许可管理制度。

6.1.3.2 高风险作业前应进行风险辨识，落实风险控制措施，安排现场监护人，才可签发作业许可。

6.1.3.3 高风险作业现场监护人、作业许可签发人应持证上岗。

6.1.3.4 监护人不得离开高风险作业现场，监护人离开作业现场必须收回作业许可，并停止作业。

6.1.3.5 用火作业的电工、焊工及起重作业的指挥人、司索人等工等特种作业人员应持证上岗。

6.1.4 劳动保护

6.1.4.1 进入井场施工人员应正确穿戴和使用劳动保护用品。

6.1.4.2 从事焊接、电力检修等现场特种作业人员应正确佩戴相应劳动防护用品。

6.1.5 气防设备

6.1.5.1 钻井队至少配备2套可燃气体检测仪。

6.1.5.2 含硫化氢的井，至少配备2套硫化氢检测仪器和5套正压式空气呼吸器。

6.1.5.3 施工人员应学会正确使用所配置的气防设备。

6.2 职业卫生

6.2.1 在可能产生职业病的区域、地点，应进行职业危害告知。

6.2.2 噪声：在噪声超标的动力设备、机械设备区域，应严格控制操作人员进入的时间，并穿戴护耳罩等防护用品。

6.2.3 粉尘：在产生粉尘的区域如配浆区、加药区等，应给劳动者发放适应的劳动防护用品，并在工作时做到正确穿戴。

6.2.4 化学品：接触化学品的操作人员，应正确穿戴防护用品。

6.2.5 职业卫生监测：在噪声、粉尘、化学品较集中的区域应设立职业危害监测点，定期对其进行监测并公示监测结果。

6.2.6 健康检查：包括就业前健康检查、定期检查、更换工作岗位前检查、离开工作岗位时检查、病伤休假后复工前检查和意外事故接触者检查等。

7 应急预案

7.1 预案制定

7.1.1 煤层气井重大风险可能有：井喷、硫化氢中毒、火灾爆炸、井壁垮塌、自然灾害等。钻井队应根据施工作业前识别出的重大风险编制相应的应急预案。

7.1.2 应急处置程序应落实到岗位。
7.1.3 井队应急预案应纳入业主的应急预案管理。

7.2 应急演练

7.2.1 钻井施工前和打开目的层位前，钻井队应按照 GB/T 31033—2014 附录 D 的要求进行井控关井动作。
7.2.2 含硫化氢的井在钻井施工前，钻井队应按照 SY/T 5087 的应急响应要求进行防硫化氢应急演练。
7.2.3 演练过程按应急预案要求执行。
7.2.4 演练结束后应进行演练讲评和记录。

7.3 事故管理

7.3.1 事故管理纳入业主的事故管理。
7.3.2 事故的报告与处理应按《生产安全事故报告和调查处理条例》执行。

中华人民共和国
石油天然气行业标准
煤层气井钻井工程安全技术规范
SY/T 6818—2019

*

石油工业出版社出版
(北京安定门外安华里二区一号楼)
北京中石油彩色印刷有限责任公司排版印刷
新华书店北京发行所发行

*

880×1230毫米 16开本 1印张 25千字 印1—400
2019年11月北京第1版 2019年11月北京第1次印刷
书号:155021·8010 定价:20.00元
版权专有 不得翻印

ICS 13.100
E 09

SY

中华人民共和国石油天然气行业标准

SY/T 6922—2019
代替 SY 6922—2012

煤层气井井下作业安全技术规范

Technical specification for safety in underground operation
of coalbed methane wells

2019-11-04 发布   2020-05-01 实施

国家能源局   发 布

SY/T 6922—2019

目 次

前言 .... Ⅱ
1 范围 1
2 规范性引用文件 1
3 基本要求 1
4 防火防爆 1
5 施工准备 2
6 施工作业 2
   6.1 起下管柱作业 2
   6.2 射孔 2
   6.3 注入/压降测试 2
   6.4 压裂 3
   6.5 捞砂 3
   6.6 施工交接 3
7 应急管理 3

SY/T 6922—2019

前 言

本标准按照 GB/T 1.1—2009《标准化工作导则 第1部分：标准的结构和编写》给出的规则起草。

本标准代替 SY 6922—2012《煤层气井下作业安全技术规范》，与 SY 6922—2012 相比，除编辑性修改外，主要技术内容变化如下：

——修改标准属性由强制性改为推荐性；
——增加了"作业单位应建立完善的HSE组织机构，配备经过培训的专（兼）职HSE监督管理员，建立完善的HSE规章制度和操作规程和岗位安全操作规程"（见3.2）；
——增加了"井下作业（包括射孔、压裂等作业）施工设计中应有根据危险源辨识、风险评价结果编制的防火防爆措施和应急预案的相关内容"（见3.7）；
——增加了"已解吸井等井口可能存在逸散可燃气体的井，作业时井口应使用防爆排风装置，并置于上风位置"（见4.9）；
——修改了井场布置的规定（见5.1，2012年版的5.1）；
——修改了施工作业前的有关内容（见5.5，2012年版的5.5）；
——增加了"已解吸井管柱进入液面或离开液面前，应控制管柱上提和下放速度不超过5m/min，密切注意井喷显示，发现异常及时采取有效措施"（见6.1.5）；
——增加了 6.2.3、6.2.4、6.2.5、6.3.2.1、6.4.4、6.4.5、6.4.6、6.4.7 的内容；
——增加了施工交接的内容（见6.6）；
——修改了危害识别和风险评估及应急预案的有关内容（见7.1、7.2，2012年版的7.1、7.2）；
——增加了现场处置的有关内容（见7.3）。

本标准由石油工业安全专业标准化技术委员会提出并归口。

本标准起草单位：中国石油化工股份有限公司华东油气分公司安全环保处、中国石油化工股份有限公司临汾煤层气分公司、中国石化集团华东石油局工程院。

本标准主要起草人：汪方武、赵军胜、潘俊鸥、张庆华、池圣平、季翔、谢先平、刘晓、王曦、潘昊、杨松。

SY/T 6922—2019

煤层气井井下作业安全技术规范

1 范围

本标准规定了煤层气井井下作业施工准备、施工作业和防火防爆安全生产的基本要求。
本标准适用于煤层气井井下作业施工。

2 规范性引用文件

下列文件对于本文件的应用是必不可少的。凡是注日期的引用文件，仅注日期的版本适用于本文件。凡是不注日期的引用文件，其最新版本（包括所有的修改单）适用于本文件。
AQ 1081　煤层气地面开采防火防爆安全规程
SY/T 5225　石油天然气钻井、开发、储运防火防爆安全生产技术规程
SY 5436　井筒作业用民用爆炸物品安全规范
SY/T 5727　井下作业安全规程
SY/T 6277　硫化氢环境人身防护规范

3 基本要求

3.1　作业单位应具有安全生产许可证及井下作业工程技术服务资质。
3.2　作业单位应建立完善的 HSE 组织机构，配备经过培训的专（兼）职 HSE 监督管理员，建立完善的 HSE 规章制度、操作规程及岗位安全操作规程。
3.3　作业队伍应取得规定的从事井下施工作业资质，施工过程应符合煤层气生产企业的安全、环保要求。
3.4　作业队伍应配备可燃气体检测仪，含硫化氢井还应配备硫化氢检测仪器、正压式空气呼吸器，配备标准执行 SY/T 6277 的有关规定，并定期进行校验和维护。
3.5　作业人员应经过相应操作技能、职业健康、安全及环保培训，保证从业人员具备必要的安全生产和环节保护知识，熟悉有关的安全生产规章制度和安全操作规程，掌握本岗位的操作技能。特种作业人员应持有符合国家要求的特种作业证件。
3.6　进入井场人员应正确穿戴劳动防护用品。
3.7　井下作业（包括射孔、压裂等作业）施工设计中应有根据危险源辨识、风险评价结果编制的防火防爆措施和应急预案的相关内容；井下作业设计应按程序审批，确需变更，应按变更程序进行。遇紧急情况时，依据应急处置方案执行。

4 防火防爆

4.1　井场安全用电应符合 SY/T 5727 的规定。
4.2　作业井场内的车辆、作业机、发电机排气管等动力单元应安装阻火器。

4.3 施工队伍应严格执行作业设计中有关防火防爆的安全技术要求。

4.4 井口操作应避免金属撞击产生火花，井下作业期间应配备防爆工具。

4.5 作业区内禁止烟火，相关取暖设备应使用无明火器具。

4.6 动火作业应按审批程序办理动火手续。

4.7 井场施工用的发电房、值班房、甲（乙）类容器与井口距离不应小于 20m。

4.8 井场消防器材配备应符合 SY/T 5225 的规定。

4.9 已解吸井等井口可能存在逸散可燃气体的井，作业时井口应使用防爆排风装置，并置于上风位置。

5 施工准备

5.1 井场布置应符合 AQ 1081 的规定。

5.2 设备安装要求应符合 SY/T 5727 的规定。

5.3 根据施工设计要求，应安装相应压力等级的采气树，并进行试压。

5.4 设计中无特殊要求的煤层气井，井控装置宜采用自封封井器，配备与油管相匹配的旋塞阀。

5.5 施工作业前，作业队伍应做安全风险识别和隐患排查，详细了解井场内地下管线及电缆分布情况。按设计要求做好施工前准备，应对设备、场地、照明装置等进行检查，排除隐患后方可申请开工验收。

6 施工作业

6.1 起下管柱作业

6.1.1 起下管柱应符合 SY/T 5727 的规定。

6.1.2 管柱起、下过程中，应关闭液压钳锁紧装置。

6.1.3 吊卡手柄或活门应锁紧，吊卡销插牢。

6.1.4 管柱遇卡和遇阻时，不应超负荷上提和下放。

6.1.5 已解吸井管柱进入液面或离开液面前，应控制管柱上提和下放速度不超过 5m/min，密切注意井喷显示，发现异常及时采取有效措施。

6.2 射孔

6.2.1 射孔作业按 SY 5436 执行。

6.2.2 射孔作业前，井筒应按要求灌入压井液。

6.2.3 根据设计要求安装相应压力等级的防喷器，并现场进行井控设备、设施验收。

6.2.4 射孔施工过程中，井场不允许使用无线通信器材及动用明火。

6.2.5 施工过程中，若遇到 6 级以上大风、雷雨、冰雹等恶劣天气，应暂停施工，同时妥善保管火工品。

6.3 注入／压降测试

6.3.1 施工要求

6.3.1.1 测试时，应根据设计要求，选择合适位置坐封封隔器，并验封。

6.3.1.2 注入高压管线、注入井口应按照设计试压并固定牢固。

6.3.1.3 注入泵应有触点式压力表、安全阀等安全装置。

6.3.1.4 高压区应设有安全警示标志，非工作人员不应进入。

6.3.1.5 冬季施工期间，地面注入设备应有保温措施。

6.3.2 测试施工

6.3.2.1 施工前应按设计要求安装符合压力等级的防喷装置，并现场进行验收。

6.3.2.2 试井绞车应固定牢靠，在使用前应对刹车、滚筒等部位进行检查。

6.3.2.3 起、下钢丝时，不应在防喷盒压帽与滑轮之间擦抹钢丝油污。

6.3.2.4 测试开关井工具上部应连接震击器。

6.3.2.5 井下开井时，应缓慢上提钢丝。上提仪器距离井口小于100m时，应由人工上提钢丝。

6.3.2.6 确认仪器进入防喷管，在关井并对防喷管进行泄压后，方可取出测试仪器。

6.3.2.7 打压时，井口及管线周围10m内不得站人。憋压关井期间，应设安全隔离措施。

6.4 压裂

6.4.1 压裂施工前应召开会议，明确安全要求，明确安全阀限定值，进行安全施工准备。

6.4.2 根据施工设计要求，配备相应压力等级的压裂设备、井口装置和地面管汇。

6.4.3 压裂作业施工安全要求应符合 SY/T 5727 的规定。

6.4.4 施工期间应派专人负责巡视边界，严禁非施工人员进入井场；高压区必须设有警戒，无关人员不得进入。

6.4.5 压裂期间应有专人监测剩余压裂液液面、支撑剂剩余量和供应情况，确保连续供液和供砂。

6.4.6 使用放射性示踪剂的，应按照有关规定采取相应的防护措施，并定期对放射性示踪剂的活度、存储装置是否完好进行检测，对接触人员进行体检。

6.4.7 放喷、排液期间，应安排专人监测可燃气体和有毒有害气体，防止发生各类中毒和火灾爆炸事故。

6.4.8 压裂施工结束后，按照国家环保要求妥善处理废弃压裂液和返排液。

6.5 捞砂

6.5.1 捞砂起下管柱应符合6.1的规定。

6.5.2 捞砂管柱距离砂面100m以内时，应减缓管柱下放速度。

6.5.3 捞砂作业过程中，应控制提、放管柱吨位。

6.6 施工交接

6.6.1 作业前后，应进行井场交接。作业前应对作业队伍进行入场教育和风险告知，作业后应根据相关管理规定对井场进行交接验收。

6.6.2 施工期间，不宜进行交叉作业。如有交叉作业情况应签订安全协议，现场有相关资质人员进行协调指挥。

7 应急管理

7.1 作业队伍应定期组织危害识别和风险评估，根据现场情况编制相应的现场处置程序，并向煤层气生产企业进行报备，纳入其应急管理体系。

7.2 应急预案应定期进行演练，并根据安全生产条件的变化及时修订。

7.3 发生生产安全事故后，作业队伍应根据应急预案立即采取有效措施进行现场处置，防止事故扩大，避免人员伤亡和减少财产损失，并按照有关规定及时上报。

中华人民共和国
石油天然气行业标准
煤层气井井下作业安全技术规范
SY/T 6922—2019

*

石油工业出版社出版
(北京安定门外安华里二区一号楼)
北京中石油彩色印刷有限责任公司排版印刷
新华书店北京发行所发行

*

880×1230毫米 16开本 0.5印张 13千字 印1—400
2019年11月北京第1版 2019年11月北京第1次印刷
书号:155021·7968 定价:10.00元
版权专有 不得翻印

ICS 13.100
E 09

SY

中华人民共和国石油天然气行业标准

SY/T 6923—2019
代替 SY 6923—2012

煤层气录井安全技术规范

Safety technical specification for CBM mud logging

2019-11-04 发布　　　　　　　　　　　　2020-05-01 实施

国家能源局　　发布

SY/T 6923—2019

目　次

前言 ·· Ⅱ
1　范围 ··· 1
2　规范性引用文件 ··· 1
3　基本要求 ·· 1
　3.1　资质 ··· 1
　3.2　化学试剂的使用与管理 ·· 1
　3.3　安全防护设备的配备 ··· 1
　3.4　个体防护 ··· 1
4　录井准备 ·· 2
　4.1　设备的搬迁 ·· 2
　4.2　电气系统安装 ··· 2
　4.3　设备及传感器安装、调试、维护、保养 ··· 2
　4.4　设备的拆卸 ·· 2
5　录井作业 ·· 2
　5.1　钻时录井 ··· 2
　5.2　岩屑录井 ··· 2
　5.3　岩心录井 ··· 2
　5.4　气测录井 ··· 3
　5.5　工程录井 ··· 3
　5.6　安全防护设备的管理 ··· 3
6　其他要求 ·· 3
7　应急管理 ·· 3

Ⅰ

前 言

本标准按照 GB/T 1.1—2009《标准化工作导则 第 1 部分：标准的结构和编写》给出的规则起草。

本标准代替 SY 6923—2012《煤层气录井安全技术规程》，与 SY 6923—2012 相比，主要技术内容变化如下：
——修改了标准的属性；
——修改了标准的英文名称；
——修改了规范性引用文件（见第 2 章，2012 年版的第 2 章）；
——增加了录井队"安全准入资质"的要求（见 3.1.2）；
——修改了录井作业人员持证要求规定的内容（见 3.1.3，2012 年版的 3.1.3）；
——修改了化学试剂使用和管理的陈述内容（见 3.2，2012 年版的 3.2）；
——修改"在含硫化氢地区录井或地质设计提示存在有毒有害气体风险时"为"在含硫化氢地区或新探区录井时"（见 3.3.2，2012 年版的 3.3.2）；
——修改搬迁作业为吊装作业（见 4.1.1，2012 年版的 4.1.1）；
——修改了录井仪器房、地质值班房距井口距离（见 4.1.2，2012 年版的 4.1.2）；
——修改"仪器"为"仪器房"，并去掉引用标准的年代号（见 4.2.1，2012 年版的 4.2.1）；
——修改"划方入时"为"丈量方入时"（见 5.1.2，2012 年版的 5.1.2）；
——删除了仪器房禁止烟火的规定（见 2012 年版 5.4.5）；
——修改"发现钻井液性能和工程监测参数异常时"为"发现钻井液性能或工程监测参数异常时"（见 5.5.4，2012 年版的 5.5.4）；
——增加了安全防护设备进行定期检验的要求（见 5.6）；
——增加了作业许可活动进行作业安全分析的要求（见 6.4）；
——增加了危害因素识别的要求（见 7.1）。

本标准由石油工业安全专业标准化技术委员会提出并归口。

本标准起草单位：中石化华东石油工程有限公司安全环保处、中石化集团华东石油工程有限公司录井分公司。

本标准主要起草人：韦忠红、汪小平、张安、王诗伯、赵大卫、梁建泽、胡太生。

SY/T 6923—2019

煤层气录井安全技术规范

1 范围

本标准规定了煤层气录井基本要求、录井准备、录井作业、应急管理等安全要求。
本标准适用于煤层气地质录井作业。

2 规范性引用文件

下列文件对于本文件的应用是必不可少的。凡是注日期的引用文件，仅注日期的版本适用于本文件。凡是不注日期的引用文件，其最新版本（包括所有的修改单）适用于本文件。
SY/T 5087 含硫化氢油气井安全钻井推荐作法
SY/T 5190 石油综合录井仪技术条件
SY/T 6277 硫化氢环境人身防护规范
SY/T 6348 陆上石油天然气录井作业安全规程

3 基本要求

3.1 资质

3.1.1 录井企业应持有安全生产许可证及录井工程技术服务资质证书。
3.1.2 录井队应取得规定的录井施工作业资质、安全准入资质。
3.1.3 录井作业人员应持有 HSE、井控、硫化氢等有效证件。

3.2 化学试剂的使用与管理

录井用化学试剂的使用与管理应执行 SY/T 6348 的规定。

3.3 安全防护设备的配备

3.3.1 录井队应配备可燃气体检测设施。
3.3.2 在含硫化氢地区或新探区录井时，录井队应配备便携式有毒有害气体检测仪、正压式空气呼吸器，配备标准执行 SY/T 6277 中的有关规定。
3.3.3 仪器房、野营房应按规定配备灭火器。
3.3.4 仪器房、野营房应按规定安装漏电保护器和接地装置，并按规定试验和测量。
3.3.5 录井队应配备急救箱，备有必需的医疗急救用品和日常药品。

3.4 个体防护

3.4.1 在作业现场，应穿戴好劳动保护用品。
3.4.2 接触有毒有害、有刺激性物品时，应采取防护措施，正确使用防护用品。

4 录井准备

4.1 设备的搬迁

4.1.1 设备的吊装应执行 SY/T 6348 的规定。
4.1.2 录井仪器房、地质值班房距井口距离应不小于30m，附近应留有适当面积的工作场所，逃生通道畅通。
4.1.3 地质设计提示浅层气、硫化氢气体等有毒有害气体存在的井，录井仪器房、地质值班房摆放按 SY/T 6348 的规定执行。
4.1.4 录井仪器房、地质值班房和宿舍房不应摆放在填筑土方上、陡崖下、悬崖边、易滑坡、易垮塌及洪汛影响的地方。

4.2 电气系统安装

4.2.1 仪器房用电须架设专线，用四芯电缆直接引入，电源线和信号线要分开架设。电源应符合 SY/T 5190 的规定，绝缘应符合 SY/T 5190 的规定。
4.2.2 电热器、烘样烤箱及降温电器均应据其负载大小正确选用供电线、闸刀、熔断器、漏电保护器，并规范安装。
4.2.3 仪器房、野营房接地体用金属导体制作，接地电阻应不大于4Ω。

4.3 设备及传感器安装、调试、维护、保养

设备和传感器的安装、调试、维护、保养应符合 SY/T 6348 的有关规定。

4.4 设备的拆卸

4.4.1 应按工作程序分级断电。
4.4.2 按程序拆卸设备、传感器，作业时要遵守交叉作业的安全规定。

5 录井作业

5.1 钻时录井

5.1.1 钻具、管具排放整齐，支撑牢固后再进行编号和丈量。
5.1.2 丈量方入时，录井人员应站在转盘面以外。

5.2 岩屑录井

5.2.1 应设置取样工作区，应安装好防护及照明设施。
5.2.2 捞、洗、晒岩屑的场地应平整和方便操作。
5.2.3 岩屑烘箱电源线应单独连接，外壳应接地可靠，取放岩屑要防止烫伤。

5.3 岩心录井

5.3.1 井场应提供一个拆装工具平台，便于出筒、丈量、拍照及装罐。
5.3.2 夜间取心作业时，应保证场地照明。
5.3.3 取心作业应分工明确，各负其责。
5.3.4 用手锤敲击、采集岩心应防止伤人。

5.3.5 常规取心应执行 SY/T 6348 的有关规定。

5.4 气测录井

5.4.1 仪器开机前,应检查各部分电、气路元件,确认安装正确可靠、无断电、无损坏时方可通电。打开各部分电源时,应先打开总电源,后打开分电源。

5.4.2 氢气发生器应排气通畅,不堵不漏。

5.4.3 定期检查空气压缩机安全阀、气路。

5.4.4 烷烃样气瓶应摆放在通风阴凉处,周围无杂物,远离热源。

5.4.5 地质设计提示有浅层气、硫化氢气体等有毒有害气体存在时,应按 SY/T 5087 的有关要求做好防护准备。

5.5 工程录井

5.5.1 录井队应在录井前向钻井队进行安全风险交底,提出防喷、防卡、防漏、防斜井段的地质预告。

5.5.2 循环罐、钻井液槽、循环池边应有防滑、防坠落等防护措施。

5.5.3 检查、维护、更换各类传感器时,应执行 SY/T 6348 的有关规定。

5.5.4 发现钻井液性能或工程监测参数异常时,应及时通知有关人员采取措施。

5.6 安全防护设备的管理

录井过程中对安全防护设备应按规定定期检查、检验、维护、保养。

6 其他要求

6.1 在放射性测井作业过程中,录井人员应距作业点 20m 以外,不应进入安全警戒区。

6.2 在中途测试、泡油解卡、爆炸切割、打捞套铣等特殊作业,应严格遵守施工单位的有关安全规定和应急措施。

6.3 在固井作业时,未经许可不得进入高压警戒区或在高压区附近停留。

6.4 涉及临时用电、吊装、高处作业等需作业许可的活动,应按规定进行作业安全分析。

7 应急管理

7.1 录井队应根据危险源辨识、危害因素识别,制订防护措施,重大危害因素应编制应急预案并演练,相关预案报钻井队。

7.2 录井队应参加钻井队组织的相关应急演练。

7.3 应急救援需要时录井队应接受钻井队统一指挥。

中华人民共和国
石油天然气行业标准
煤层气录井安全技术规范
SY/T 6923—2019

*

石油工业出版社出版
(北京安定门外安华里二区一号楼)
北京中石油彩色印刷有限责任公司排版印刷
新华书店北京发行所发行

*

880×1230毫米 16开本 0.5印张 13千字 印1—400
2019年11月北京第1版 2019年11月北京第1次印刷
书号：155021·7992 定价：10.00元
版权专有 不得翻印

ICS 13.100
E 09

SY

中华人民共和国石油天然气行业标准

SY/T 6924—2019
代替 SY 6924—2012

煤层气测井安全技术规范

Safety technical specification for CBM wireline logging

2019-11-04 发布　　　　　　　　　　　　2020-05-01 实施

国家能源局　　发布

SY/T 6924—2019

目　次

前言 ⋯⋯⋯ Ⅲ
1 范围 ⋯⋯ 1
2 规范性引用文件 ⋯⋯⋯⋯⋯⋯⋯⋯⋯⋯⋯⋯⋯⋯⋯⋯⋯⋯⋯⋯⋯⋯⋯⋯⋯⋯⋯⋯⋯⋯⋯⋯⋯⋯⋯⋯⋯⋯ 1
3 基本要求 ⋯⋯⋯ 1
　3.1 资质与资格 ⋯⋯⋯⋯⋯⋯⋯⋯⋯⋯⋯⋯⋯⋯⋯⋯⋯⋯⋯⋯⋯⋯⋯⋯⋯⋯⋯⋯⋯⋯⋯⋯⋯⋯⋯⋯⋯⋯ 1
　3.2 井场及井下条件 ⋯⋯⋯⋯⋯⋯⋯⋯⋯⋯⋯⋯⋯⋯⋯⋯⋯⋯⋯⋯⋯⋯⋯⋯⋯⋯⋯⋯⋯⋯⋯⋯⋯⋯⋯⋯ 1
　3.3 人员防护 ⋯⋯⋯⋯⋯⋯⋯⋯⋯⋯⋯⋯⋯⋯⋯⋯⋯⋯⋯⋯⋯⋯⋯⋯⋯⋯⋯⋯⋯⋯⋯⋯⋯⋯⋯⋯⋯⋯ 1
　3.4 交通要求 ⋯⋯⋯⋯⋯⋯⋯⋯⋯⋯⋯⋯⋯⋯⋯⋯⋯⋯⋯⋯⋯⋯⋯⋯⋯⋯⋯⋯⋯⋯⋯⋯⋯⋯⋯⋯⋯⋯⋯ 2
　3.5 安全检查 ⋯⋯⋯⋯⋯⋯⋯⋯⋯⋯⋯⋯⋯⋯⋯⋯⋯⋯⋯⋯⋯⋯⋯⋯⋯⋯⋯⋯⋯⋯⋯⋯⋯⋯⋯⋯⋯⋯⋯ 2
4 生产准备 ⋯⋯⋯ 2
5 测井施工 ⋯⋯⋯ 2
　5.1 作业前安全分析 ⋯⋯⋯⋯⋯⋯⋯⋯⋯⋯⋯⋯⋯⋯⋯⋯⋯⋯⋯⋯⋯⋯⋯⋯⋯⋯⋯⋯⋯⋯⋯⋯⋯⋯⋯⋯ 2
　5.2 井口作业 ⋯⋯⋯⋯⋯⋯⋯⋯⋯⋯⋯⋯⋯⋯⋯⋯⋯⋯⋯⋯⋯⋯⋯⋯⋯⋯⋯⋯⋯⋯⋯⋯⋯⋯⋯⋯⋯⋯⋯ 2
　5.3 绞车操作 ⋯⋯⋯⋯⋯⋯⋯⋯⋯⋯⋯⋯⋯⋯⋯⋯⋯⋯⋯⋯⋯⋯⋯⋯⋯⋯⋯⋯⋯⋯⋯⋯⋯⋯⋯⋯⋯⋯⋯ 3
　5.4 仪器操作 ⋯⋯⋯⋯⋯⋯⋯⋯⋯⋯⋯⋯⋯⋯⋯⋯⋯⋯⋯⋯⋯⋯⋯⋯⋯⋯⋯⋯⋯⋯⋯⋯⋯⋯⋯⋯⋯⋯⋯ 3
6 放射源及非密封放射性物质的安全使用要求 ⋯⋯⋯⋯⋯⋯⋯⋯⋯⋯⋯⋯⋯⋯⋯⋯⋯⋯⋯⋯⋯⋯⋯⋯⋯ 3
7 应急管理 ⋯⋯⋯ 4

前 言

本标准按照 GB/T 1.1—2009《标准化工作导则 第 1 部分：标准的结构和编写》给出的规则起草。

本标准代替 SY 6924—2012《煤层气测井安全技术规范》，与 SY 6924—2012 相比，主要技术内容变化如下：

——标准属性由强制性行业标准转化为推荐性行业标准；
——修改了规范性引用文件（见第 2 章，2012 年版的第 2 章）；
——修改了"绞车距井口距离应不小于 20m"（见 3.2.2，2012 年版的 3.2.2）；
——修改了"在山区行车时，应确保施工车辆制动系统安全可靠"（见 3.4.2，2012 年版的 3.4.2）；
——增加了 3.4 中 3.4.3、3.4.4 的内容（见 3.4.3、3.4.4）；
——增加了 3.5 部分的内容（见 3.5）；
——增加了"仪器、车辆等设备应定期保养，按照十字作业（清洁、润滑、紧固、调整、防腐）进行定期检查维修并记录"（见 4.1）；
——修改原 4.1 为"固定天、地滑轮的连接件应完好无损，连接件承受拉力不低于 120kN 并定期检查"（见 4.2，2012 年版的 4.1）；
——修改原 4.7 为"张力棒每下井 50 井次或受力超过额定拉力的 70% 后，应进行更换并记录"（见 4.8，2012 年版的 4.7）；
——增加了"测井施工现场应配备视频监控装置，应能存储视频资料 30d，摄像头应符合防爆性能，数量不少于 3 个，视频装置宜具备远程视频实时传输功能"（见 4.11）；
——增加了"作业前安全分析"内容（见 5.1）；
——修改了"仪器上提遇卡时，应上下活动电缆，按照 SY/T 5726 的要求执行"（见 5.3.8，2012 年版的 5.3.8）；
——修改了"钻杆及油管输送测井施工按 SY/T 6030 的要求执行"（见 5.4.5，2012 年版的 5.4.5）。

本标准由石油工业安全专业标准化技术委员会提出并归口。

本标准起草单位：中石化华东石油工程有限公司安全环保处、中石化华东石油工程有限公司测井分公司、中石化胜利工程有限责任公司。

本标准主要起草人：赵全忠、王家珉、张安、张作清、赵大卫、宋华。

SY/T 6924—2019

煤层气测井安全技术规范

1 范围

本标准规定了煤层气测井生产准备、测井施工和应急管理的安全要求。
本标准适于煤层气井测井作业。

2 规范性引用文件

下列文件对于本文件的应用是必不可少的。凡是注日期的引用文件，仅注日期的版本适用于本文件。凡是不注日期的引用文件，其最新版本（包括所有的修改单）适用于本文件。
GBZ 118 油（气）田非密封型放射源测井卫生防护标准
GBZ 142 油（气）田测井用密封型放射源卫生防护标准
SY/T 5131 石油放射性测井辐射防护安全规程
SY/T 5600 石油电缆测井作业技术规范
SY/T 5726 石油测井作业安全规范
SY/T 6030 钻杆输送及油管输送电缆测井作业技术规范
SY/T 6277 硫化氢环境人身防护规范
SY/T 6548 石油测井电缆和连接器使用技术规范

3 基本要求

3.1 资质与资格

3.1.1 测井生产企业应具有"安全生产许可证""辐射安全许可证""危险品运输许可证"。
3.1.2 测井队应取得从事测井作业的资质。
3.1.3 测井人员资格按 SY/T 5600 的规定执行。

3.2 井场及井下条件

3.2.1 钻台干净，安全防护装置和吊升设备完好。
3.2.2 绞车距井口距离应不小于 20m。
3.2.3 井场外接电源的电压和频率应满足测井作业用电需要。
3.2.4 测井作业前，钻井队应充分循环井筒内钻井液，保证井眼畅通。
3.2.5 测井作业期间，相关方不应进行交叉作业。

3.3 人员防护

3.3.1 测井作业人员进入作业现场应正确穿戴劳动保护用品，符合 SY/T 5726 中的现场施工安全要求的有关规定。
3.3.2 从事放射工作人员的防护应按 SY/T 5131 的规定执行。

3.4 交通要求

3.4.1 交通安全按 SY/T 5726 的要求执行。

3.4.2 在山区行车时，应确保施工车辆制动系统安全可靠。

3.4.3 车辆行驶期间，所有驾乘人员应系好安全带。

3.4.4 危险品车辆应配置卫星定位系统。

3.5 安全检查

3.5.1 安全检查按 SY/T 5726 的要求执行。

3.5.2 现场安全检查应采用测井小队内部巡查和外部督查相结合的方式进行。

4 生产准备

4.1 仪器、车辆等设备应定期保养，按照十字作业（清洁、润滑、紧固、调整、防腐）进行定期检查维修并记录。

4.2 固定天、地滑轮的连接件应完好无损，连接件承受拉力不低于120kN并定期检查。

4.3 测井车接地良好，地面仪器、车辆仪表完好无损，电气系统不短路、不漏电，并做好记录。

4.4 车载发电机应及时更换润滑油和各类滤清器，做到输出电压和频率稳定，符合测井施工要求。

4.5 天、地滑轮应及时清洗保养，做到万向头灵活可靠，零部件无松动，牢固可靠。

4.6 深度测量系统、张力系统工作正常，定期校验并记录。

4.7 定期检查绞车系统固定处，应无开焊、螺钉松动，深度、张力计、电缆连接器（马笼头）和鱼雷应定期检查保养并记录。

4.8 张力棒每下井50井次或受力超过额定拉力的70%后，应进行更换并记录。

4.9 测井电缆性能应符合 SY/T 6548 的要求。

4.10 测井队上井前应按测井任务书要求对测井仪器进行检查，将仪器固定牢靠，并采取防震措施。

4.11 测井施工现场应配备视频监控装置，应能存储视频资料30d，摄像头应符合防爆性能，数量不少于3个，视频装置宜具备远程视频实时传输功能。

4.12 在含硫化氢地区或新探区测井时，测井队应配备便携式有毒有害气体检测仪、正压式空气呼吸器，配备标准执行 SY/T 6277 的有关规定。

5 测井施工

5.1 作业前安全分析

5.1.1 作业前应采取工作安全分析法（JSA）等方法，识别作业过程中可能存在的风险和隐患，制订与实施相应的控制和预防措施，并记录。

5.1.2 按照 SY/T 5726 的要求，作业前召开相关方人员参加的班前会，书面告知测井施工有关放射源和其他 HSE 注意事项等。

5.2 井口作业

5.2.1 绞车就位时，应由专人指挥。作业前，应放好绞车掩木，拉好手刹，绞车前轮应回正。

5.2.2 安装、拆卸井口设备时，钻台、绞车至少各有1人，由井口人员指挥。

5.2.3 安装天、地滑轮后，监督钻井队检查游动系统及井口转盘确保刹牢、锁死，天滑轮安装在吊卡下端，并加装保险装置（安全杠、链条等）。

5.2.4 井场施工作业区域设警戒线，设置警示标志。

5.2.5 仪器吊装前，测井作业人员应了解吊装设备的吊升能力，勘察设备摆放位置，确定吊装方法。

5.2.6 放射性作业人员在井口装卸放射源时，执行装卸源操作规定，井口盖板、装卸源工具应灵活可靠，仪器源仓和固定螺钉符合要求。

5.2.7 井口作业人员应观察井筒状况、井口设备和电缆运行情况，发现问题及时报告。

5.2.8 绞车工应与井口工通信畅通，仪器上提至井口150m时应注意观察，井口工指挥动作应要准确。

5.2.9 测井仪器出入井口时，作业人员应站在井口滑轮两侧操作，不应站在电缆和仪器之下。

5.2.10 井口作业时，应将井口盖板盖好。

5.2.11 测井作业人员不应动用钻井设备，涉及高空作业应由钻井队完成。

5.2.12 现场安装完毕后应进行巡回检查并记录，纠正不符合项。

5.2.13 测井完毕后应回收施工废弃物。

5.3 绞车操作

5.3.1 绞车工应观察井口变化、张力变化和电缆运行状况，与操作工程师和井口工保持联系。

5.3.2 绞车启动和运转、电缆上提和下放，均需预先联系，按规定信号作业。在安装和拆除井口设备时，服从井口作业人员指挥，注意移动中的电缆，防止电缆打扭。

5.3.3 仪器下井前应检查、校准张力系统，张力系统工作应正常。

5.3.4 起、下电缆时，应注意电缆张力、电缆速度、仪器深度的变化，不应空挡下放。

5.3.5 电缆下放、空起速度为：套管井段小于4000m/h，裸眼井段小于3000m/h，当下井仪器距离井底、套管鞋、造斜段、煤层段等特殊井段100m时，电缆速度应不大于600m/h。

5.3.6 上提电缆时，须密切注意电缆张力变化和电缆运行情况。若遇电缆张力突然增大应及时停车，上下活动电缆，待张力正常后方可继续上提电缆。

5.3.7 仪器下放遇阻时，应以不大于600m/h的速度上提电缆，以正常速度下放电缆，不应超速猛冲。如果在同一井段连续遇阻3次，应记录遇阻曲线，起出下井仪器后，通知钻井队通井。

5.3.8 仪器上提遇卡时，应上下活动电缆，按照SY/T 5726的要求执行。

5.3.9 除有停留要求的测井项目外，测井电缆在裸眼井段内停留时间不应超过3min。

5.3.10 在测井过程中，若有井涌迹象，应立即报告钻井队，并将下井仪器慢速起过高压地层，然后快速起出井口停止测井作业。

5.3.11 起、下电缆时，绞车后不应站人，不应跨越和触摸电缆。

5.3.12 夜间施工时，应打开辅助照明灯具。

5.3.13 施工结束，车辆行驶前应刹紧电缆滚筒，应固定好仪器、马丁代克等设施。

5.4 仪器操作

5.4.1 正确连接井下仪器，各连接处应紧固。

5.4.2 仪器设备在通电状态下不应拆卸、连接与搬运。

5.4.3 张力传感器完好灵敏，井口深度对零，仪器刻度应符合要求。

5.4.4 工作结束后应关掉电源，固定好仪器，将各操作部件恢复到安全位置。

5.4.5 钻杆及油管输送测井施工按SY/T 6030的要求执行。

6 放射源及非密封放射性物质的安全使用要求

6.1 放射源的安全使用按照GBZ 142的规定执行。

6.2 非密封放射性物质的安全使用按照 GBZ 118 的规定执行。

7 应急管理

7.1 测井施工作业前，应根据危害识别和设计风险提示要求制订辐射事故、仪器遇卡（落井）、硫化氢中毒、井涌井喷、火灾爆炸等相应应急处置程序。

7.2 发生辐射事故、仪器遇卡（落井）时，由测井方组织按应急预案执行，发生其他应急事件时，由钻井方组织按应急预案执行。

7.3 应按要求进行应急演练，并进行讲评和记录。根据演练情况及时修订完善应急预案。

中华人民共和国
石油天然气行业标准
煤层气测井安全技术规范
SY/T 6924—2019

*

石油工业出版社出版
(北京安定门外安华里二区一号楼)
北京中石油彩色印刷有限责任公司排版印刷
新华书店北京发行所发行

*

880×1230 毫米 16 开本 0.75 印张 15 千字 印 1—400
2019 年 11 月北京第 1 版 2019 年 11 月北京第 1 次印刷
书号:155021·7988 定价:20.00 元

版权专有 不得翻印

ICS 13.100
CCS E 09

SY

中华人民共和国石油天然气行业标准

SY/T 6925—2021
代替 SY/T 6925—2013

钻井用天然气发动机及供气站安全规程

Safety code for natural gas engine for drilling and supply station

2021－11－16 发布　　　　　　　　　　2022－02－16 实施

国家能源局　　发 布

目　次

前言 ... II
1 范围 ... 1
2 规范性引用文件 ... 1
3 术语和定义 ... 1
4 基本要求 ... 2
5 安全布置 ... 2
6 安全防护 ... 3
7 安全输送 ... 3
8 安全操作 ... 4
　8.1 发动机 ... 4
　8.2 CNG 供气站 ... 4
　8.3 LNG 供气站 ... 4
附录 A（资料性） 典型的 LNG 供气站启动、停机推荐操作程序 ... 5
附录 B（资料性） 典型的 CNG 供气站启动、停机推荐操作程序 ... 7
参考文献 ... 9

SY/T 6925—2021

前　言

本文件按照 GB/T 1.1—2020《标准化工作导则　第 1 部分：标准化文件的结构和起草规则》的规定起草。

本文件代替 SY/T 6925—2013《钻井用天然气发动机及供气站安全规程》，与 SY/T 6925—2013 相比，主要技术变化如下：

a) 修改了标准的适用范围（见第 1 章，2013 年版的第 1 章）；
b) 修改了规范性引用文件（见第 2 章，2013 年版的第 2 章）；
c) 增加了对天然气发动机、减压处理装置、气化处理装置、CNG 管束车、LNG 槽车本身的基本要求（见 4.2）；
d) 增加了特殊情况的要求（见 4.4）；
e) 增加了第 5 章（见第 5 章，2013 年版的 4.2）；
f) 增加了供气站的整体布置要求（见 5.1、5.3、5.4）；
g) 修改了供气站与明火或散发火花地点、供气站与发电房的距离要求（见 5.5）；
h) 修改了供气站与通信线和电力线的架空要求（见 5.7）；
i) 修改了供气站放喷管线的要求（见 5.8）；
j) 修改了供气站通风要求（见 5.9）；
k) 增加了供气站与主干路的距离要求（见 5.11）；
l) 增加了槽车和气化装置之间的距离要求（见 5.12）；
m) 增加第 6 章（见第 6 章，2013 年版的 4.3）；
n) 增加了工作现场设置燃气泄漏装置的要求（见 6.2）；
o) 增加了工作现场配备防爆通信设备的要求（见 6.3）；
p) 增加了工作现场安全预案的要求（见 6.4）；
q) 删除了 2013 年版的 5.2；
r) 修改了第 7 章的名称（见第 7 章，2013 年版的第 5 章）；
s) 修改了管路投入使用前的作业要求（见 7.4）；
t) 增加了对天然气输送管路法兰静电跨接的要求（见 7.8）；
u) 删除了 2013 年版的 6.2；
v) 删除了 2013 年版的 7.2；
w) 增加了"安全操作"，分别从发动机、LNG 供气站、CNG 供气站三个方面提出安全操作的要求（见第 8 章）；
x) 其他文字性编辑。

本文件由石油工业标准化技术委员会石油工业安全专业标准化技术委员会提出并归口。

本文件起草单位：中国石油集团济柴动力有限公司、中国石油集团渤海钻探工程有限公司、中国石油物资有限公司、中石化中原工程有限公司。

本文件主要起草人：赵二兰、郭进举、雷先革、孙成磊、付明文、俞晓艳、陈俊营、董占春、杨赛。

SY/T 6925—2021

钻井用天然气发动机及供气站安全规程

1 范围

本文件规定了陆上钻井用天然气发动机（以下简称"发动机"）及供气站的术语和定义、基本要求、安全布置、安全防护、安全输送和安全操作。

本文件适用于陆上钻井用天然气发动机与供气站的应用现场，钻井用柴油/天然气双燃料发动机与供气站的应用现场可参照使用。

2 规范性引用文件

下列文件中的内容通过文中的规范性引用而构成本文件必不可少的条款。其中，注日期的引用文件，仅该日期对应的版本适用于本文件；不注日期的引用文件，其最新版本（包括所有的修改单）适用于本文件。

GB/T 37170　固定式燃气发动机安全技术规范
GB/T 38530　城镇液化天然气（LNG）气化供气装置
GB 50183—2004　石油天然气工程设计防火规范
NB/T 42110　撬装式 CNG 天然气发电机组减压装置
SY/T 6503　石油天然气工程可燃气体检测报警系统安全规范

3 术语和定义

下列术语和定义适用于本文件。

3.1
液化天然气　liquefied natural gas

一种低温液态流体，主要组分是甲烷，含有少量的乙烷、丙烷、氮或天然气中常见的其他组分，简称 LNG。

3.2
压缩天然气　compressed natural gas

主要成分为甲烷的压缩气体燃料，简称 CNG。

3.3
LNG 气化装置　LNG gasification decompression equipment

将 LNG 气化、减压至满足发动机使用压力要求的装置。

3.4
LNG 槽车　LNG cargo tank vehicle，LNG tank vehicle

用于运输 LNG 的专用车辆。

3.5
CNG 减压装置　CNG decompression equipment

1

将 CNG 减压至满足发动机使用压力要求的装置。

3.6

CNG 管束车 CNG vehicle

用于运输 CNG 的专用车辆。

3.7

天然气供气站 natural gas supply station

为发动机提供天然气气源的供气系统，简称供气站。分为 CNG 供气站和 LNG 供气站两种。供气站由天然气储存容器和处理装置两部分组成。CNG 供气站由 CNG 管束车和减压装置组成；LNG 供气站由 LNG 槽车（储罐）和气化装置组成。

4 基本要求

4.1 发动机与供气站间火灾危险性分类应符合 GB 50183—2004 中 3.1 的规定。

4.2 发动机的安全要求应符合 GB/T 37170 的相关规定，减压处理装置和气化处理装置的技术要求应分别符合 NB/T 42110、GB/T 38530 的相关规定，CNG 管束车、LNG 槽车应由相关部门批准。

4.3 供气站应建立启动、停机程序。典型的 LNG 供气站启动、停机推荐操作程序参见附录 A，典型的 CNG 供气站启动、停机推荐操作程序参见附录 B。

4.4 本文件规定了应满足的一般性、通行性安全要求，如果遇到地形和井场条件不允许等特殊情况，应进行专项评估，并采取或增加相应的安全保障措施，在确保安全的前提下，由设计部门进行调整。

5 安全布置

5.1 供气站的总平面布置，应根据其本身特点、功能要求、火灾危险性等级，结合地形、风向等因素，综合合理布置。

5.2 供气站应布置在井场主导风向的下风位置，并应避开井口下风向正对的区域。

5.3 CNG 和 LNG 的装卸车场所，应布置在站场的边缘，独立成区，并宜设单独的出入口。

5.4 供气站四周宜设置不低于 2.2m 的非燃烧材料的围墙或围栏，且应设置防火防爆等安全标志。道路与围墙（栏）的间距不应小于 1.5m。

5.5 供气站与站外建（构）筑物的安全距离见表 1。

表 1 供气站与站外建（构）筑物的安全距离

站外建（构）筑物	CNG 供气站 m	LNG 供气站 m
井口	30	30
明火、散发火花的地点	30	25
锅炉房	15	15
发电房	20	20
办公、民用建筑	18	18

5.6 LNG 槽车（储罐）距离柴油罐应不小于 10m；CNG 管束车距离柴油罐应不小于 4m；LNG 槽车（储罐）之间距离应不小于 2m；CNG 管束车应不小于 1.5m。

5.7 供气站不宜布置在通信线和架空电力线处，如确需架空通信线路跨越供气站上方时，架空通信线距离供气站上方应不小于 1 倍的架空杆高；如确需架空电力线路跨越供气站上方时，架空电力线距离供气站上方应不小于 1.5 倍的架空杆高。

5.8 当放喷管线和天然气输送管线发生交叉时，在交叉部位应将天然气管线埋深不小于 1m，且不得有管线接头。

5.9 发动机工作场所及供气站宜通风良好。凡是可能积聚可燃或窒息性气体的场所，均应安装通风设施。

5.10 供气站内设备间的距离宜便于进行连接、换车及 LNG 反冲压力等操作。

5.11 供气站距离快速路、主干路应不小于 12m，距离次干路、支路应不小于 10m。

5.12 槽车与气化装置之间的最小净距离应不小于 3m。

5.13 减压装置的安全放散汇合管应接出设备外部，管口宜垂直向上，放散口应高于 10m 范围内的建（构）筑 2m 以上，并应高出地面 5m。

6 安全防护

6.1 车辆跨越输气管线的地方应装过桥盖板。

6.2 发动机与供气站工作现场应配有燃气泄漏检测和报警设备。设备的选用和安装参照 SY/T 6503 的要求执行。

6.3 发动机与供气站工作现场应配有防爆通信设备。

6.4 发动机与供气站工作现场应具有紧急情况的应急预案。

6.5 供气站防雷接地装置设置应不少于两处，冲击接地电阻应不大于 10Ω，接地电极铜芯与储罐的铜芯连线横截面应不小于 16mm²。

6.6 供气站应设防静电接地装置，其接地电阻应不大于 100Ω（可与防雷接地装置共用）。

6.7 供气站区使用的电气设备应具有防爆功能。

6.8 发动机及供气站的灭火器材应符合下列规定：
   a) 每台发动机应至少配置 2 具 4kg 手提式干粉灭火器；
   b) LNG 气化装置及 CNG 减压装置应至少配置 2 具 4kg 手提式干粉灭火器；
   c) LNG 槽车和 CNG 管束车应配置 2 具 4kg 手提式干粉灭火器。

7 安全输送

7.1 天然气输送管路指 LNG 气化（CNG 减压）装置出口至发动机间的管路。

7.2 管路的材料、设计流量、承压能力应满足供气站及发动机的设计要求。

7.3 管路上应设有迅速切断气源的保护设备。

7.4 管路投入使用前，应对其进行气密性检测、清扫、干燥等作业，并制定相应的安全技术措施。

7.5 发动机启动前，应检查发动机天然气管路的气密性，若存在漏气现象应立即排除。发动机运转过程中，应定期对天然气管路的气密性进行巡检，如发现漏气现象应立即排除，如故障无法排除应停车。发动机停止运转后，应及时关闭天然气气源。

7.6 发动机每次拆装后应采用惰性气体（如氮气）对天然气输送管路进行置换。

7.7 管路宜采用法兰式连接，如采用其他连接方式，应有防止松脱的保护措施。

7.8 管路应静电接地，对于公称直径大于或等于 25mm 的燃气管路，当金属法兰采用金属螺栓或卡子紧固时，应保证至少两个螺栓或卡子件具有良好的导电接触面，当法兰间电阻值超过 0.03Ω 时，须有导线跨接。

SY/T 6925—2021

8 安全操作

8.1 发动机

8.1.1 操作人员在进入工作岗位之前应接受厂家安全操作培训并获得相应资格。

8.1.2 操作人员操作发动机时，应按照生产厂商提供的使用说明书进行操作。

8.1.3 发动机启动前，应在天然气管路关闭的情况下空转发动机，累计转动时间不少于20s。

8.1.4 发动机启动前，应检查发动机各用电设备，保证通电可靠，状态正常。

8.1.5 发动机运行过程中，应注意发动机的运行状况，按规定做好运行记录，发现异常应及时采取措施。

8.1.6 正常情况下，发动机不应带载停车，应先卸去负荷，并逐渐降低转速至怠速，当油温、水温降至生产厂商技术文件限值后，方可停车。

8.1.7 发动机停车时，应先关闭发动机燃气系统电磁阀及手动蝶阀，再关闭电源；所有发动机停止作业后应关闭总气源、所有电动或手动截止阀。

8.1.8 新机超出封存期或老机长期封存重新启用前，应进行全面检查。

8.1.9 发动机应按照相关技术文件的规定进行保养。

8.2 CNG供气站

8.2.1 操作人员进入工作区域应按照相关要求着装，在工作区域作业时，应使用防爆工具。

8.2.2 装置首次投入使用前应采用惰性气体（如氮气）对减压处理装置进行置换。

8.2.3 置换结束后，应对减压装置各连接处进行燃气泄漏测试，如发现问题应及时解决。

8.2.4 操作人员应按生产厂商提供的使用说明书进行操作并定期对设备进行巡检。

8.2.5 减压装置运输或移动时，应将其内部燃气放至常压，放气过程中应采取安全防护措施。

8.2.6 减压处理装置卸车之前，应首先连接好软管，在打开管束车阀门的过程中，操作人员不得面对阀门。

8.2.7 管束车卸车过程中，与作业无关人员不应在附近停留。

8.2.8 减压装置更换管束车时，应按照生产厂商提供的使用说明书进行操作，连接完成后，应对各连接口进行气密性检查。

8.2.9 减压装置在临时性停用期间，应有专人值守。

8.2.10 管束车装卸，应由专业资质人员操作。

8.3 LNG供气站

8.3.1 当环境温度低于10℃时，使用前应向LNG气化处理装置内加入防冻液并加热，防冻液应加热至装置要求温度后再使用气化装置。

8.3.2 当环境温度低于防冻液最低使用温度时，应停用设备并将防冻液放干净。

8.3.3 LNG供气站的其他操作要求参照8.2的要求执行。

附 录 A
（资料性）
典型的 LNG 供气站启动、停机推荐操作程序

A.1 总则

A.1.1 本附录提供了典型 LNG 供气站启动、停机推荐操作程序。
A.1.2 用户在启动、停机操作时，应仔细阅读制造商的使用维护操作说明书。

A.2 发动机启动操作程序

A.2.1 首先检查 LNG 供气站各设备阀门是否处于停用状态，各温度、压力仪表显示是否正常，确认仪表底阀及安全阀底阀为打开状态，排空阀为关闭状态。
A.2.2 首次安装使用本设备，应按照制造商的使用维护操作说明书的要求进行设备和输气管道的空气置换操作，确保设备内无空气残留。
A.2.3 打开供气装置上的电源，加热器自动开启，对防冻液进行加热，并注意观察换热器上的温度计显示的温度，当防冻液温度加热至 60℃±2.5℃时，方可进行下一步操作。
A.2.4 开启供气装置液相口阀门，然后开启槽车出液口阀门，观察调压后压力表读数，调压阀调节输出压力至供气要求压力范围。
A.2.5 开启供气装置输气总阀，检查输气管道无泄漏，开启发动机供气阀门，按照发动机操作规程启动发动机。

A.3 发动机临时停机操作程序

A.3.1 首先摘掉并车箱离合器，按照发动机操作规程关停发动机。
A.3.2 关闭槽车液相口阀门。
A.3.3 检查确认供气装置中的安全阀底阀，确保为开启状态。
A.3.4 当重新启动发动机时，可直接开启槽车的液相口阀门，按照发动机操作规程启动发动机。
注：临时停机时间不宜超过 60min，如停机过长，应执行发动机停机操作程序。

A.4 发动机停机操作程序

A.4.1 发动机正常停车

A.4.1.1 单台发动机正常停车前，应先摘掉发动机对应的并车箱离合器。关闭发动机对应的输气支管道供气阀门，按照发动机操作规程关停发动机。
A.4.1.2 多台发动机正常停车，应按照单台发动机正常停车的程序逐台进行。
A.4.1.3 最后一台发动机关停前，先关闭槽车液相出口阀门，待发动机消耗完管道内的天然气后按照发动机操作规程关停发动机。
A.4.1.4 缓慢开启低温排空阀，待压力表小于 0.05MPa 时，关闭低温排空阀。
A.4.1.5 关闭供气装置电源。
A.4.1.6 当环境温度低于防冻液最低限定温度时，应将防冻液放干净。

A.4.2 发动机紧急停车

A.4.2.1 单台发动机紧急停车后，应先摘掉发动机对应的并车箱离合器。关闭发动机对应的输气支管

道供气阀门，而后关闭发动机进气阀门和电源开关。
A.4.2.2 立即用人工对发动机反复盘车一段时间，且应同时用预供油泵泵油，使润滑油充满各摩擦表面。
A.4.2.3 检查发动机有无异常，如有异常，找出原因，并采取有效措施予以排除。
A.4.2.4 故障排除后，应按照发动机启动操作程序启动发动机，待发动机运转后，如检查无异常，可根据工况需要确定是继续运转发动机或关停发动机。
A.4.2.5 多台发动机紧急停车，应按照单台发动机紧急停车的程序同时进行。
A.4.2.6 如全部发动机紧急停车，应按照 A.4.2.1、A.4.2.2 程序进行。
A.4.2.7 关闭槽车液相口阀门。
A.4.2.8 检查供气装置中的安全阀底阀，确保为开启状态。检查供气装置仪表、阀门等各附属设备及输气管道有无异常。如有异常，找出原因，并采取有效措施予以排除。
A.4.2.9 检查、启动发动机按照 A.4.2.3、A.4.2.4 程序进行。

SY/T 6925—2021

附录 B
（资料性）
典型的 CNG 供气站启动、停机推荐操作程序

B.1 总则

B.1.1 本附录提供了典型 CNG 供气站启动、停机推荐操作程序。

B.1.2 用户在启动、停机操作时，应仔细阅读制造商的使用维护操作说明书。

B.2 发动机启动操作程序

B.2.1 首先检查 CNG 供气站各设备阀门是否处于停用状态，各温度、压力仪表显示是否正常，确认仪表底阀及安全阀底阀为打开状态，排空阀为关闭状态。

B.2.2 首次安装使用本设备，应按照制造商的使用维护操作说明书的要求进行设备和输气管道的空气置换操作，确保设备内无空气残留。

B.2.3 打开供气装置上的电源，加热器自动开启，对防冻液进行加热，并注意观察换热器上的温度计显示的温度，当防冻液温度加热至 60℃±2.5℃ 时，方可进行下一步操作。

B.2.4 开启紧急切断阀的仪表风，开启设备天然气入口阀门，然后开启管束车天然气出口阀门，观察一级调压后压力表读数，调整一级调压阀，调至供气模块对一级调压后的压力要求范围内；观察二级调压后压力表读数，调整二级调压阀，调节输出压力至供气要求压力范围。

B.2.5 开启 CNG 供气装置输气总阀，检查输气管道无泄漏，开启发动机供气阀门，按照发动机操作规程启动发动机。

B.3 发动机临时停机操作程序

B.3.1 首先摘掉并车箱离合器，按照发动机操作规程关停发动机。

B.3.2 关闭管束车天然气出口阀门。

B.3.3 检查确认供气装置中的安全阀底阀，确保为开启状态。

B.3.4 当重新启动发动机时，可直接开启管束车的天然气出口阀门。

注：临时停机时间不宜超过 60min，如停机过长，应执行发动机停机操作程序。

B.4 发动机停机操作程序

B.4.1 发动机正常停车

B.4.1.1 单台发动机正常停车前，应先摘掉发动机对应的并车箱离合器。关闭发动机对应的输气支管道供气阀门，按照发动机操作规程关停发动机。

B.4.1.2 多台发动机正常停车，应按照单台发动机正常停车的程序逐台进行。

B.4.1.3 最后一台发动机关停前，先关闭管束车天然气出口阀门，待发动机消耗完管道内的天然气后按照发动机操作规程关停发动机。

B.4.1.4 缓慢开启排空阀，待压力表小于 0.05MPa 时，关闭排空阀。

B.4.1.5 关闭供气装置电源。

B.4.1.6 当环境温度低于防冻液最低限定温度时，需将防冻液放干净。

B.4.2 发动机紧急停车

B.4.2.1 单台发动机紧急停车后，应先摘掉发动机对应的并车箱离合器。关闭发动机对应的输气支管道供气阀门，而后关闭发动机进气阀门和电源开关。

B.4.2.2 立即用人工对发动机反复盘车一段时间，且应同时用预供油泵泵油，使润滑油充满各摩擦表面。

B.4.2.3 检查发动机有无异常，如有异常，找出原因，并采取有效措施予以排除。

B.4.2.4 故障排除后，应按照发动机启动操作程序启动发动机，待发动机运转后，如检查无异常，可根据工况需要确定是继续运转发动机或关停发动机。

B.4.2.5 多台发动机紧急停车，应按照单台发动机紧急停车的程序同时进行。

B.4.2.6 如全部发动机紧急停车，应按照 B.4.2.1、B.4.2.2 程序进行。

B.4.2.7 关闭管束车天然气出口阀门。

B.4.2.8 检查供气装置中的安全阀底阀，确保为开启状态。检查供气装置仪表、阀门等各附属设备及输气管道有无异常。如有异常，找出原因，并采取有效措施予以排除。

B.4.2.9 检查、启动发动机按照 B.4.2.3、B.4.2.4 程序进行。

参 考 文 献

[1] GB/T 12243 弹簧直接载荷式安全阀
[2] GB/T 20651.1 往复式内燃机 安全 第1部分：压燃式发动机

中华人民共和国
石油天然气行业标准
钻井用天然气发动机及供气站安全规程
SY/T 6925—2021

*

石油工业出版社出版
（北京安定门外安华里二区一号楼）
北京中石油彩色印刷有限责任公司排版印刷
新华书店北京发行所发行

*

880×1230毫米 16开本 1印张 25千字 印1—600
2022年1月北京第1版 2022年1月北京第1次印刷
书号：155021·8264 定价：20.00元
版权专有 不得翻印

ICS 13.100
CCS E 09

SY

中华人民共和国石油天然气行业标准

SY/T 7028—2022
代替 SY/T 7028—2016

钻（修）井井架逃生装置安全规范

The safety rules of height escaping system for drilling or workover rigs

2022－11－04 发布　　　　　　　　　　　　　　2023－05－04 实施

国家能源局　　发 布

SY/T 7028—2022

目　次

前言 ⋯⋯ Ⅱ
1　范围 ⋯⋯ 1
2　规范性引用文件 ⋯⋯⋯⋯⋯⋯⋯⋯⋯⋯⋯⋯⋯⋯⋯⋯⋯⋯⋯⋯⋯⋯⋯⋯⋯⋯⋯⋯⋯⋯⋯⋯⋯⋯⋯ 1
3　术语和定义 ⋯⋯⋯⋯⋯⋯⋯⋯⋯⋯⋯⋯⋯⋯⋯⋯⋯⋯⋯⋯⋯⋯⋯⋯⋯⋯⋯⋯⋯⋯⋯⋯⋯⋯⋯⋯⋯ 1
4　配备 ⋯⋯ 1
5　性能与规格 ⋯⋯⋯⋯⋯⋯⋯⋯⋯⋯⋯⋯⋯⋯⋯⋯⋯⋯⋯⋯⋯⋯⋯⋯⋯⋯⋯⋯⋯⋯⋯⋯⋯⋯⋯⋯⋯ 1
6　安装 ⋯⋯ 2
　　6.1　双导向绳式逃生装置 ⋯⋯⋯⋯⋯⋯⋯⋯⋯⋯⋯⋯⋯⋯⋯⋯⋯⋯⋯⋯⋯⋯⋯⋯⋯⋯⋯⋯⋯⋯ 2
　　6.2　单导向绳式逃生装置 ⋯⋯⋯⋯⋯⋯⋯⋯⋯⋯⋯⋯⋯⋯⋯⋯⋯⋯⋯⋯⋯⋯⋯⋯⋯⋯⋯⋯⋯⋯ 3
　　6.3　初次安装、更换 ⋯⋯⋯⋯⋯⋯⋯⋯⋯⋯⋯⋯⋯⋯⋯⋯⋯⋯⋯⋯⋯⋯⋯⋯⋯⋯⋯⋯⋯⋯⋯⋯ 3
　　6.4　转井拆卸安装 ⋯⋯⋯⋯⋯⋯⋯⋯⋯⋯⋯⋯⋯⋯⋯⋯⋯⋯⋯⋯⋯⋯⋯⋯⋯⋯⋯⋯⋯⋯⋯⋯⋯ 4
7　使用 ⋯⋯ 4
8　检查 ⋯⋯ 4
9　管理 ⋯⋯ 4
10　维修与报废 ⋯⋯⋯⋯⋯⋯⋯⋯⋯⋯⋯⋯⋯⋯⋯⋯⋯⋯⋯⋯⋯⋯⋯⋯⋯⋯⋯⋯⋯⋯⋯⋯⋯⋯⋯⋯ 5

SY/T 7028—2022

前 言

本文件按照 GB/T 1.1—2020《标准化工作导则　第 1 部分：标准化文件的结构和起草规则》的规定起草。

本文件代替 SY/T 7028—2016《钻（修）井井架逃生装置安全规范》，与 SY/T 7028—2016 相比，除结构调整和编辑性改动外，主要技术变化如下：

a) 更改了"范围"的内容（见第 1 章，2016 年版的第 1 章）；
b) 更改了"规范性引用文件"的内容（见第 2 章，2016 年版的第 2 章）；
c) 删除了"常用逃生装置的类型"，并将 2016 年版的有关内容修改、删除后，增加了"术语和定义"的内容（见第 3 章，2016 年版的第 3 章）；
d) 将"配备要求"更改为"配备"，增加、修改、删除了相关条款（见第 4 章，2016 年版的第 4 章）；
e) 将"技术性能"更改为"性能与规格"，增加、修改、删除了相关内容（见第 5 章，2016 年版的第 5 章）；
f) 将"安装步骤与要求"更改为"安装"，修改、删除、增加了相关内容，前移了相关条款（见第 6 章，2016 年版的第 6 章）；
g) 将"安全操作规程"更改为"使用"，修改、删除、增加了相关内容（见第 7 章，2016 年版的第 7 章）；
h) 更改并增加了"检查"的内容（见 8.2、8.3、8.4，2016 年版的 8.2、8.3）；
i) 将"安全管理"更改为"管理"，增加、修改、前移了相关条款（见 9.2～9.9，2016 年版的第 9 章）；
j) 删除了"培训"，删除、修改了相关内容后纳入"管理"（见 9.1，2016 年版的第 10 章）；
k) 增加、修改了"维修与报废"的相关条款（见第 10 章，2016 年版的第 11 章）。

请注意本文件的某些内容可能涉及专利。本文件的发布机构不承担识别专利的责任。

本文件由石油工业标准化技术委员会石油工业安全专业标准化技术委员会（CPSC/TC20）提出并归口。

本文件起草单位：中石化安全工程研究院有限公司、山东摩科石油工程有限公司、中国石油化工集团有限公司安全监管部、中石化石油工程技术服务有限公司。

本文件主要起草人：靳彦欣、鲁小辉、高凯歌、田立杰、梅象斌、付明文、巩亚明、周东恩、陈俊营、刘吉伟、刘涛、万平平、苏文涛、徐云龙、商翼。

本文件及其所代替文件的历次版本发布情况为：
——SY 7028—2016，2017 年转化为 SY/T 7028—2016。

钻（修）井井架逃生装置安全规范

1 范围

本文件规定了钻井、修井井架逃生装置的配备、性能与规格、安装、使用、检查、管理、维修与报废等要求。

本文件适用于钻井、修井井架高处作业逃生。

2 规范性引用文件

下列文件中的内容通过文中的规范性引用而构成本文件必不可少的条款。其中，注日期的引用文件，仅该日期对应的版本适用于本文件；不注日期的引用文件，其最新版本（包括所有的修改单）适用于本文件。

GB 6095—2009 安全带
SY/T 6666 石油天然气工业用钢丝绳的选用和维护的推荐作法

3 术语和定义

3.1
双导向绳式逃生装置 double guide rope escaping system

上、下限速拉绳绕过缓降器后，与两个手动控制器连接，两个手动控制器在限速拉绳的牵引下沿着两条导向绳上、下往返滑动，可供人员连续逃生使用的钻（修）井井架逃生装置。

3.2
单导向绳式逃生装置 single guide rope escaping system

缓降器的限速拉绳牵引手动控制器，沿着导向绳平稳滑至落脚点，限速拉绳与人体分离后能手动复位或自动复位，可供人员连续逃生使用的钻（修）井井架逃生装置。

4 配备

4.1 设计有二层操作平台的钻井、修井井架，应至少配备一套逃生装置。
4.2 高含硫油气井、高压油气井施工，应至少配备一套双导向绳式逃生装置。

5 性能与规格

5.1 每套逃生装置应有产品检验合格证、使用说明书、零部件配置清单等。
5.2 下滑承重范围应为50kg～130kg。
5.3 最大下滑距离100m。
5.4 逃生装置的下滑速度应不高于2m/s，下滑速度应可手动控制，并能实现空中停留。

5.5 导向绳与地面夹角为：
　　——双导向绳式逃生装置导向绳与地面夹角应为 30°～75°，最佳角度宜选用 45°；
　　——单导向绳式逃生装置导向绳与地面夹角应为 45°～80°。

5.6 悬挂体固定绳应选用长度 2m、不小于直径 13mm 的 6×19 型号的钢丝绳。

5.7 导向绳的规格与型号：
　　——双导向绳式逃生装置应选用直径 10mm 的 6×19＋IWS 型号的镀锌或不锈钢钢丝绳；
　　——单导向绳式逃生装置应选用直径 12mm 的 6×19＋IWS 型号的镀锌或不锈钢钢丝绳。

5.8 限速拉绳应选用直径 5mm 的 3×21 型号的镀锌或不锈钢钢丝绳。

5.9 地锚的性能与规格：
　　——螺旋地锚应选用长度 1300mm、直径 73mm 的锚杆，厚度 5mm、直径 210mm 的锚片，锚片段总长度应为 500mm；
　　——混凝土方形重坨地锚重量应不小于 1000kg。

5.10 紧固件、钢丝绳卡、卸扣等配件承重载荷应不小于 1000kg。

5.11 安全带性能与规格：
　　——安全带应具有能与逃生装置及其他防护设施相连接的"D"形环。当使用逃生装置时，手动控制器上的 2 个挂钩分别挂在安全带腰部两侧的"D"形环上；
　　——安全带的质量与技术性能应符合 GB 6095—2009 中 5.2.3 和 5.2.4 的规定。

6 安装

6.1 双导向绳式逃生装置

6.1.1 悬挂体

6.1.1.1 绳套悬挂方式

悬挂体固定绳宜缠绕固定在二层操作平台上方 2.5m～3.5m 的井架上，并采取防磨措施，用卸扣将悬挂体固定绳和悬挂体"U"形环连接固定，手动控制器高度应满足操作人员使用需要。

6.1.1.2 夹板悬挂方式

将夹板用两个"U"形卡固定在井架二层操作平台上方 2.5m～3.5m 的井架上，用卸扣穿过耳板与悬挂体"U"形环连接固定，手动控制器高度应满足操作人员使用需要。

6.1.2 缓降器

6.1.2.1 用高强度螺栓加防松螺帽将缓降器固定在悬挂体的空腔内，上、下限速拉绳绕过缓降器后，一端用挂钩连接在上方的手动控制器上，另一端顺向地面，连接下方的另一个手动控制器。

6.1.2.2 缓降器安装完后，应将散热孔打开，防止频繁使用导致缓降器过热，损坏装置。

6.1.3 导向绳

用高强度螺栓加防松螺帽将两根导向绳上端的"鸡心环"分别固定在悬挂体的两侧，另一端固定在地锚上。导向绳应适度绷紧，剩余的导向绳应有序盘起，并捆扎固定在导向绳的绳卡处。

6.1.4 手动控制器

6.1.4.1 在两根导向绳上各安装一个手动控制器，使其沿导向绳上、下运动，两个手动控制器上、下交替使用。

6.1.4.2 安装时，应先在场地上将导向绳从手动控制器的孔槽处穿过，然后将手动控制器与上、下限速拉绳用安全挂钩连接在一起，并旋紧锁套。

6.1.4.3 上端手动控制器处警示牌应处于取下状态，下端手动控制器处警示牌应处于插入状态，手动控制器挂钩的高度应便于摘挂使用。

6.1.5 限速拉绳

将限速拉绳穿入并绕过缓降器后，在限速拉绳的两端各用 2 只钢丝绳卡卡固安全挂钩，一端将挂钩连接在上方的手动控制器上，另一端顺向地面并用挂钩连接在下方的另一个手动控制器上；剩余的钢丝绳应有序盘起，并捆扎固定在限速拉绳的绳卡处。

6.1.6 地锚

6.1.6.1 导向绳在地面应使用螺旋地锚或混凝土重坨地锚固定。

6.1.6.2 螺旋地锚的两个固定点相距应不少于 4m，地锚旋入地表 1.1m～1.2m，地锚顶部高出地面 0.1m～0.2m，导向绳与地锚连接处用花篮螺栓和高强度螺栓连接，转动花篮螺栓可以调节导向绳的松紧度，导向绳穿过花篮螺栓后用 3 只钢丝绳卡固定。

6.1.6.3 若安装地锚的位置遇到沙漠、水泥、石板、钢铁等无法使用螺旋地锚的表面，应使用混凝土重坨地锚，两个地锚相距应不少于 4m，导向绳与地锚连接处用花篮螺栓和卸扣连接，转动花篮螺栓可以调节导向绳的松紧度，导向绳穿过花篮螺栓后用 3 只钢丝绳卡固定。

6.1.6.4 地锚前方 2m、两侧 1m 范围内不应有障碍物。

6.2 单导向绳式逃生装置

6.2.1 支撑梁

6.2.1.1 将支撑梁一端的卡座卡固在二层操作平台上方 2.5m～3.5m 的井架横梁上，并用 2 只螺栓紧固，将带耳板的另一端探出操作平台 0.5m～0.6m。

6.2.1.2 在支撑梁端部与井架之间卡固一根直径不小于 12mm 的钢丝绳，作为斜拉安全绳。

6.2.2 缓降器

使用卸扣将缓降器固定在支撑梁的耳板上。

6.2.3 导向绳

用卸扣将导向绳一端的"鸡心环"与支撑梁上的耳板连接固定，另一端穿入导向滑轮后用 3 个绳卡固定在地锚上，导向绳应适度绷紧，剩余的钢丝绳应有序盘起，并捆扎固定在导向绳的绳卡处。

6.2.4 地锚

应使用螺旋地锚或混凝土重坨地锚固定，安装方法按照 6.1.6 的要求。

6.3 初次安装、更换

6.3.1 逃生装置的初次安装和使用中整套更换新装置，应由制造商授权的专业人员进行安装、调试、培训和试滑。

6.3.2 更换缓降器、手动控制器、地锚等关键部件的逃生装置，应进行试滑。

6.4 转井拆卸安装

6.4.1 逃生装置转井拆卸、安装应由经过培训的人员负责，不应拆卸缓降器、手动控制器等关键部件本身的固定部位，不应私自更换限速拉绳、导向绳。

6.4.2 需要更换悬挂体固定绳、导向绳的连接固定螺栓、钢丝绳卡、花篮螺栓、卸扣等配件时，应与原配件的规格型号相同。

7 使用

7.1 使用前，在二层操作平台上双手反复拉动缓降器两侧的限速拉绳，确认拉绳有较大的抗拉阻力，缓降功能有效。拉动限速拉绳时应拴挂好安全带。

7.2 将手动控制器的两个挂钩分别挂在安全带腰部两侧的"D"形环处并锁紧，锁紧手动控制器，使其受力后，摘下安全带尾绳挂钩，单手握住手动控制器的调节丝杠手轮，身体离开二层操作平台。

7.3 离开二层操作台后，应旋转调节丝杠手轮，控制下滑速度保持匀速下滑。

7.4 即将到达落地点时，应旋转调节丝杠手轮，放慢下滑速度，缓慢接触落地点，站稳后摘下安全带挂钩，将防锁紧警示牌卡固在手动控制器滑动体和制动块之间。

7.5 逃生装置出现故障，滑行人员滞留在空中无法下滑时，不应摘掉牵引绳与手动控制器连接处的挂钩强行下滑。钢丝绳变形或断丝无法下滑时，应旋转手动控制器放松至最大间隙，晃动身体使手动控制器通过卡阻部位后调整手动控制器，匀速下滑。

8 检查

8.1 逃生装置应由经过培训的人员负责日常管理，每月应对装置进行一次全面检查，并有记录。

8.2 逃生装置安装、更换前和维修后应由制造商授权的专业人员进行检查。

8.3 日常检查应至少包括以下内容：
- ——悬挂体固定绳与悬挂体、悬挂体与缓降器、悬挂体与导向绳、导向绳与地锚等处的连接固定情况；
- ——缓降器的缓降情况；
- ——手动控制器的磨损情况；
- ——限速拉绳与手动控制器的连接情况；
- ——钢丝绳的磨损、折伤、断丝及锈蚀情况；
- ——导向滑轮的磨损情况；
- ——地锚的固定情况；
- ——安全带纤维部位的破损、断裂和开缝情况，金属环、扣和挂钩的裂纹、损伤情况；
- ——紧固件、连接件的固定连接情况；
- ——手动控制器防锁紧警示牌的卡固情况（落地点处的应卡固在手动控制器上，二层操作平台处的不应卡固）。

8.4 发现问题应立即停止使用，必要时应通知专业人员到现场维修，问题解决后方可使用。

9 管理

9.1 首次使用逃生装置的人员，应由专业人员进行培训，培训合格后方可使用。

9.2 每套逃生装置应至少配备2副配套的全身式安全带。

9.3 下滑人员落地点：
— 宜选择在季风方向的上风口处；
— 应避开道路、陡坡、坑洼、光线黑暗等危险区域；
— 应设置缓冲沙坑或放置软垫。

9.4 逃生装置安装、拆卸、存放过程中不应与水、油品接触，不应受其他硬物的碰撞、挤压。

9.5 手动控制器调节丝杠处的两个加油口应适当注油润滑，滑动体、制动块等部位应保持清洁。

9.6 导向绳和限速拉绳不应相互缠绕，导向绳四周应和障碍物保持安全距离。

9.7 导向绳上不应有油泥和冰瘤。

9.8 钢丝绳不应与锋利物品、焊接火花、酸碱物品或其他对钢丝绳有破坏性的物体接触；不应把钢丝绳用作电焊地线或吊重物使用；钢丝绳不应受挤压、弯折等。逃生装置拆卸后，钢丝绳应有序盘起，宜盘放直径为400mm～500mm，并妥善保管。

9.9 应定期组织逃生演练。

10 维修与报废

10.1 使用期限满一年或累计下滑距离达到1000m，应由制造商授权的单位检查维修1次。

10.2 出现下列情况之一时，应及时更换相应的部件：
— 缓降器有卡阻现象或缓降功能失效；
— 手动控制器上的滑动体、制动块磨损沟槽达到5mm；
— 导向滑轮磨损沟槽达到5mm；
— 金属部件产生严重锈蚀或"氢脆"；
— 钢丝绳达到SY/T 6666规定的报废条件。

10.3 整套逃生装置的正常使用寿命为5年，到期应报废。

中华人民共和国
石油天然气行业标准
钻（修）井井架逃生装置安全规范
SY/T 7028—2022

*

石油工业出版社出版
（北京安定门外安华里二区一号楼）
北京中石油彩色印刷有限责任公司排版印刷
新华书店北京发行所发行

*

880×1230毫米 16开本 0.75印张 17千字 印 401—900
2022年12月北京第1版 2023年7月北京第2次印刷
书号：155021·8449 定价：20.00元
版权专有 不得翻印

ICS 13.100
CCS E 09

SY

中华人民共和国石油天然气行业标准

SY/T 7668—2022

石油钻井安全监督规范

Specifications of oil drilling safety supervision

2022－11－04发布　　　　　　　　　　　　　　　　2023－05－04实施

国家能源局　　发　布

SY/T 7668—2022

目　次

前言 .... Ⅱ
1 范围 1
2 规范性引用文件 1
3 术语和定义 1
4 基本要求 2
5 安全监督机构管理流程 3
　5.1 管理流程 3
　5.2 编制工作计划 3
　5.3 人员选聘 3
　5.4 监督日常管理 4
　5.5 监督考评 4
6 安全监督人员工作流程 5
7 安全监督要点 6
　7.1 拆卸、安装作业 6
　7.2 起放井架作业 6
　7.3 开钻前检查 7
　7.4 井控 7
　7.5 钻进作业 7
　7.6 完井作业 8
　7.7 钻井辅助作业 8
　7.8 硫化氢防护 8
　7.9 作业许可 8
　7.10 故障及复杂工况 9
　7.11 新设备、新技术、新工艺、新材料应用 9
　7.12 特殊季节作业 9
　7.13 联合作业 10
8 安全监督信息处理 10
9 属地管理 10
附录 A（资料性）　现场安全管理检查表 11
附录 B（资料性）　钻井设备检查表 19
附录 C（资料性）　钻井作业过程检查表 36
附录 D（资料性）　生活设施安全检查表 49

Ⅰ

前 言

本文件按照 GB/T 1.1—2020《标准化工作导则 第 1 部分：标准化文件的结构和起草规则》的规定起草。

请注意本文件的某些内容可能涉及专利。本文件的发布机构不承担识别专利的责任。

本文件由石油工业标准化技术委员会石油工业安全专业标准化技术委员会（CPSC/TC20）提出并归口。

本文件起草单位：中国石油天然气集团公司川庆钻探工程有限公司质量安全环保处、中国石油天然气集团公司川庆钻探工程有限公司长庆石油工程监督公司、中国石油集团公司川庆钻探工程有限公司四川越盛能源集团有限公司、中石化石油工程技术服务有限公司、中国石油天然气集团公司川庆钻探工程有限公司安全环保质量监督检测研究院、中国石油天然气集团公司渤海钻探工程有限公司。

本文件主要起草人：周浩、张锁辉、刘建平、高赛男、任英、尤宏科、米秀峰、杨波、刘希宏、李宏江、姜国富、赵英杰、李海红、邹一葳、卫金平、黄涛、郑斌、唐桃、田伟、肖琳波、梁晨。

石油钻井安全监督规范

1 范围

本文件规定了陆上石油天然气钻井安全监督基本要求、机构管理流程、人员工作流程、监督要点、信息处理和属地管理。

本文件适用于陆上石油天然气钻井的安全监督，浅海、滩海陆岸石油天然气钻井安全监督参照使用。

2 规范性引用文件

下列文件中的内容通过文中的规范性引用而构成本文件必不可少的条款。其中，注日期的引用文件，仅该日期对应的版本适用于本文件；不注日期的引用文件，其最新版本（包括所有的修改单）适用于本文件。

SY/T 5087 硫化氢环境钻井场所作业安全规范
SY/T 5225 石油天然气钻井、开发、储运防火防爆安全生产技术规程
SY/T 5954 开钻前验收项目及要求
SY/T 5964 钻井井控装置组合配套、安装调试与使用规范
SY/T 5974 钻井井场设备作业安全技术规程
SY/T 6277 硫化氢环境人身防护规范
SY/T 6524 石油天然气作业场所劳动防护用品配备规范
SY/T 6925 钻井用天然气发动机及供气站安全规程
SY/T 7371 石油钻井合理利用网电技术导则

3 术语和定义

下列术语和定义适用于本文件。

3.1
安全监督 safety supervision

企业设置的安全监督机构和配备的安全监督人员，依据安全生产法律法规、规章制度和标准规范，对钻井及相关技术服务的作业过程进行安全检查验证与督导的活动。

3.2
安全监督人员 safety supervisors

依据安全生产法律法规、规章制度和标准规范，从事对钻井及相关技术服务作业进行安全检查验证与督导的人员。

3.3
旁站监督 on site supervision

安全监督人员对施工现场钻井高危、特殊作业及关键环节进行全过程安全检查验证和督导的工作方式。

SY/T 7668—2022

4 基本要求

4.1 企业应设置安全监督机构，配置安全监督人员，提供安全监督资源，构建安全风险分级管控和隐患排查治理双重预防机制。

4.2 安全监督机构的主要工作内容包括：
- ——建立安全监督管理规章制度；
- ——制定并执行安全监督计划；
- ——对安全监督人员开展培训和管理；
- ——为安全监督人员配备监督工具等资源；
- ——指派或聘用安全监督人员，并审核监督方案；
- ——对安全监督人员进行考核和日常管理；
- ——向被监督单位通报监督情况及整改要求；
- ——建立与被监督单位的沟通工作机制；
- ——协调解决监督工作中出现的问题。

4.3 安全监督人员应依据法律法规、规章制度、标准规范和设计等对钻井施工进行安全检查验证和督导。

4.4 根据风险评估结果，钻井施工过程可采取巡回监督和驻井监督相结合的方式进行。

4.5 安全监督人员应为监督工作内容负责，及时报送安全监督信息，并承担安全监督责任。

4.6 安全监督人员任职应具备以下条件：
- ——从事石油工程、安全相关工作3年及以上，对于注册安全工程师可放宽任职条件；
- ——接受过安全监督专业培训，取得企业认可的安全监督人员资质；
- ——身体健康，无职业禁忌症。

4.7 安全监督人员的主要工作内容包括：
- ——编制安全监督方案，并按照监督方案进行监督；
- ——对施工现场遵守安全生产法律法规、标准规范、规章制度和设计的情况进行监督；
- ——对施工现场高危、特殊作业及关键环节进行风险提示，并实施旁站监督；
- ——督促并跟踪验证事故隐患整改；
- ——制止和纠正违章；
- ——对不满足安全生产条件的作业下达停工或停产指令；
- ——向安全监督机构报告监督信息；
- ——参与、协助事故事件调查。

4.8 安全监督培训包括：
- ——安全监督人员每年应进行业务培训。
- ——安全监督人员脱岗6个月以上重新上岗时，应进行业务培训并考核合格。
- ——培训内容应包括但不限于以下内容：
  - 安全生产法律法规、标准规范和规章制度；
  - 安全生产管理知识；
  - 钻井高危、特殊作业及关键环节监督要点；
  - 新技术、新工艺、新材料、新设备的安全技术特性；
  - 安全观察与沟通等风险控制工具的应用；
  - 安全监督实用知识；
  - 风险辨识管控与隐患排查方法；

- 事故事件管理及事故应急处理措施。

5 安全监督机构管理流程

5.1 管理流程

安全监督机构应建立管理流程。安全监督机构管理流程如图1所示。

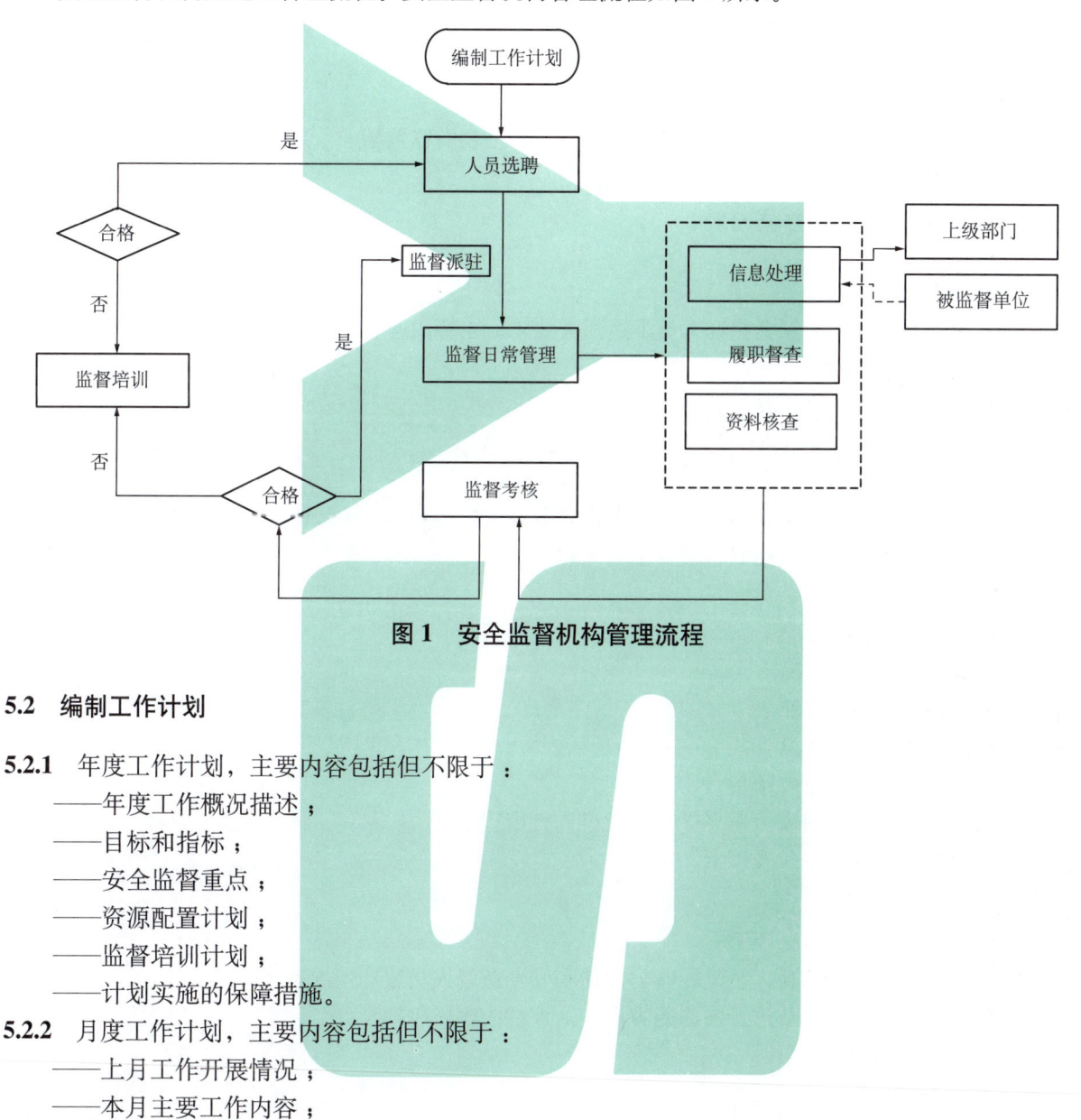

图 1 安全监督机构管理流程

5.2 编制工作计划

5.2.1 年度工作计划，主要内容包括但不限于：
——年度工作概况描述；
——目标和指标；
——安全监督重点；
——资源配置计划；
——监督培训计划；
——计划实施的保障措施。

5.2.2 月度工作计划，主要内容包括但不限于：
——上月工作开展情况；
——本月主要工作内容；
——本月工作要求。

5.3 人员选聘

根据项目风险评估等级需要选聘能力相匹配的安全监督人员，主要考虑因素：
——项目规模和风险大小；
——施工队伍人员和设备状况；

SY/T 7668—2022

——安全监督综合能力。

5.4 监督日常管理

5.4.1 信息处理应符合以下要求：
——安全监督机构应向上级汇报监督工作，主要内容包括：
- 安全监督工作开展情况；
- 监督发现的重大隐患及治理整改情况；
- 事故事件信息；
- 需要上级协调的事项。

——安全监督机构应向被监督单位通报监督情况，主要内容包括：
- 发现的典型问题；
- 管理短板和薄弱环节；
- 风险预警信息；
- 改进建议。

——安全监督机构应向安全监督人员下达相关要求，主要内容包括：
- 上级及地方政府相关要求；
- 被监督单位反馈的信息；
- 近期关注的监督重点。

5.4.2 履职督查应符合以下要求：
——安全监督机构应不定期对安全监督人员履职情况进行督查。
——履职督查主要内容包括但不限于：
- 日常巡检情况；
- 高危作业管控情况；
- 现场安全管理状况；
- 上级要求落实情况；
- 隐患整改验证情况。

5.4.3 资料核查应符合以下要求：
——安全监督机构应对安全监督提交的资料进行审查；
——监督资料应保存一年及以上。

5.5 监督考评

5.5.1 监督考评包括安全监督人员履职能力评估和安全监督人员履职情况考核。

5.5.2 应定期对安全监督人员进行履职能力评估。评估内容应包括：
——安全履职意愿；
——岗位基本知识；
——风险防控能力；
——应急处理能力。

5.5.3 每年应对安全监督人员履职情况进行考核，主要内容包括：
——施工现场安全运行情况；
——发现隐患违章的情况；
——信息反馈的准确度和及时性；
——安全监督人员履职工作记录，包括文字记录、图片记录、语音记录、影像记录等。

5.5.4 应根据考核结果，制定针对性措施。

6 安全监督人员工作流程

6.1 安全监督人员应根据工作流程开展安全监督工作。工作流程如图2所示。

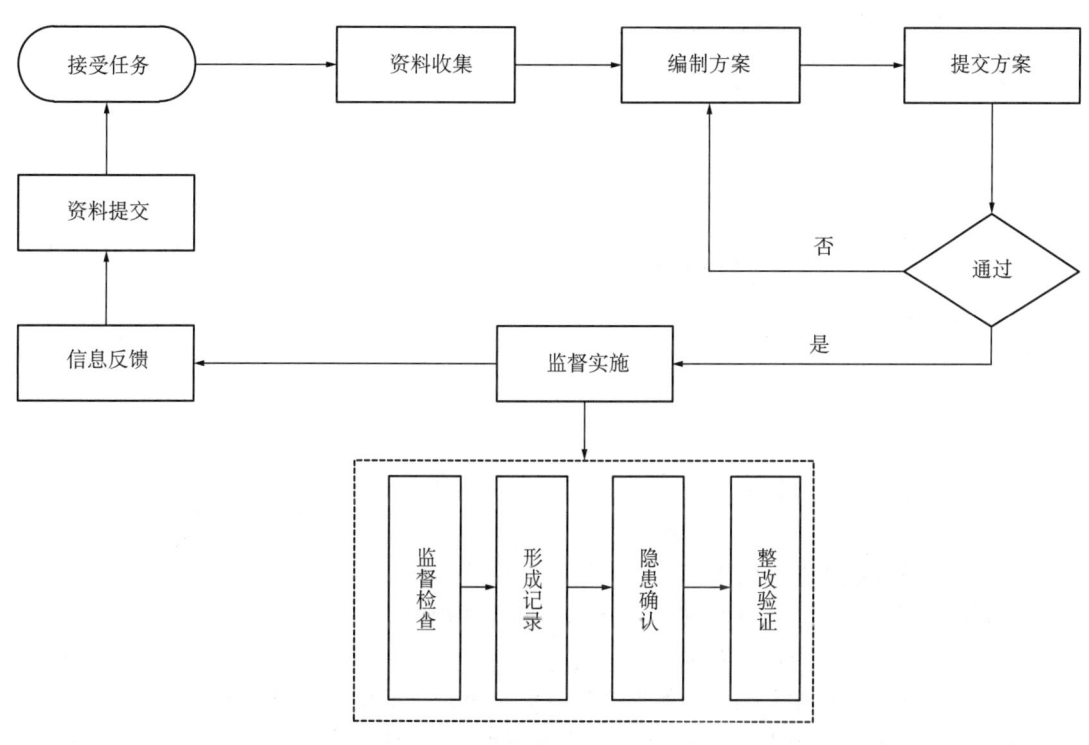

图 2 安全监督人员工作流程

6.2 安全监督人员接受安全监督机构的派驻任务。
6.3 安全监督人员应收集被监督项目相关资料，包括但不限于以下内容：
——地理环境特征；
——当地气象环境特征；
——危害因素辨识与防范措施制定情况；
——当地政府及相关单位的安全要求。
6.4 安全监督人员应依据项目风险编制安全监督方案。方案包括但不限于以下内容：
——施工队伍概述；
——危害因素辨识与控制；
——监督工作重点。
6.5 安全监督人员编制的方案，应提交监督机构审批。
6.6 安全监督人员监督实施应符合以下要求：
——安全监督人员应按照检查内容对作业场所进行监督检查，内容主要包括但不限：
- 人员作业行为；
- 设备设施的安全性；
- 作业的安全条件；
- 安全管理现状。

——安全监督人员可参考附录A～附录D持表检查。

SY/T 7668—2022

——监督活动结束后，应形成检查记录：
  - 检查记录应向被监督单位呈现，同时听取被监督单位意见；
  - 记录的种类包括文字记录、图片记录、语音记录、影像记录。
——下达的隐患整改通知单、违章处罚通知单、停工停产通知单等记录，应由被监督单位现场负责人签字确认。
——对已经确认的记录，应按照要求对整改情况进行验证，并形成验证结论。

6.7 安全监督人员应向安全监督机构反馈以下信息：
——安全监督工作情况；
——现场事故事件信息；
——现场典型做法；
——其他需要报告的信息。

6.8 安全监督人员应向安全监督机构提交以下资料：
——安全监督工作日志；
——监督工作记录。

7 安全监督要点

7.1 拆卸、安装作业

7.1.1 安全监督人员应确认钻井队拆卸、安装作业符合以下要求：
——设备的拆卸、安装应符合 SY/T 5974 相应部分的规定；
——设备拆卸（安装）起重作业前应对进入施工现场的吊车和起重作业人员相关资质进行核查；
——钻机拆卸（安装）作业前应组织召开钻井队全员参加的安全会议，明确岗位分工，辨识作业风险，落实风险防控措施；
——作业前钻井队人员应对吊索具进行检查，选择符合要求的吊索具；
——遇 6 级及以上大风、雷电、暴雨或雾、雪、沙暴，或能见度小于 30m 的恶劣天气时，应停止设备吊装作业。

7.1.2 拆卸、安装期间，安全监督人员应对特殊吊装作业旁站监督。

7.2 起放井架作业

7.2.1 起放井架前，安全监督人员应参加钻井队召开的作业前安全会，会议应明确人员分工，落实管控措施。

7.2.2 安全监督人员应确认钻井队起放井架作业符合以下要求：
——钻井队应对井架及底座、动力及控制部分、井架起升系统、场地等关键部位进行检查；
——继气器进气正常，放气正常，动作灵敏、不漏气，冬季应有保温措施；
——供电系统正常，动力系统、传动系统和控制系统应正常运转 2h 以上；
——井架起放应由一名指挥统一指挥，指挥站位安全并便于刹把操作者观察；
——井架起放过程中，除作业人员，其他人员和所有机具应撤至安全区，安全距离为正前方距井口不少于 70m，两边距井架不少于 20m；
——井架起升作业时应进行试起升，在起升离开支架不超过 50cm 时，应停止起升作业，对井架起升系统、井架等进行检查；
——井架起放作业的环境温度不应低于 −40℃，遇 5 级以上大风或能见度小于 100m 时，不应进行井架的起放作业；

6

——新配套或大修后第一次组装的井架，起放井架作业应在厂方的指导下完成。

7.3 开钻前检查

7.3.1 安全监督人员应确认钻井队开钻符合以下要求：
——开钻前检查应符合 SY/T 5954 相应部分的规定，现场防火防爆应符合 SY/T 5225 相应部分的规定，个人防护装备配备应符合 SY/T 6524 相应部分的规定；
——电代油动力设计应符合 SY/T 7371 相应部分的规定，气代油动力设计应符合 SY/T 6925 相应部分的规定；
——钻井工程设计、地质设计应到位；
——岗位人员应配备到位，证件应齐全有效；
——钻井设备应符合钻井工程设计，安全设施、应急物资和器材配备应齐全，完好有效；
——作业计划书的编制、审批应符合要求；
——钻井队应开展开钻安全自查自改；
——钻井工程、地质工程应技术交底。

7.3.2 安全监督人员应验证检查出问题的整改。

7.4 井控

7.4.1 安全监督人员应确认钻井队井控工作符合以下要求：
——井控装置的安装应符合 SY/T 5964 相应部分的规定及钻井工程设计的要求；
——井控装置应有井控车间的试压报告；
——井口装置和井控管汇上各阀门应挂牌，定期活动开关和保养；
——节控箱、节流管汇应标识最高允许关井压力值；
——远程控制台电源应从配电房用专线直接引出，并用单独的开关控制；
——定期对液面报警装置、固定式硫化氢监测仪、防爆排风扇和逃生装置等安全设施进行检查；
——相关人员井控培训合格证的持证情况应符合作业区域要求；
——防喷器半封闸板尺寸应与钻具相匹配；
——打开油气层前的检查、验收、申报、审批应符合要求；
——按照工程设计开展防喷演习；
——钻井液密度、储备钻井液、加重材料应符合设计要求；
——钻井队应准备与钻具组合相匹配的防喷单根或立柱及配合接头。

7.4.2 安全监督人员应旁站监督井控装置的安装及试压作业。

7.4.3 安全监督人员应监督钻井队井控例会制度、坐岗和干部值班制度执行情况。

7.4.4 安全监督人员应监督油气层短程起下钻执行情况。

7.5 钻进作业

7.5.1 安全监督人员应确认钻井队钻井作业符合以下要求：
——井筒作业发生变更时，管理人员应组织召开作业前安全会，识别作业变更带来的主要风险，并制定对应的消减措施；
——起下钻作业前，作业人员应对关键要害部位进行检查；
——按照应急演练计划开展应急演练。

7.5.2 安全监督人员应参加班前（后）会，监督钻井队岗位进行交接班检查、识别作业风险、制定预防措施。

SY/T 7668—2022

7.5.3 安全监督人员应监督钻井队井控坐岗和有毒有害气体检测情况。

7.6 完井作业

7.6.1 安全监督人员应确认钻井队完井作业符合以下要求：
—— 电测期间应 24h 井控坐岗；
—— 放射源装卸期间，应设立警戒区域，设置警示标识，非工作人员应撤离到安全区域；
—— 下套管前，钻井队应对关键设备、关键部位、安全防护设施等进行检查；
—— 固井作业前应合理排放车辆，设立警戒区域，设置警示标识，非工作人员不应进入高压区。

7.6.2 固井作业前，安全监督人员应参加协调会。

7.6.3 完井拆装井口前，安全监督人员应参加作业前安全会议。

7.7 钻井辅助作业

7.7.1 安全监督人员应确认钻井队钻具、工具、仪器上下钻台选用合适的提丝、吊索具，并有专人指挥。

7.7.2 安全监督人员应确认钻井队钻井泵、钻机绞车、柴油机等检维修作业落实能量隔离、上锁挂签、专人监护等措施，涉及高危作业的应办理作业许可。

7.7.3 安全监督人员应确认钻井队滑大绳、倒大绳作业前明确人员分工，分析存在的风险并制定管控措施。作业完成后及时安装、调试防碰天车，检查死活绳头固定。

7.7.4 安全监督人员应确认钻井队清理钻井液罐作业办理受限空间作业许可，检测有毒有害气体及氧气浓度，并安排专人监护。

7.8 硫化氢防护

7.8.1 安全监督人员应确认钻井队含硫化氢井现场符合 SY/T 5087 相应部分的规定。

7.8.2 安全监督人员应确认钻井队含硫化氢井人员防护、井场安全警示标识符合 SY/T 6277 相应部分的规定。

7.8.3 安全监督人员应确认钻井队含硫化氢井人员持有硫化氢防护培训合格证。

7.8.4 安全监督人员应确认钻井队按设计配备硫化氢监测仪、可燃气体检测仪、正压式空气呼吸器和空气压缩机。

7.8.5 安全监督人员应确认钻井队配备设备在检验期内，正压式空气呼吸器在使用后充气至正常压力。

7.8.6 安全监督人员应确认钻井队在进入含硫化氢油气层后按照设计落实防硫化氢技术措施。

7.9 作业许可

7.9.1 安全监督人员应确认钻井队作业许可符合以下要求：
—— 建立作业许可制度，作业许可应实行分级管理，建立分级管控清单，明确审批人。
—— 办理作业许可的作业包括但不限于：
  - 进入受限空间作业；
  - 挖掘作业；
  - 高处作业；
  - 流动式起重机吊装作业；
  - 临时用电作业；
  - 动火作业；

- 企业认定的其他应进行作业许可的作业。
—— 相关作业人员应参加作业许可前工作安全分析。
—— 开展风险识别，制定并落实安全措施，审批人现场核验、签字。
—— 作业环境、条件、内容发生变化，存在紧急情况、重大隐患，或发生事故时，应停止作业。需要继续作业的，重新办理作业许可。
—— 现场应有作业许可公示，作业区域应有警示隔离措施。
—— 作业时监护人员、指挥人员应全程监管。

7.9.2 作业完成后，安全监督人员应验证检查合格并签字确认，认可并关闭作业许可。

7.10 故障及复杂工况

7.10.1 安全监督人员应确认钻井队制定故障及复杂工况处理方案和应急处置措施，并对相关人员进行技术交底。

7.10.2 安全监督人员应确认钻井队对钻机固定、活绳头、大绳、刹车系统、指重表、大钩安全销、死绳固定器及井架大腿等关键部位进行检查。

7.10.3 安全监督人员应确认钻井队按照故障及复杂工况处理方案进行作业。

7.10.4 在处理过程中，安全监督人员应确认钻井队涉及直接作业环节的按照相关作业许可要求执行。

7.10.5 溢流、井涌、井喷及压井作业时，安全监督人员应确认钻井队进行有毒有害及可燃气体检测，督促及时汇报信息，按程序启动应急预案。

7.11 新设备、新技术、新工艺、新材料应用

7.11.1 安全监督人员应确认新设备有操作规程，相关人员经过培训。

7.11.2 安全监督人员应确认新工艺有工艺危害分析，制定有风险控制措施。

7.11.3 安全监督人员应确认新化工材料有化学品安全数据说明书，制定有应急处置措施。

7.11.4 安全监督人员应确认针对"四新"制定的应急处置措施进行了演练。

7.12 特殊季节作业

7.12.1 夏季作业时，安全监督人员应确认钻井队符合以下要求：
—— 落实夏季防触电、防雷击、防洪涝、防淹溺、防火防爆、防交通事故、防中暑、防食物中毒措施；
—— 井场和营房布局应符合防洪、防汛、防坍塌要求；
—— 合理安排岗位员工避开高温时间作业；
—— 雷雨季节到来前应进行防雷设施检测；
—— 电气设备、设施和营房的接地电阻检测电阻值应符合要求；
—— 防洪防汛物资应满足本作业区域要求。

7.12.2 冬季作业时，安全监督人员应确认钻井队符合以下要求：
—— 落实冬季防冻防滑、防火、防爆、防井喷、防中毒、防交通事故、防触电、防泄漏污染措施；
—— 冬防保温器材、物资应配备到位；
—— 进行设备冬季操作规程培训；
—— 按标准给岗位员工配发冬季劳动防护用品；
—— 寒冷地区设备管线应有保温加热措施。

7.13 联合作业

7.13.1 安全监督人员应确认主体作业单位和相关方签订安全协议，属地责任明确。

7.13.2 安全监督人员应确认主体作业单位牵头召开相关方协调会，明确指挥及各岗位分工，进行安全和技术交底。

7.13.3 安全监督人员应确认相关方人员劳动防护用品穿戴符合相关要求。

7.13.4 安全监督人员应确认联合作业主体作业单位组织开展风险辨识，制定管控及应急处置措施，主体作业单位应明确协调人。

7.13.5 安全监督人员应确认主体作业单位对相关方人员进行了风险告知和技术交底。

7.13.6 安全监督人员应确认高危作业执行作业许可相关要求。

8 安全监督信息处理

8.1 安全监督信息应自下而上、及时传递。

8.2 安全监督信息传递的途径包括电话汇报、信息报表、附件传真、照片上传等。

8.3 安全生产事故（事件）信息可先通过电话简要汇报事故（事件）时间、地点、损失、伤害程度及现场采取的应急措施等，并按要求进行书面汇报。

8.4 重大事故隐患信息汇报后，应督促施工单位整改，并提供整改前后对比照片。

9 属地管理

9.1 钻井队是钻井施工现场的属地管理方，应接受安全监督人员的监督。

9.2 相关方应接受属地管理，并接受安全监督人员监督。

9.3 发包单位、承包商单位均应明确现场负责人和安全管理人员。

9.4 安全监督人员应对承包商施工进行监督。

9.5 安全监督人员应遵守属地管理方的制度，参加属地管理方的培训和会议。

SY/T 7668—2022

附 录 A
（资料性）
现场安全管理检查表

现场安全管理检查表见表 A.1。

表 A.1 现场安全管理检查表

序号	检查项	检查要素	检查内容
1	组织机构及人员配备要求	工作职责	a）钻井队成立 HSE 领导小组，明确小组工作职责
			b）明确各岗位要求及岗位安全职责，岗位员工清楚本岗安全职责
			c）钻井队设置队级专（兼）职安全员，班组设置班组级兼职安全员，明确安全员职责
			d）抽查钻井队 HSE 领导小组成员、岗位员工是否清楚相应职责
2	安全基础管理	风险识别与隐患排查治理	a）建立并定期更新危害因素清单，制定相应控制措施
			b）建立危险品安全管理制度、操作规程和应急处置程序，危险品存放与使用场所设置安全标志及危险告知牌，符合通风、防火、防爆、防潮、防渗漏等安全条件
			c）定期开展隐患排查治理工作，建立排查整改、验证记录
			d）开展工作前安全分析
			e）特殊施工和关键作业时进行风险评估，制定风险消减措施并实施，验证落实情况
			f）抽问岗位员工是否清楚岗位风险及控制措施
		两书一表	a）钻井工程作业指导书应经钻井（探）公司业务主管领导审批，内容应包括岗位任职条件、岗位职责、岗位操作规程、巡回检查及检查内容、应急处置程序等要求
			b）编制项目 HSE 作业计划书，新增危害因素应识别齐全
			c）作业指导书、作业计划书应发放至班组，组织学习并建立记录
			d）建立各岗位的现场检查表，检查表内容应包括检查范围（项）、检查标准、判定等
			e）各岗位严格按现场检查表规定的频次、项目开展检查
		作业许可	a）明确钻井作业现场应办理许可证的工作类型
			b）办理许可证前开展工作安全分析，明确许可证的申请、审批、关闭及存档要求
			c）作业前进行相应的气体检测、能量隔离、上锁挂签
		属地管理	a）与进入井场的相关方签订安全生产管理协议，告知风险，明确管理职责和应当采取的安全措施
			b）各岗位的属地范围，设置属地管理责任牌及安全标志标牌

11

SY/T 7668—2022

表 A.1（续）

序号	检查项	检查要素	检查内容
2	安全基础管理	属地管理	c）相关方在井场内的作业应办理作业许可，作业区域应设置警示带及安全标志
			d）现场作业人员不应有串岗、乱岗、脱岗、睡岗、饮酒后上岗等违章行为
			e）钻井队应对岗位属地管理职责履行情况进行考核
		教育培训及能力	a）建立岗位培训需求，明确岗位员工的培训要求
			b）制订安全培训计划并按计划实施，建立培训记录
			c）建立新入厂和转岗员工公司、队、班组"三级"安全教育，对其进行考试，合格后上岗实习
			d）钻井队组织岗位员工开展操作规程培训，建立相应记录
			e）相应人员井控证、硫化氢证、司钻操作证、电工证、焊工证、高处作业证、起重指挥证等持证齐全并在有效期内
			f）钻井队定期开展安全环保履职能力考评，并建立考评记录
			g）领导干部调整、提拔及员工新入厂、转岗和重新上岗前，进行入职前安全环保履职能力评估，并进行结果应用，相应评估资料应存档
		安全活动	a）制定安全目标和指标，将指标分解落实到班组和岗位，并将完成情况纳入考核
			b）采取安全教育、案例学习、安全经验分享等形式开展班组安全活动，队干部定期参加班组安全活动
			c）开展安全观察与沟通，填写安全观察与沟通卡；钻井队应定期对观察与沟通的信息进行统计、分析，制定有针对性的解决方案
		劳动防护	a）钻井队岗位员工劳动防护用品配置应符合国家标准
			b）建立岗位员工劳动防护用品发放卡或记录
			c）安全帽、防坠落用具、佩戴呼吸用品、眼护具等特种安全防护用品应经过劳动安全认证，并在使用有效期内
			d）应进行劳动防护用品培训，岗位员工应清楚劳动防护用品检查与维护要求
			e）高于地面2m的高处作业时应使用防坠落用具，二层台作业应配置多功能全身式安全带，并能与二层台逃生装置配合使用
			f）从事敲击、打磨、切割、电焊、气焊、机械加工、设备维修、吹扫清洗等可能对眼睛造成伤害的作业时应使用眼护具
			g）在粉尘等可能危害健康的空气环境中作业应佩戴呼吸用品，有害环境中的作业人员应始终佩戴正压式空气呼吸器
			h）进入85dB以上噪声区域应佩戴护耳器
			i）从事可能接触化学品、腐蚀性物质、有毒有害物品、电气操作的员工应穿戴专业个人防护装备

表 A.1（续）

序号	检查项	检查要素	检查内容
2	安全基础管理	钻井现场管理	a) 井场大门宜朝向全年最小频率风向的上风侧
			b) 柴油机排气管出口不应朝向油罐区、电力线路，距井口距离不小于15m
			c) 井场大门入口处应设置施工公告牌、入场须知牌、危险区分布、紧急逃生路线图和硫化氢提示牌
			d) 相关方人员首次进入井场时应由钻井队进行入场安全教育并登记，外来人员应进行入场HSE提示并登记，并由专人陪同
			e) 进入井场的车辆应进行登记，并安装防火帽
			f) 钻台、井口、循环罐区、机房、泵房、发电房等重点区域设立安全风险告知牌
			g) 井场、远程控制台、消防室、钻台、油罐区、机房、泵房、发电房、危险化学品存放点、净化系统、电气设备等处应设置齐全、醒目的安全警示标志
			h) 主要设备、设施应挂牌管理，操作规程应齐全、完善
			i) 天车、钻台、振动筛、远控房、安全集合点、点火口等处应设置风向标
			j) 据当时的风向和当地的环境，应设置两个紧急集合点，一个应位于当地季节风的上风方向
			k) 井场安全通道应进行标识并保持畅通
			l) 石油钻井专用管材应摆放在专用支架上，高度不应超过三层，各层边缘应进行固定，排列整齐，支架稳固
			m) 钻井液材料储存方式应恰当，下垫上盖，分类存放，堆放整齐，标识清楚
			n) 氧气瓶、乙炔气瓶应分库存放在专用支架上，阴凉通风，不应曝晒，气瓶上不应有油污，应安装安全帽和防振圈，氧气瓶、乙炔气瓶应在检定期内
			o) 使用氧气瓶、乙炔气瓶时，应保持直立，应分别在减压阀出口端安装防回火装置，两瓶相距应大于5m，距明火处大于10m
			p) 井场及污水池应设围栏圈闭并设置警示牌，在井场后方和侧面开应急门；井场平整，无油污，无积水，清污分流畅通
			q) 进行注水泥、压裂、酸化压裂、测试、电测、起放井架、吊装、动火等特殊作业、临时作业时，应设置安全警戒线；非工作人员不应进入警戒区
			r) 油罐区距井口应不小于30m，发电房与油罐区距离不小于20m，锅炉房井口上风侧不小于50m，距油罐区不小于30m
			s) 在苇塘、草原、林区钻井时，井场应设置防火隔离墙或隔离带
			t) 在河床、海滩、湖泊、盐田、水库、水产养殖场附近进行钻井作业，应设置防洪、防腐蚀、防污染等安全防护设施
			u) 农田内井场四周应挖沟或围土堤，与毗邻的农田隔开

SY/T 7668—2022

表 A.1（续）

序号	检查项	检查要素	检查内容
2	安全基础管理	营地	a) 营地应设在距井场300m外，含硫化氢的井设在主导风向的上方侧，选择环境未受污染、干燥的地方
			b) 野营房基础平、稳、牢固，不应摆放在填方上、高岩边及易滑坡、垮塌地带，避开易受洪水冲刷的地方
			c) 营区内部通道畅通、平整，临边处栏杆齐全，应在开阔地带设置紧急集合点，营地区域不应停放私家车辆
			d) 食堂清洁卫生，生、熟食品分类存放
			e) 冰箱、储藏柜定期清洁，并有相应记录
			f) 炊管人员持有效"健康证"，着装和个人卫生符合要求
			g) 生活污水进行隔油、除渣处理，生活污水池设置围栏和警示标识
			h) 营区应定期消毒
			i) 定点设置垃圾桶，固体废物集中收集
			j) 营房内务整洁，无违禁物品
			k) 照明设施、用电设备、电气线路安装符合要求，无私拉乱接情况
			l) 烟雾报警器、过载保护、漏电保护及接地保护装置性能良好
			m) 食堂配备8kg干粉灭火器2具，每栋野营房配备4kg干粉灭火器2具
		联合作业	a) 联合作业应编制作业计划书，在作业前向生产组织单位办理作业许可证，召开施工作业协调会，并做好会议记录
			b) 具有重大风险的联合作业，应制定施工方案和风险控制措施，明确各方职责，放发到各单位并实施
			c) 联合作业中高压区域、吊装区域等应设置警示带
			d) 作业车辆停放位置应恰当，不应骑、压绷绳，装卸货物及倒车时应指定专人指挥
		应急管理	a) 建立应急组织机构，明确职责，制定应急预案；建立关键岗位应急处置
			b) 建立应急通信联络电话，包括地方政府、交通、消防、医疗等部门
			c) 核实井场周围500m范围内的人口、房屋情况，了解和掌握道路交通状况和水系情况
			d) 应急物资配备满足要求，落实专人保管，建立台账，定期进行检查，消耗后应及时予以更新和补充
			e) 按应急预案要求进行培训和演练，确认培训、演练的有效性
		事故管理	a) 事故发生后，应立即报告本单位负责人，立即上报事故快报
			b) 建立HSE事故、事件管理台账
			c) 落实事故、事件纠正与预防措施

14

SY/T 7668—2022

表 A.1（续）

序号	检查项	检查要素	检查内容
2	安全基础管理	变更管理	a) 人员变更应进行培训与能力评估，特殊工种需持证上岗的，应经培训考取合格证后上岗
			b) 设备与工艺技术发生变更应进行风险评估，应针对设备变更带来的危害因素，制定新的风险控制和削减措施，编制或修订操作规程，并对操作人员进行培训和交底
			c) 变更应按流程进行申请和审批
			d) 变更后及时更新变更项目涉及的安全信息，并在相关岗位进行沟通和培训
		基础资料管理	a) 建立收方登记与处理记录，文件应分类收集，定期装订成册，编制目录
			b) 设备设施台账及设备履历本齐全
			c) 工程、地质、钻井液技术资料、报表、原始记录填写应清晰、内容完整、真实
			d) 基础资料应分类管理，落实管理责任人
			e) 基础资料保存完好，无潮湿、无虫蛀
3	井控管理	人员持证	a) 钻井队应成立井控管理小组，明确各岗位井控职责
			b) 钻井队队长、指导员、副队长、钻井工程师、钻井液工程师、大班司钻、正副司钻、井架工、大班司机、内外钳工等岗位及坐岗人员应持井控培训合格证
			c) 驻井地质技术人员应持井控培训合格证
			d) 钻井液技术服务的队长、技术员要持井控培训合格证
		钻井设计执行	a) 按要求配置井控装备，井控装备应定岗定人管理，定期进行活动、检查、维护和保养
			b) 按要求进行地破压力试验，在进入油气层前 50m～100m，按照下部井段最高钻井液密度值，对裸眼地层进行承压能力检验，若发生井漏，应采取堵漏措施提高地层承压能力
			c) 按要求储备足够的加重钻井液和加重材料，在储备罐上注明加重钻井液的密度和数量，钻井液 7d 循环一次
		井控制度	a) 在进入油气层前 100m 开始坐岗，指定专人定时观察和记录钻井液循环池液面变化、起下钻灌入或返出钻井液情况
			b) 进入油气层前 100m 开始实行钻井队干部带班作业；填写带班干部交接班记录
			c) 防喷器、井控管汇和放喷、测试管线安装好后，要按要求进行试压，在作业过程中，要定期检查，保证管汇、管线畅通和安装质量。井控车间应定期上井巡检

15

表 A.1（续）

序号	检查项	检查要素	检查内容
3	井控管理	井控制度	d) 安装好防喷器后，各作业班按钻进、起下钻杆、起下钻铤和空井发生溢流的四种工况分别进行一次防喷演习；其后每月不少于一次不同工况的防喷演习，并记录、讲评演习情况。在特殊作业（定向、欠平衡、取心、测试、完井等作业）前，也应进行防喷演习
			e) 执行钻开油气层的申报、验收制度，在进入油气层前 50m～100m，由井队进行全面自检，确认准备工作就绪后，向建设方主管部门申请检查验收。经验收合格后方可钻开油气层
			f) 执行井喷事故逐级汇报制度，发生井喷或井喷失控事故，立即启动应急预案，并同时向钻井（探）公司报告
			g) 执行井控例会制度，钻井队钻进至油气层之前 100m 开始，每周召开一次井控工作例会
			h) 钻井值班室内应设置井控管理制度、溢流显示、溢流关井操作程序和关井操作程序分工细则表、井口装置图和节流、压井管汇示意图、施工进度图、地质工程设计大表、平衡钻井曲线（预测地层压力曲线、设计钻井液密度曲线、实际钻井液密度曲线）
4	防硫化氢管理	防硫化氢设备配置	a) 应配备硫化氢监测仪、正压式空气呼吸器和充气泵
			b) 预测地层硫化氢浓度超过作业现场在用硫化氢监测仪的量程时，应准备量程在范围内的硫化氢监测仪
			c) 正压式空气呼吸器配备数量应满足：陆上钻井队当班生产班组应每人配备 1 套，另配备充足的备用空气呼吸器；其他专业现场作业人员应每人配备 1 套；作业现场应配备充气泵 1 台
			d) 固定式硫化氢监测仪探头应设置于方井、钻台、振动筛、钻井液循环罐等硫化氢易泄漏区域，探头安装高度距工作面 0.5m～0.6m
			e) 钻井队便携式硫化氢监测仪至少 5 只，在含硫井进行中途测试作业时，作业人员应每人配备便携式硫化氢监测仪
			f) 便携式硫化氢监测仪半年校验一次，固定式硫化氢监测仪一年检验一次，在超过满量程深度的环境使用后应重新校验
			g) 正压式空气呼吸器气瓶三年检测一次，钻井队应指定专人管理，每月检查不少于一次，应填写检查记录
		防硫化氢管理措施	a) 在含硫化氢环境中的作业人员和安全监督，上岗前应进行硫化氢防护培训，经考核合格后持证上岗
			b) 来访人员和其他非定期派遣人员在进入含硫氢区域之前，由钻井队进行防硫化氢安全教育，并在受过培训的人员陪同下进入含硫化氢区域
			c) 作业人员在危险区域应配带携带式硫化氢监测仪，监测工作区域硫化氢的泄漏和浓度变化
			d) 在钻台上下、振动筛、循环罐等气体易聚集的地方应使用防爆通风设备驱散弥散的硫化氢

表 A.1（续）

序号	检查项	检查要素	检查内容
4	防硫化氢管理	防硫化氢管理措施	e) 钻入含硫化氢油气层前，应将机泵房、循环系统及二层台等处设置的防风护套和其他围布拆除
			f) 寒冷地区在冬季施工时，对保温设施应采取相应的通风措施，保证工作场所空气流通
		防硫化氢应急管理	a) 在含硫化氢油气田进行钻井作业前，钻井队及相关的作业队应制定防喷、防硫化氢的应急预案，并定期组织演练
			b) 在开钻前将防硫化氢的有关知识向周边居民进行宣传，让其了解在紧急情况下应采取的措施，取得他们的支持，在必要的时候正确撤离
			c) 在含硫化氢油气田进行钻井作业时，应配备必要的救护设备和硫化氢急救药品，各班组应配置经过急救培训的人员
5	安全防护设备设施	安全防护设备配置及管理	a) 钻井作业现场应配备可燃气体监测仪、正压式空气呼吸器和呼吸空气压缩机，指定专人管理，定期检查、检定和保养，报警值设置正确、灵敏好用
			b) 在钻台、井口、振动筛处及在通风不良的部位作业时，应设置防爆排风扇
			c) 钻台应安装紧急滑梯至地面，下端设置缓冲垫或缓冲沙土，周围无障碍物
			d) 二层台应配置紧急逃生装置、防坠落装置（速差自控器、全身式安全带），工具拴好保险绳；逃生装置、防坠落装置应在安装完成后进行测试、定期检查，并做好记录
			e) 二层台紧急逃生装置着地处应设置缓冲沙坑（缓冲垫），周围无障碍物
			f) 防碰天车应安装正确并做好检查保养记录，在倒换大绳后应重新设置防碰天车高度
			g) 天车、井架、二层台、钻台、机房、泵房、循环系统、钻井液储备罐的护栏和梯子应齐全牢固，扶手光滑，坡度适当，循环罐体上、下梯子不少于3个
			h) 振动筛、循环罐和钻台处应配置洗眼器
			i) 循环系统、重钻井液储备罐人孔盖板齐全稳固
			j) 运转机械（传动皮带、链条、风扇、齿轮、轴）应安装防护罩
			k) 应根据现场能量隔离点配置专用安全锁具
			l) 各类压力表、安全阀、保险销安装齐全，定期进行检查、检定
			m) 井场及营地野营房内应安装漏电保护器和烟雾报警器，定期检查，灵敏好用
		消防器材配置及管理	a) 钻台、机房、发电房、电控房、振动筛处、油罐区、保暖设施等处各配备8kg干粉灭火器2具
			b) 电动钻机相关配套的SCR房、MCC房、VFD房各配备7kg及以上二氧化碳灭火器2具
			c) 员工餐厅、厨房各配备8kg干粉灭火器2具，每栋野营房配备4kg干粉灭火器2具，烟雾报警器1支，精密仪器房应配备2kg二氧化碳灭火器1具

表 A.1（续）

序号	检查项	检查要素	检查内容
5	安全防护设备设施	消防器材配置及管理	d) 井场应设置消防栓 2 支，消防水泵 1 台，30m³ 消防水罐 1 台
			e) 手提式灭火器应设置在灭火器箱内或托架上，干粉灭火器压力符合要求，二氧化碳灭火器重量符合要求，筒体、保险销、软管、喷嘴完好
			f) 保持消防通道畅通，消防室设有明显标志，室内不应堆放其他物品
			g) 应建立消防设施、消防器材登记表，落实专人管理，挂消防器标牌，定期进行检查，不应挪做他用，失效的消防器材应交消防部门处理
6	职业健康管理		a) 制定员工年度体检计划，定期进行健康检查，建立员工健康档案
			b) 建立有毒有害作业场所和有毒有害作业人员档案，并定期进行监测和职业健康检查，作业现场应对有作业场所监测数据进行公示，职业健康检查应书面告知接害人员
			c) 在机房、发电房作业时应配戴护耳器，进行有损害视力或可能存在物品飞溅造成眼睛伤害的作业时应配戴护目镜、面罩或其他保护眼睛的设备
			d) 在接触刺激性或可能通过皮肤吸收的化学品时，应正确配戴防护手套、围裙或其他防护用品
			e) 钻井作业现场应配备必要的医疗急救设施和用品
			f) 有毒有害作业场所应设置职业危害知识牌，并采取相应防护措施

附 录 B
（资料性）
钻井设备检查表

钻井设备检查表见表 B.1。

表 B.1 钻井设备检查表

序号	设备名称	检查点	检查内容
1	主体设备	井架及底座	a) 井架、井架底座结构件连接螺栓、弹簧垫、销子及保险别针齐全紧固，各种滑轮润滑良好，天车、转盘、井口三点成一线
			b) 井架、井架底座结构件平、斜拉筋安装齐全平直、无扭斜、变形
			c) 井架、井架底座结构件无严重腐蚀，井架笼梯及护栏齐全、可靠
			d) 照明充足，防爆灯应固定牢固并拴保险链
			e) 二层台、三层台、立管平台上栏杆应齐全，固定牢固，无损坏和断裂，无异物，井架上使用的工具应拴好保险绳
			f) 二层台操作平台拉绳及绳卡应匹配、规范
			g) 二层台配备两套安全带，手工具应拴保险绳
			h) 大门坡道无变形，挂钩齐全，安装牢固，拴保险绳（链）
			i) 钻台护栏齐全，下方安装挡脚板，缺口部位加防护链
			j) 沙漠地区及寒冷地区（零度以下）冬季施工时，钻台和二层台应安装围布，围布应完好、拴牢；含硫化氢油气层钻进时应采取通风措施
			k) 死绳固定器及稳绳器安装牢固、可靠，挡绳杆、压板及螺栓、螺帽和井帽齐全，大绳缠满死绳固定器
			l) 钢丝绳与井架无碰挂
			m) 新钻机井架由制造商提供有效的检测报告；钻机井架出厂年限达到第 8 年进行第一次检测评定；评定为 A 级和 B 级且使用年限超过 12 年的井架每两年检测评定一次；评价为 C 级的井架每年检测评定一次
		天车	a) 天车防松、防跳槽装置齐全、固定牢固，做好保养检查记录
			b) 护罩、护栏、踢脚线齐全
			c) 安装在天车上的辅助滑轮固定牢固
			d) 滑轮安装拦绳杆，护罩无变形、磨损、偏磨
			e) 轮槽无严重磨损，轴承保养良好
		游车及大钩	a) 游车及大钩的螺栓、销子及护罩齐全紧固
			b) 大钩转动、伸缩灵活，安装锁紧装置

表 B.1（续）

序号	设备名称	检查点	检查内容
1	主体设备	转盘	a) 固定、调节螺栓齐全，无松动
			b) 转盘及传动装置油池油面在刻度范围内
			c) 万向轴连接螺栓齐全，安装防松装置
			d) 转盘及大方瓦锁紧装置可靠，工作灵活
		水龙头	a) 水龙头转动灵活，润滑油和钻井液不渗漏
			b) 水龙带宜用直径 16mm 的钢丝绳缠绕好做保险绳，并将两端分别固定在水龙头提梁上和立管弯管上
		井口工具	a) B 型钳、液压大钳尾绳固定牢固，不与井架大腿相连
			b) 气动（液动）绞车安装牢固、平稳
			c) 气动（液动）绞车起重钢丝绳采用绳卡卡牢，固定滑轮采用钢丝绳缠绕二圈卡牢
			d) 风动绞车油雾器油量满足施工要求
			e) 吊卡活门、弹簧、保险销工作灵活
			f) 吊卡手柄固定可靠
			g) 吊卡磁性销子拴绳牢固
			h) 卡瓦、安全卡瓦销子、卡瓦牙板、保险链齐全紧固，灵活好用，钳牙完好紧固
			i) 备用钻具止回阀应灵活可靠，旋塞扳手应与旋塞匹配
		绞车及安全装置	a) 底座固定牢固，固定螺栓应安装并帽
			b) 绞车滚筒上的绳头绳卡齐全、紧固
			c) 当大钩下放至钻杆跑道时，绞车滚筒上钢丝绳不少于 7 圈
			d) 绞车检修、保养或测井时，应切断气源或停掉动力，总车手柄应固定好并挂牌，指定专人看护。起重钢丝绳应采用与绞车相适应的钢丝绳，不打结。滑轮应封口并有保险绳
			e) 绞车护罩安装齐全紧固，无损坏变形
			f) 传动轴、猫头轴、滚筒轴的固定螺栓及并帽齐全紧固，无松动，牙嵌拨叉螺栓齐全，离合良好，各操作杆无变形、无松动，排挡把手安装锁销
			g) 猫头应平滑无槽，固定牢固、无变形
			h) 刹带曲轴套无旷动、调整可靠，安装防松装置
			i) 刹带惰轮完好，刹带下方无杂物和油污
			j) 平衡梁销子垫片、开口销齐全，支撑固定可靠，润滑良好、转动灵活，两端调整平衡

SY/T 7668—2022

表 B.1（续）

序号	设备名称	检查点	检查内容
1	主体设备	绞车及安全装置	k）盘式刹车液压泵油箱油面在油标尺刻度范围内，液压泵的工作油进口温度不应超过 70℃
			l）盘式刹车滤油器无堵塞
			m）盘式刹车常开钳刹车块与刹车盘之间的单边间隙应不小于 1mm，常闭钳刹车块与刹车盘的单边间隙应不大于 0.5mm，无油污
			n）水刹车离合器摘挂灵活，水位调节阀门控制有效，不漏水，冬季停用时放水挂牌
			o）冷却风机不工作情况下不应使用风冷电磁刹车
			p）过卷阀防碰天车灵活可靠
			q）防碰天车工作时高低速离合器放气灵敏
			r）数码防碰天车屏显清晰，数字准确，报警灵敏
			s）机械式防碰天车（插拔式或重锤式防碰天车）：阻拦绳距天车梁下平面距离应依据使用说明书进行安装，不扭、不打结，不与井架、电缆干涉，灵敏、制动速度快。用无结钢丝绳作引绳应走向顺畅，钢丝绳与上拉销连接后的受力方向与下拉销的插入方向所成的夹角应不大于 30°，上端应固定牢靠，下端用开口销连接，松紧度合适，不打结，不挂磨井架或大绳
		紧急滑梯	a）钻台紧急滑梯连接正确，下端采取缓冲措施，无障碍物
			b）二层台应配置紧急逃生装置和防坠落装置（差速器、保险带）
			c）高于地面 2m 的高处作业时应采取防坠落措施。
		登高助力器	用直径 13mm 钢丝绳做配重滑道，直径 9.5mm 钢丝绳做导向绳，安装牢固，无断丝，配重滑动自如
		钢丝绳	a）钢丝绳绳卡与绳径相符，安装固定可靠，无打结和锈蚀
			b）起升大绳及绞车钢丝绳无扭曲、无打结和锈蚀，每扭矩上断丝少于 2 根
		顶驱	a）顶驱导轨无变形、裂纹，导轨连接销及 U 型卡锁销齐全有效
			b）顶驱主体各连接件及紧固件无松动，锁销齐全有效
			c）齿轮箱和液压油箱油位正常，润滑点加注油脂
			d）互锁功能齐全有效
			e）报警系统工作正常
2	司钻操作台、钻井仪表	司钻操作台	a）司钻操作台固定牢固，箱内阀件、管线连接可靠
			b）仪表、阀件齐全，标识清楚，阀件无锈蚀、卡滞，高寒地区冬季应采取保温措施
			c）电动钻机司钻操作台应防爆

21

SY/T 7668—2022

表 B.1（续）

序号	设备名称	检查点	检查内容
2	司钻操作台、钻井仪表	指重表及仪表	a) 固定不与井架钻台直接接触
			b) 指重表记录仪安装牢固，传压器、管线无渗漏
			c) 指重表应按周期校验，记录仪工作正常
			d) 钻井参数仪等各类仪表应定期校检
3	循环系统	罐体	循环系统罐面应平整，人孔盖板稳固，栏杆齐全，过道干净、畅通，无锈蚀、破损，罐体各种阀件工作正常
		振动筛	a) 振动筛安装牢固，润滑良好，工作正常，不外溢钻井液，筛网选用、安装正确
			b) 应使用防爆电机，护罩、挡板齐全稳固
		液气分离器	a) 安装可靠，工作正常
			b) 排气管线通径不小于150mm，接出井口50m以外
		液面自动报警装置及坐岗房	a) 钻井液液面报警装置安装正确、连接可靠
			b) 钻井液液面报警装置应根据罐内液面上、下限正常及时报警
			c) 每个循环罐安装直读液面标尺
			d) 坐岗记录完整、准确，有液面变化情况分析
		钻井液灌注装置	a) 钻井液灌注装置配备计量罐，计量刻度标示清楚
			b) 钻井液灌注装置管线连接正确，性能可靠
			c) 除砂器、除泥器、除气器安装正确，运转部分护罩齐全
		离心机	a) 清洁卫生
			b) 离心机安全保护装置完好，护罩齐全
		搅拌器	a) 搅拌器护罩齐全，无漏油
			b) 清洗钻井液罐应切断电源，挂检修警示牌
4	泵房设备	钻井泵	a) 钻井泵安装牢固；润滑油应清洁，油面在油标尺刻度范围内
			b) 运转部位护罩应齐全、稳固
			c) 钻井泵十字头及滑板应润滑良好
			d) 喷淋泵应润滑良好，不刺、不漏；水箱清洁，无污物，工作正常
			e) 检修钻井泵时，应关闭断气阀，在钻台控制钻井泵的气源开关上悬挂"有人检修、禁止合闸"的警告牌，电动钻机应在总控制房内挂锁，关断电源
		钻井泵安全阀	a) 钻井泵安全阀灵活、可靠、无锈蚀
			b) 钻井泵安全阀定期检查、保养，做好保养记录
			c) 钻井泵安全阀应按规定选用安全销

22

表 B.1（续）

序号	设备名称	检查点	检查内容
4	泵房设备	钻井泵空气包	a) 钻井泵空气包压力表和放气阀灵敏可靠
			b) 截止阀灵活、有效，使用16MPa专用压力表，在12个月有效期内，表盘清晰、完好
			c) 应充氮气或压缩空气，充气值为工作压力的20%～30%，压力不应大于6MPa，且不低于2.5MPa
		高压管汇	a) 高压管汇固定牢固平稳，高压管汇不刺、不漏
			b) 高压管汇闸阀、丝杆护帽、手柄齐全，润滑良好，开关灵活，闸阀不松旷
		其他	寒冷地区，安全阀、管线、阀件应采取保温措施
5	机房及传动装置	柴油机	a) 柴油机零部件及护罩齐全、完整，各仪表应完好、齐全、灵敏、准确
			b) 柴油机底座搭扣及连接螺栓齐全，固定螺栓牢固
			c) 柴油机自动控制装置完好
			d) 柴油机加压式水箱盖应齐全、可靠
			e) 柴油机排气管安装灭火装置
			f) 柴油机设备停用或检修时应挂牌
		柴油机及传动装置	a) 油量在油标尺刻度范围内，有回油回收装置
			b) 油、水、气无渗漏
			c) 仪表齐全，工作正常
			d) 转动轴应润滑，固定牢固，皮带齐全并保持松紧合适，护罩齐全完好、紧固
		变矩器和偶合器	a) 变矩器、偶合器工作可靠、正常，充油调节阀工作正常，与柴油机工作同步，无卡滞
			b) 变矩器、偶合器油箱液面符合技术要求，散热良好
		其他	a) 各转动部位护罩应齐全完好、固定牢固
			b) 机房四周护栏应齐全牢固，梯子稳固，扶手光滑
			c) 电动机接线应牢固，补偿器应灵活好用，铁壳开关完好，接地电阻不应超过4Ω
			d) 电动压风机各部位螺栓应紧固，靠背轮连接完好，风扇皮带松紧合适，护罩齐全完好、紧固
			e) 机房四周排水沟畅通，底座下无油污，无积水
6	供气系统	空气压缩机	a) 空气压缩机压风机运转正常，固定牢固，一、二级温度正常，打气良好，连接处不漏气
			b) 空气压缩机传动皮带松紧适度

23

表 B.1（续）

序号	设备名称	检查点	检查内容
6	供气系统	储气瓶	a) 储气瓶各阀门、管线应连接完好，无泄漏，瓶底无积水，安全阀灵敏可靠，压力表完好准确，储气瓶定期检测
			b) 安全阀应灵敏可靠，一、二次压力表及管线齐全完好，安全阀应定期校检
		供气系统管线	a) 供气系统管线安装牢固，严寒地区冬季应采取防冻保温措施
			b) 供气系统各阀件工作灵敏、可靠
7	电气设备	电气设备的保护	a) 同一供电系统内应采用一种接零或接地保护方式，两种方式不混用
			b) 井场供电系统重复接地不应少于 3 处，接地电阻小于 10Ω
			c) 埋地电缆沿线进行标识，重车通过处应穿钢管保护
			d) 主电路及分支电路电缆不应破开接外来动力线
		控制屏、配电屏及一、二次线路	a) 控制屏、配电屏及一、二次线路完好，工作正常
			b) 控制屏、配电屏及一、二次线路开关标注负荷名称
			c) 配电屏安装低压避雷器，外壳接地良好，接地电阻不应超过 10Ω
			d) 配电屏前地面应铺设绝缘胶垫
		临时用电	a) 临时用电专用配电箱输出回路应配漏电保护开关装置，安装位置应在防爆区以外
			b) 临时供电线路不应使用绝缘破损、老化的导线及开关设备
			c) 具备安装条件后，临时线路应立即拆除
		发电机	a) 发电机组固定螺栓、护罩应齐全、紧固，油、水管线应连接完好，不渗漏；设施、工具清洁，摆放整齐
			b) 发电机运行平稳，无异常声响，温度正常，油温、水温、机油压力符合规定
			c) 发电机运行平稳，无异常声响，油温、水温、机油压力正常
			d) 发电机出线电缆配置符合容量要求
			e) 发电机中性点、发电房及零母排接地可靠，接地电阻不大于 4Ω
			f) 发电房四周排水沟应畅通，内外无油污，无积水；废油池无渗漏
		架空线路	a) 架空线路导线无松弛、断股、绝缘破损
			b) 架空线路同一档内一根导线不应存在两个接头
			c) 架空线路不应跨越油罐区、柴油机排气管和放喷管线出口
		场地供电	a) 场地照明、电磁刹车、防喷器远程控制台用电应专线并单独控制，不受井场总电源开关控制
			b) 供电线路进值班房、发电房、锅炉房、材料房、消防房等活动房时，入户处应加绝缘护套管，野营房内的照明灯应用绝缘材料固定

表 B.1（续）

序号	设备名称	检查点	检查内容
7	电气设备	场地供电	c）电气设施进出线无破损、松动、发热
			d）金属结构房、移动式电气设备和电动工具应安装漏电保护装置，配电柜及其设施完好，配电柜前地面铺垫绝缘胶垫
			e）供电线路不应从油罐区上方通过
			f）不应将供电线路直接挂在设备、井架、绷绳、罐等金属物体上
		钻井液循环系统电气设备	a）钻井液循环系统、泵房等处的照明线路不应用铁丝绑扎敷设
			b）钻井液循环系统电气设施控制开关、启动装置、灯具及插接件使用防爆（有 EX 标志）器件
			c）钻井液循环系统罐面导线穿管敷设，不应有接头
		MCC 房、SCR 房和VFD 房前场值班室	a）MCC 房、SCR 房和 VFD 房前场值班室开关操作灵活，安全可靠，按负荷设置，标识明确
			b）MCC 房、SCR 房和 VFD 房及前场值班室指示仪表齐全可靠
			c）MCC 房、SCR 房和 VFD 房及前场值班室零线、房体接地可靠，接地电阻不大于 4Ω，配电柜金属构架应接地，接地电阻不大于 10Ω
		变送电房（电代油装置）	a）房体清洁、无积灰、无油污、脱漆、漏水，摆放平稳
			b）高压电缆接头应规范处理，电缆无破损、发热等现象
			c）高压控制室清洁、空调正常、照明良好，指示仪表、避雷器齐全可靠
			d）散热系统风扇应运转正常。高温报警、保护功能应正常工作
			e）过载保护系统设定值准确，过载保护功能应正常
			f）低压配电室清洁、空调正常、照明良好，指示仪表齐全可靠
			g）接地装置完好，固定牢靠，中性点接地电阻值≤4Ω
		电控房及动力系统（电代油装置）	a）电控房房体清洁、无积灰、无油污、无脱漆、无漏水，摆放平稳
			b）电控房内清洁、空调正常、照明良好，指示仪表齐全可靠
			c）电缆应规范安装，连接牢固，电缆无破损、发热等现象
			d）变频电机清洁、完好无锈蚀，防爆进线箱规范安装
			e）接地装置完好，固定牢靠，中性点接地电阻值≤4Ω
8	冬季保温系统	锅炉	a）锅炉安全阀、压力表、水位表应完好并定期进行校验
			b）锅炉内水位应在标尺刻度范围内，每班至少冲洗水位表一次
			c）每班应进行锅炉排污
			d）罐上的保温管线每 2h 检查一次

25

表 B.1（续）

序号	设备名称	检查点	检查内容
8	冬季保温系统	气管线	a) 气管线不应跑、冒、滴、漏
			b) 从锅炉房接出的总蒸汽管线应和高架油罐到机房、发电房的柴油管线靠在一起，机泵房、钻台的主气管线应和蒸汽管线靠在一起
			c) 检查蒸汽管线内的积水，不应流入钻井液罐和处理剂水罐内
			d) 蒸汽管线每次通完汽后应排放积水，不应冻结
9	其他	油罐区	a) 油罐区防静电接地装置电阻不大于30Ω
			b) 油罐区应对角安装防雷接地桩，接地电阻不超过10Ω
			c) 钢储罐防雷接引下线不应少于2根，并沿罐周均匀对称布置，其间距不应大于30m
			d) 机油、柴油管线、流量计连接完好，无渗漏
			e) 油罐区无油污、杂草；防油渗透层、油料回收池符合要求
			f) 防火标志、消防器材齐全完好
10	井控设备	防喷器组	a) 具有手动锁紧装置的闸板防喷器应装齐手动操作杆，并挂牌注明转动方向及锁紧圈数
			b) 防喷管线阀门应挂牌齐全，编号及开关状态正确，1#、4#、5#、8#阀门应接至井架底座外，各阀门应开关灵活
			c) 防喷器组安装保护伞
		司钻控制台	a) 司钻控制台固定牢固
			b) 司钻控制台压力表、控制阀件、手柄完好齐全
			c) 司钻控制台操作灵活
		液压管线	a) 液压管线安装连接牢固，无渗漏
			b) 液压管线设置防碾压保护装置
			c) 备用液压管线采取防尘防腐措施
		远程控制台	a) 远程控制台运转正常，无泄漏
			b) 远程控制台油箱油量在油标尺范围内
			c) 司钻控制台、远程控制台的全封闸板、剪切闸板设置控制开关防误操作装置，剪切闸板安装限位销
		节流管汇和控制箱	a) 节流管汇压力级别应符合要求，各阀门开关状态正确，挂牌齐全
			b) 节流管汇和控制箱压力表齐全、可靠，在有效期内
			c) 节流管汇和控制箱液气管线连接规范
			d) 节流管汇和控制箱工作正常

表 B.1（续）

序号	设备名称	检查点	检查内容
10	井控设备	节流管汇和控制箱	e）节控箱和节流管汇旁边应设置最大关井提示牌，标明套管下入深度、井口试压值、当前钻井液密度和当前最高关井压力
		压井管汇	a）压井管汇装单流阀，应标明方向
			b）压井管汇压力表齐全、可靠，在有效期内
			c）反循环压井管线与压井管汇连接可靠
			d）配备压井短节，并采取防堵措施
		钻井液液气分离器	钻井液液气分离器安装可靠，工作正常；管线连接正确、可靠、无泄漏，压力表灵敏可靠；保险阀排气方向应朝向井场外，固定牢固
		放喷管线	a）放喷管线通径不小于78mm，布局应考虑当地季风风向、居民区、道路、油罐区、电力线及各种设施等情况
			b）含硫油气井至少应安装两条放喷管线，其布局夹角为90°～180°，放喷管线上可以根据需要连接阀门，闸阀应为明杆闸阀或带开关状态指示器的闸阀
			c）放喷管线出口距井口的距离宜不小于75m，含硫油气井放喷管线出口距井口的距离应不小于100m，距各种设施应不小于50m，且位于方便点火的开阔地带，应有两条放喷管线安装在当地季风的下风方向转弯处应用角度不小于120°的预制铸（锻）钢弯头或90°带缓冲短节的弯头
			d）放喷管线不允许活接头连接和在现场进行焊接连接，每隔10m～15m及转弯处应采用水泥基墩与地脚螺栓或地锚固定。放喷管线悬空处要支撑牢固，含硫油气井放喷管线应全部采用法兰连接，现场不允许焊接，含硫油气井放喷管线和连接法兰应全部露出地面，在穿越汽车道、人行道等处用防护装置实施保护
			e）水泥基坑的长×宽×深尺寸应为0.8m×0.8m×1.0m，遇地表松软时，基础坑体积应大于1.2m³
			f）放喷管线应有防冻，防堵措施，确保放喷时畅通
		其他要求	a）井口装置、节流管汇、压井管汇、放喷管线均应按要求试压合格，并记录
			b）方钻杆应安装旋塞阀，开关灵活，密封可靠，配备专用开关工具
			c）钻台上应配备与井口钻具尺寸一致的回压阀及抢装工具，还应配备带钻具止回阀和与钻铤连结螺纹相符合的配合接头的防喷单根
			d）气层中钻进时，井下钻具中应安装近钻头回压阀，旁通阀安装正确
			e）井场应配备自动点火装置或手动点火器材
11	气体钻井作业	空压机	a）各仪表、安全装置灵敏、可靠，显示屏数据读值准确
			b）机组无滴、漏、冒、异响
			c）机组外壳无不正常发热
			d）机组各润滑油油位符合要求

表 B.1（续）

序号	设备名称	检查点	检查内容
11	气体钻井作业	空压机	e) 冷却系统工作正常
			f) 机组未超温、超压、超负荷运行
			g) 机组内外卫生清洁
		增压机	a) 各仪表、安全装置灵敏、可靠，显示屏数据读值准确
			b) 机组无滴、漏、冒、异响
			c) 各分离器排污装置可靠
			d) 压缩机气阀工作正常
			e) 机组外壳无不正常发热
			f) 机组各润滑油油位符合要求
			g) 冷却系统工作正常
			h) 机组未超温、超压、超负荷运行
			i) 机组各连接螺栓无松动
			j) 机组内外卫生清洁
		膜制氮	a) 各仪表、安全装置灵敏、可靠，显示屏数据读值准确
			b) 制氮主机进气温度正常
			c) 油水分离器工作状态正常
			d) 聚结过滤器工作状态正常
			e) 颗粒过滤器工作状态正常
			f) 机组各连接螺栓无松动
			g) 机组未超温、超压、超负荷运行
			h) 机组内外卫生清洁
		雾泵	a) 各仪表、安全装置灵敏、可靠，显示屏数据读值准确
			b) 机组无滴、漏、冒、异响
			c) 机组各润滑油油位符合要求
			d) 泵钢体、柱阀件工作状态正常
			e) 机组各连接螺栓无松动
			f) 机组未超温、超压、超负荷运行
			g) 机组内外卫生清洁
		旋转防喷器	a) 液控箱各仪表、安全装置灵敏、可靠
			b) 液控箱润滑油、冷却水符合要求

表 B.1（续）

序号	设备名称	检查点	检查内容
11	气体钻井作业	旋转防喷器	c) 润滑、冷却系统无滴、漏
			d) 胶芯无刺漏
			e) 总成卡箍无松动
			f) 壳体连接螺栓无松动
		供气管汇	a) 固定、连接无松动
			b) 管线无刺漏
		排砂管线	a) 固定、连接无松动
			b) 管线无刺漏
			c) 取样口无堵塞
			d) 出口降尘良好
12	欠平衡钻井作业	旋转防喷器	a) 壳体机械锁紧和液压锁紧装置齐全有效
			b) 控制系统仪表完好、灵敏
			c) 控制系统电源线规范
			d) 控制系统润滑油、冷却水的量符合要求，润滑油、冷却水无滴、漏
			e) 旋转防喷器胶芯无刺漏
		欠平衡节流管汇	a) 欠平衡节流管汇压力表检验合格，灵敏可靠
			b) 各阀门开关状态挂牌标识明确
			c) 节流阀和平板阀开关灵活
			d) 循环通道通畅无堵塞
		液气分离器	a) 分离器摆放平稳，至少用均匀分布的 3 根大于或等于 $\phi 16mm$ 的钢丝绳绷紧固定
			b) 分离器出液管固定牢固
			c) 安全阀检验合格，并正确安装
			d) 压力表检验合格，灵敏可靠
			e) 排气管线无刺漏
13	控压钻井	旋转防喷器	a) 壳体机械锁紧和液压锁紧装置齐全有效
			b) 控制系统仪表完好、灵敏
			c) 正确接地，接地电阻≤10Ω
			d) 控制系统润滑油、冷却水的量符合要求，润滑油、冷却水无滴、漏
			e) 旋转防喷器胶芯无刺漏

表 B.1（续）

序号	设备名称	检查点	检查内容
13	控压钻井	自动节流管汇	a) 压力表检验合格，灵敏可靠
			b) 各阀门开关正确、到位，挂牌与开关状态一致
			c) 正确接地，接地电阻≤10Ω
			d) 节流阀和平板阀开关灵活
			e) 循环通道通畅无堵塞
		数据监控房	a) 距离井口≥30 m
			b) 正确接地，接地电阻≤10Ω
			c) UPS 处于在线供电模式
			d) 监控软件通信正常，实时数据正确
		回压补偿系统	a) 正确接地，接地电阻≤10Ω
			b) 压力表检验合格，灵敏可靠
			c) 安全阀检验合格，并正确安装
		液气分离器	a) 分离器摆放平稳，固定牢靠
			b) 分离器出液管固定牢固
			c) 安全阀检验合格，并正确安装
			d) 压力表检验合格，灵敏可靠
			e) 排气管线无刺漏
14	中途测试	远程液动阀	a) 控制管线、无变形和破损
			b) 动阀开关正常，开关状态与挂牌一致
		转向管汇、节流管汇	a) 压力等级符合要求
			b) 连接螺栓、闸阀开关灵活，有开关标识牌
			c) 按要求试压合格
		热交换器	a) 阀门开关正常，开关状态与挂牌一致
			b) 压力表、温度表安装、量程符合要求
			c) 按要求试压合格
			d) 压力表、温度表和泄压截止阀完好
			e) 压力容器检验合格证、安全阀检验合格证齐全
			f) 按要求试压合格
		蒸汽发生器	a) 安装位置周边无易燃易爆物品
			b) 电缆线路、电器开关正常、防爆

表 B.1（续）

序号	设备名称	检查点	检查内容
14	中途测试	蒸汽发生器	c) 仪器完好、安装正确
			d) 安全阀在校验有效期内
			e) 接地线连接安装合格
			f) 室内清洁卫生
			g) 稳压电源、UPS工作正常
			h) 计算机运行程序、数据采集正确
			i) 传感器量程符合要求，数据准确，并作防水保护处理
			j) 数据传输线、接地线连接安装合理
		除砂器	a) 闸阀开关灵活，开关标识牌齐全、正确
			b) 排砂管线出口接至安全地带，固定牢固，走向平直
			c) 砂筒、油嘴安装、运行符合要求
			d) 压力表量程符合要求，校验合格
			e) 试压合格
		井下测试工具	a) 测试工具规格、型号符合要求，工具维修、保养和现场检查记录齐全
			b) 测试工具进行现场功能试验
			c) 测试管柱符合要求
			d) 螺纹无破损，封隔器无刮伤
			e) 工具内、外径及压力设置符合要求
15	定向井作业（有线类）	滑轮	a) 钢丝绳无死结、无扭伤、无断丝、无松散，钢丝绳套采用Y5-15型绳卡卡牢，由定向井现场负责人负责检查
			b) 地滑轮采用钢丝绳长度适度；钢丝绳无死结、无扭伤、无断丝、无松散，钢丝绳卡卡牢，由定向井现场负责人负责检查
			c) 地滑轮固定在钻台大门前方，并用支架支撑，锁住保险销，由定向井现场负责人负责检查
			d) 天、地滑轮的安装位置与电缆滚筒中心线在同一平面内。井队负责将天滑轮挂在井架上，高度应满足起下仪器要求，固定牢固，锁住天滑轮保险销，由定向井现场负责人和井架工负责检查
			e) 定向井现场负责人负责检查电缆绝缘性
		循环头和手压泵	a) 随钻测量工检查循环头本体完好，螺纹无损，各轴承连接部位活动良好
			b) 随钻测量工检查液压缸清洁，弹簧完好，电缆橡胶密封件合格
			c) 随钻测量工检查手压泵完好，加满液压油，液压管线接头完好、清洁

31

表 B.1（续）

序号	设备名称	检查点	检查内容
15	定向井作业（无线类）	其他要求	a) 在井架大门前摆放电缆绞车，地面平整、安全，后轮垫好辗木
			b) 井队负责将循环头与水龙带用钢丝绳安全连接，重合部位应用3个绳卡卡牢，由定向井现场负责人负责检查
			c) 绞车室气刹车、排绳器操作灵活，刹带固定良好，各压力表读数正确，由定向井现场负责人负责检查
		工作间	a) 应配备温控设备，工作间温度宜在15℃～25℃，工作间中配备不间断电源
			b) 锂电池未入井时应存放于专用保管箱内，专用保管箱放置于离地20cm以上的货架上，存放时针脚戴好护帽与金属物隔离
			c) 工作间按要求接好设备接地线，电阻必须小于4Ω
			d) 设备、工作间接电前，检查并确保电缆线的绝缘胶皮完好
			e) 工作间进户线应加绝缘护套管
		探管总成	a) 探管应专业校准合格并在有效期内，校准证书齐备
			b) 探管外观无损坏、无弯曲变形，接口、螺纹洁净，更新密封圈，地面检查工作正常
		脉冲发生器总成	脉冲发生器检验性能正常，本体外观无损坏变形，接口螺纹清洁无损坏，配件清洁，更新密封圈
		仪器专用短节	脉冲发生器悬挂短节应按规定要求进行探伤，并有相应的检验报告
		LWD地质参数测量仪器总成	a) LWD地质参数仪器校准合格并在有效期内，校准证书齐备
			b) 专用钻铤和仪器无外伤，探伤合格
16	取心作业	取心钻头	a) 钻头型号符合钻井相关要求，外观无损伤，各项尺寸及扣型与取心筒匹配
			b) 钻头切削齿出刃均匀、内腔光滑、螺纹完好、水眼畅通
		取心筒	a) 内、外筒外观检查，要求无弯曲变形、无咬扁、无严重伤痕、无刻痕及损伤，所有连接螺纹完好无损，松紧适中，紧密距符合规定要求
			b) 认真丈量、计算、记录和调配所用取心工具，保证工具组装后间隙合适，数据准确。例如，丈量内、外筒长度和内、外筒直径，岩心爪张开与闭合的内径、岩心爪座的最小内径、稳定器的外径、循环钢球的直径与球座内径等
			c) 岩心爪内外直径符合取心要求。爪片弹性好，爪齿耐磨强度高，爪片居于同一圆周线上。对卡箍式岩心爪，应检查卡箍及卡箍座，保证卡箍弹性好，卡箍及卡箍座无裂纹、无损伤、无毛刺；卡箍与卡箍座配合面吻合良好、表面光滑，两者配合后卡箍上下活动自如
			d) 悬挂总成应拆开检查，涂抹黄油。组装后间隙合适，转动灵活；有单流阀座应检查其球座是否光滑、无损伤

表 B.1（续）

序号	设备名称	检查点	检查内容
16	取心作业	取心筒	e) 检查岩心筒稳定器的外径，稳定器外径既不应大于相应钻头的外径，又不应小于取心钻头外径
		附件	a) 配备足够的取心易损件（卡箍座、岩心爪等），岩心钳灵活、好用
			b) 附件箱内其他附件齐全、完好
17	顶驱	导轨	a) 末端与钻台面高度符合要求
			b) 导轨本体无裂纹，销孔无变形
		反扭矩梁	a) 反扭矩梁固定螺栓紧固可靠、无松动
			b) 顶驱主轴中心线与井口对中，符合使用要求
		提环机构	防松装置、锁紧钢丝齐全，有损探伤报告
		鹅颈管、冲管总成	a) 沉槽内无钻井液堆积，排泄槽无堵塞
			b) 水龙带所用立管靠前场，和游动电缆无干涉
			c) 水龙带固定牢靠，装防脱链或用钢丝绳缠绕，固定钢丝绕制不会刮伤电缆
			d) 锁紧钢丝、螺栓齐全
		护栏	a) 固定螺栓齐全、无松动
			b) 本体无裂纹、变形
		减速箱	a) 运转正常、无异响，温升正常
			b) 齿轮箱呼吸器通畅、无堵塞
		内防喷器	a) 动作灵活、关闭可靠
			b) 防松装置及配件齐全、紧固可靠
		工具提篮	a) 绳具使用规范，连接正确、安装可靠
			b) 本体外观检查无缺陷
		平衡机构、倾斜机构	a) 连接螺栓、弹簧垫、别针齐全紧固
			b) 油缸完好、无漏油，动作灵敏，同步良好
		回转机构	a) 转动灵活，无卡滞
			b) 旋转马达工作正常、无泄漏
			c) 回转头机构锁紧装置锁紧可靠
		背钳机构	a) 导向环和扶正环能满足使用要求，固定螺栓、锁紧钢丝齐全
			b) 背钳液缸密封良好、无漏油
			c) 背钳钳头固定良好，无松动
			d) 钳牙磨损程度在规定范围内

表 B.1（续）

序号	设备名称	检查点	检查内容
17	顶驱	主电机及风机	a) 运转正常、无异响，温升正常
			b) 百叶窗、防护网无破损和污物堵塞
			c) 电机电缆连接牢固
		液压盘式刹车	a) 控制动作正常，运行可靠
			b) 控制管线无泄漏
		液压站	a) 运行时无异常震动、噪声、发热
			b) 开关操作灵活可靠，压力表完好、指示正确，系统压力正常，油箱过滤器清洁指示正常
			c) 油箱油质油位符合要求
			d) 操作阀件灵活可靠，控制管线无破损、泄漏
			e) 储能器压力符合要求
		液压管线	a) 液压管线、接头无破损、无漏油
			b) 游动管线固定牢靠，保险装置齐全
		电缆	a) 外观清洁完好、无破损
			b) 接插件连接牢固可靠
			c) 电缆悬挂牢固可靠，安装架螺栓齐全、连接可靠，锁紧钢丝齐全牢固
		电控房	a) 室内绝缘胶垫完整、清洁、无杂物
			b) 室内应安装有应急照明灯，且功能正常
			c) 室内空调机，应能正常工作
			d) 控制屏应安装牢固、指示灯、仪表指示正常，开关操作灵活、可靠，并有标识
			e) 房体应接地，检测接地电阻符合要求
			f) 进出电缆线及接地线应有明确的标识，进出电缆线有防护措施，无挤压、破损、松动和发热现象
			g) 电气联锁保护功能正常
		司钻操作台	a) 固定牢靠
			b) 仪表、指示灯齐全，工作正常，标识清楚
			c) 箱内阀件、管线连接可靠，无松动、无泄漏，正压防爆有效
			d) 控制开关齐全，操作灵活可靠

表 B.1（续）

序号	设备名称	检查点	检查内容
18	录井设备	仪器房	a）房体按要求接地
			b）室内应安装有应急照明灯，且功能正常
			c）安全门灵活，疏散通道通畅
			d）电源控制安装漏电保护器
		地质房	a）有毒有害化学药品分类存储，专人、专柜上锁保管
			b）每日更新地质预告牌，做好防喷、防漏、防斜等地质预告
		传感器	安装位置正确，固定牢靠
19	值班室	报表	班报表、设备运转保养记录填写正确、真实，字迹清楚、整洁
		任务书	生产任务、工况、技术措施、安全措施、交接班注意事项清楚、明确
		工具记录	备用钻具、出入井钻具记录填写齐全准确
		电器设施	a）固定式硫化氢气体检测仪报警控制主机完好、指示正确
			b）电器设施完好，无私拉乱接情况
		其他	值班室内整洁，各类资料摆放整齐

SY/T 7668—2022

附 录 C
（资料性）
钻井作业过程检查表

钻井作业过程检查表见表 C.1。

表 C.1 钻井作业过程检查表

序号	工序过程	检查项	检查内容
1	钻进作业	钻进作业	a) 开泵时观察压力表，压力不应超限；阀门组开关不正确或高压区有人不应开泵，上水、润滑、冷却不良应及时停泵
			b) 方钻杆入井口应平稳，方补心同转盘啮合良好；启动转盘时扭矩不应超限
			c) 钻进作业时司钻精力应集中，不溜钻，不顿钻；注意观察指重表、压力表等仪表，同时观察设备状态，注意判断井下状况，采取正确措施
			d) 钻台上应至少有一名钻工值班，帮助司钻观察立管泵压表变化
			e) 吊单根时钻杆不应坠落、伤人；钻杆在吊动过程中不应挂碰；小绞车钢丝绳工作正常
		接单根作业	a) 待转盘停稳后方可上提方钻杆。上提方钻杆悬重应正常
			b) 游车停稳后方可开吊卡或扣吊卡；若使用卡瓦，应确认钻具坐稳
			c) 提方钻杆至小鼠洞对扣紧扣不应错扣；不应遮挡司钻视线
			d) 提单根至井口，对扣、上扣不应碰撞钻杆螺纹
			e) 开泵、下放钻具，悬重应正常
		钻鼠洞作业	a) 吊鼠洞管时绳索应完好，绳扣应拴牢，起吊时指定专人指挥，不应碰挂
			b) 防井口坍塌
			c) 下鼠洞管，人员应退至安全位置
		开泵操作	a) 阀门组开关状态正确，专人指挥开泵
			b) 开泵时泵压表正常，井口钻井液返出正常
			c) 发生蹩泵时，应立即停泵
			d) 开泵时，无关人员应离开泵房及高压管汇处
			e) 冬季开泵应提前预热泵的保险阀和压力表，并人工盘泵
		接、甩钻具作业	a) 钻具上下钻台带好护帽，钻台和场地人员站在安全位置
			b) 小绞车操作者与司钻密切配合，并指定专人指挥
			c) 小绞车起吊不大于安全负荷，且性能良好
			d) 方钻杆在井口松扣时，不应退扣太多

SY/T 7668—2022

表 C.1（续）

序号	工序过程	检查项	检查内容
1	钻进作业	拔鼠洞	a) 绳套固定牢靠，上拔时人员离开鼠洞附近、站在安全位置
			b) 拔鼠洞管应缓慢、断续上提
			c) 绷鼠洞管下钻台时应操作平稳，配合得当
			d) 在向场地绷鼠洞管时，人员应位于安全位置
2	起下钻作业	接钻头作业	a) 不应用转盘引扣和上扣；对扣、上扣、紧扣符合操作规程，不应错扣和缠乱猫头绳，紧扣时外钳工处于安全位置
			b) 提钻头出装卸器不应挂出装卸器
		下钻铤作业	a) 起空吊卡至二层台，防止滚筒钢丝绳缠乱，信号应准确；旋绳、猫头绳无断股、扭结，钻铤螺纹及台肩无损伤；密封脂涂抹均匀，防止涂油刷落入钻具水眼内
			b) 提钻铤出钻杆盒、对扣时起升高度适宜，立柱不应摆动碰伤人员、设备、钻具；井口操作人员不应遮挡司钻视线
			c) 上扣、紧扣时防止猫头绳缠乱，井架工应观察提升短节无倒扣
			d) 卸安全卡瓦时防止落物入井；工具不应放在转盘面上，上提钻铤应平稳操作
			e) 下钻铤入井刹车高度适宜；卡瓦、安全卡瓦应卡牢
			f) 盖好井口
		下钻杆作业	a) 起空吊卡至二层台，吊卡不应挂钻杆接头，游车不应碰挂指梁及操作台，立柱不应倒出 井架工不应扣飞车，不应用手抓钻杆内螺纹
			b) 提立柱至井口应将钻杆用手或钻杆钩扶稳，立柱不应摆动
			c) 对扣、上扣、紧扣，不应顿钻具接头、错扣、磨扣，双台肩扣钻具应使用对扣器
			d) 坐吊卡、拉吊环、挂空吊卡，下放吊环位置适宜，动作协调，不应遮挡司钻视线
			e) 盖好井口
			f) 下带止回阀的组合钻具，应按 20～30 柱灌满钻井液，灌钻井液时应上下活动钻具
		挂方钻杆作业	a) 拉吊环时配合协调；锁大钩时大钩开口同水龙头提环方向一致
			b) 挂水龙头应平稳起车
			c) 提方钻杆出鼠洞及对扣时，游车、方钻杆不应摆动，方钻杆用小绳索送至井口，不应遮挡司钻视线
		起钻杆作业	a) 起钻杆之前应确认防碰天车工作正常，起立柱不应挂单吊环；每起出 3～5 柱钻柱将井内钻井液灌满；钻杆、大绳及悬重正常

37

表 C.1（续）

序号	工序过程	检查项	检查内容
2	起下钻作业	起钻杆作业	b）双钳松扣、旋绳卸扣应执行操作规程，液气大钳卸扣时应关好安全门
			c）提立柱入钻杆盒，游车不应压立柱，立柱不应摆动；推（拉）钻杆立柱入钻杆盒时应使用钻杆钩，立柱不应倒出
			d）盖好井口和小鼠洞口
			e）放空吊卡于转盘面应操作平稳；吊卡不应碰钻杆接头
		起钻铤作业	a）接提升短节应平稳提放；先引扣、扣吊卡，再用双钳或液气大钳上紧
			b）坐好卡瓦，卡好安全卡瓦，不应将安全卡瓦随钻铤带至高处
			c）放空吊卡至井口不应挂指梁；二层台应将钻铤固定牢固，钻铤立柱不应倒出
			d）每起一柱钻铤应向井筒内灌满钻井液，起完钻铤应将井筒灌满钻井液
		卸钻头作业	a）钻头入装卸器不应顿坏装卸器
			b）用吊钳松扣，用手或链钳卸扣，不应用转盘绷扣和卸扣
3	下套管作业	下套管作业	a）工程技术人员进行技术交底；作业前对地面设备进行检查，确认固定部位安全可靠，转动部分、旋转下套管设备运转正常，仪表灵敏准确，应做好记录
			b）套管上钻台应戴护帽，绳套应牢固，吊套管上钻台不应挂碰，场地上人员及时离开跑道，站在安全位置
			c）不应在井口擦洗套管螺纹、抹密封脂；井口套管应用套管帽盖好
			d）下套管时，井场应使用一只内径规，并指定专人看管，每根套管同井内套管柱连接前和交接班都应见实物，下完套管回收
			e）上提套管对扣应把护丝置于安全位置
			f）井口有人操作时不应吊套管上钻台
			g）管串的下入速度应缓慢均匀；在易漏井段，控制下入速度
			h）下套管过程中，分段灌满钻井液，应指定专人双岗制负责观察钻井液出口、钻井液循环池液面变化情况
4	固井作业	地面流程	a）井口水泥头和地面管线安装固定牢固，试压合格
			b）水泥头挡销应安全、灵活，开挡销时操作人员不应正对挡销
			c）管线旋塞、弯头连接正确，灵活有效
			d）车辆设备摆放符合施工要求，安全通道畅通
		施工作业	a）固井前进行技术交底，明确施工指挥
			b）仪表监测线应连接正确，超压装置灵敏可靠

表 C.1（续）

序号	工序过程	检查项	检查内容
4	固井作业	施工作业	c）人员不应站在高压管线及阀门附近
			d）替钻井液时应先开水泥头挡销再开泵
			e）固井残留液应统一回收处理
5	测井作业	现场准备	a）测井队长与相关方充分沟通和技术、安全交底，队内召开班前会提出安全要求和注意事项
			b）施工场地、井口、井筒等作业环境符合测井施工要求
			c）作业区域正确设立了隔离标识和警示标识，对外来人员进行了风险告知和提示
			d）班组成员全部正确佩戴劳动防护用品
		施工作业	a）正确安装和摆放井口设备、绞车，车辆接地良好，必要时正确安装放喷装置并确保处于正常工作状态
			b）张力、深度系统正常，正确设置校正系数和报警提示值
			c）下井仪器配接顺序符合要求，各种顶丝、销钉等到位可靠
			d）装、卸放射源前应盖好井口，佩戴防护用品和个人辐射剂量计，正确使用工具，装源前对仪器源仓进行检查，卸源时对源进行清洁并确认完好
			e）电缆运行时，绞车后不应站人，不应触摸、跨越电缆
		其他要求	作业完后回收施工产生的垃圾和报废民爆物品，清点放射源等物品确认无误
6	完井作业	完井井口装置	a）完井井口装置试压应使用试压塞，按采油（气）树额定工作压力清水试压，不渗不漏，稳定时间和允许压降符合要求，应做好记录
			b）套管头和采油（气）树零部件完整、齐全、清洁、平正，阀门开关灵活，不渗漏
			c）未装采油（气）树的井口应在油层套管上端加装井口帽或盲板或井口保护装置，并在外层套管箍上做明显的井号标志
		其他要求	完井后做到工完料净场地清，井场周围清污分流、沟渠畅通
7	中途测试	地面流程安装要求	a）各管线平实固定在地面，若因地形特殊，有较高或较长的悬空段，应将管线支撑固定牢固。地层较软时，基墩坑应加深。出口及拐弯处基墩坑尺寸应加大
			b）地面安全阀控制系统的放置位置应在安全且易于操作的地方
			c）测试工负责检查放喷管线位置，应设置在车辆跨越处装过桥盖板或其他覆盖装置
			d）保持井口、地面测试流程等各施工现场通风良好，在井场、放喷口周围按照要求设置风向标
			e）数据采集房、计量罐等设备的防雷、防静电接地装置接地线电阻不大于 10Ω

39

SY/T 7668—2022

表 C.1（续）

序号	工序过程	检查项	检查内容
7	中途测试	下测试管柱	a) 油管入井前必须用标准内径规逐根通内径，并按试油管柱结构要求顺序入井，并检查吊卡是否与入井油管相匹配
			b) 测试工具分段在地面连接好，用绷绳绷上钻台，再用大钳紧扣 大钳紧扣时，防止咬坏工具 一旦封隔器管柱入井后，不应转动转盘
			c) 必须将油管螺纹清洗干净，按规定的扭矩上扣
			d) 保证指重表完好，自动记录仪可靠
			e) 下管柱时平稳操作，严格控制测试管柱的下放速度
			f) 下管柱时使用双吊卡，并经常检查和更换与油管相匹配的吊卡，防止管柱落井
			g) 下钻时应盖好井口，保管好井口工具，防止落物入井
		排液、测试	a) 排污管线固定牢固并接入污水池
			b) 对节流多、易冰堵等情况的井，管线采取保温措施
			c) 地面流程按要求试压合格
			d) 放喷排液时防止放压过猛对井内造成剧烈的压力波动，损伤油、套管，同时防止憋抬地面管线
			e) 测试过程中，天然气喷出后应立即烧掉
			f) 测试过程中监测大气中的硫化氢含量，并采取相应防硫措施
			g) 测试过程中如发现节流阀、闸阀和管线刺坏，应及时整改和更换
			h) 定期观察油、套压变化，以便分析、判断封隔器及测试管柱密封情况
			i) 施工人员应熟悉井场地形、设备布置、硫化氢报警仪的放置情况和风向标位置，以及安全撤离路线等
		关井	关井期间，数据采集系统要记录好井口油、套压数据，注意套压和各级套管间环空压力变化情况，防止窜漏压坏套管
		起测试管柱	a) 起钻时平稳操作，不应猛提、猛放、猛刹车，严格控制起钻速度，防止发生抽吸
			b) 起钻过程中盖好井口
			c) 起管柱过程中不应转动井内钻具，用转盘卸扣
			d) 及时向井筒内灌满压井液，防止灌压井液不及时造成井涌、井喷
8	气体钻井	准备	a) 设备摆放遵循"平、稳、正、齐"的原则
			b) 充分利用场地空间，保证作业区域通道畅通
			c) 设备、野营房应通过总等电位联结实现工频接地、防静电接地和防雷接地

40

表 C.1（续）

序号	工序过程	检查项	检查内容
8	气体钻井	准备	d）设备应挂牌，落实专人管理
			e）橡胶软管应缠绕保险绳，符合要求并固定牢靠
			f）泄压管线出口应安装消声器
			g）供气管线高压、低压禁止串联
			h）排砂管线出口位置应合理
			i）岩屑取样口宜安装在井场外和降尘水入口前面
			j）不需要点火的气体钻井排砂管线出口应接至利于岩屑和液体存放的地方；需要点火的气体钻井排砂管线出口应接至具备点火条件，以及利于岩屑和液体存放的地方
			k）设备试压作业前应按要求作好安全工作分析
			l）设备试压作业前应对相关人员进行技术交底和岗位分工
			m）设备试压结果应达到技术要求
			n）钻井液储备符合要求
			o）按要求进行气体钻井技术交底
			p）防喷演习达到要求
			q）安全设施配置符合要求
			r）人员持证符合要求
			s）开钻验收合格
		钻塞	a）钻具组合符合要求
			b）钻过附件后反复划眼几次，打捞干净
			c）钻塞完按要求用清水清洗井筒
		气举	a）作业前应按要求做好工艺风险评估
			b）专人负责控制节流阀开度，防止井筒返出液体污染环境
			c）气举、干燥过程中应注意对可燃气体、有毒有害气体的监测，如全烃超过安全值，返出气体经液气分离器，排气口点长明火
		钻进	a）作业前应按要求做好工艺风险评估
			b）入井钻具、工具达到钻井工程要求
			c）扶正器应为气体钻井专用扶正器，不应使用螺旋钻铤
			d）送钻均匀，防止溜钻、顿钻，钻井参数应根据机械钻速、井下等情况及时合理调整
			e）钻井队安排专人在钻台坐岗，负责记录钻井参数，发现异常，通知扶钻人员

41

表 C.1（续）

序号	工序过程	检查项	检查内容
8	气体钻井	钻进	f）钻井队安排专人在气体返出口坐岗，负责观察气体返出和降尘情况，发现异常，通知扶钻人员
			g）钻井队安排专人在场地坐岗，听到井控信号，负责迅速打开至燃烧池的内控闸阀
			h）地质录井安排专人在线监测坐岗，负责烃类物质的监测，发现气测异常，及时通知扶钻人员
			i）地质录井安排专人负责观察返出岩屑情况，发现异常，及时通知扶钻人员
			j）扶钻人员发现异常应停止钻进，分析原因，正确处理
			k）成立现场工作小组，定期召开生产分析、安全问题讨论和开展各项整顿工作等活动
			l）目的层和天然气钻进，气体返出口应点长明火
			m）钻井液定期搅拌维护，保证其可泵性
		接单根	a）钻台上应有专人负责发出停、供气（液）信号
			b）泄压操作人员清楚工艺流程
			c）泄压作业按要求进行
			d）严格执行"晚停气、早开气"的技术措施
		起钻	a）起钻前充分循环
			b）起钻过程注意盖好井口，防止落物入井
			c）拆卸旋塞阀和止回阀按顺序进行操作
			d）倒出的止回阀和旋塞阀由钻井队技术负责人检查，确认合格方可再次入井
			e）地层有显示时按要求进行起钻
			f）起钻完按要求对井口装置进行吹扫和活动井控装置
		下钻	a）钻具组合符合要求
			b）空气锤入井前应进行测试
			c）下钻过程注意盖好井口，防止落物入井
			d）下钻至适当位置，按井控要求活动井控装置
			e）长段划眼不应用空气锤，应使用牙轮钻头
			f）划眼时严格控制钻压和速度，密切注意吨位、扭矩等参数变化，防止发生钻具事故
			g）地层有显示时按要求进行下钻
			h）替入钻井液充分循环

表 C.1（续）

序号	工序过程	检查项	检查内容
8	气体钻井	下钻	i）替浆施工中应始终保持转动和均匀上提下放钻具，防止卡钻
			j）替浆施工应保持连续作业
			k）据井下情况，替浆后可采用不同排量、高密度钻井液循环举砂，以确保井眼正常
			l）无油气显示时井筒返出钻井液通过排砂管线至振动筛
			m）有油气显示时井筒返出钻井液通过分离器至振动筛
9	欠平衡钻井	准备	a）专业技术人员进行技术交底
			b）对欠平衡钻井设备进行试运转，确认固定部位安全可靠，转动部分运转正常，仪表准确灵活
		欠平衡钻进	a）钻井队、录井队指定专人进行循环罐液面坐岗监测，并做好记录
			b）欠平衡钻进期间，欠平衡值班人员对旋转防喷器、欠平衡节流管汇、液气分离器等欠平衡设备巡查，填写好记录
			c）钻井队、录井队和欠平衡值班人员均配备可燃气体监测仪
			d）接单根后，打磨钻具接头上的毛刺
			e）控压钻进过程中接单根，开泵、停泵司钻控制台应发出信号
		更换胶芯	a）更换胶芯前，应保证井筒内钻具位于安全井段
			b）打开卡箍之前，泄环形防喷器和旋转防喷器之间的圈闭压力
			c）人员在井口拆装旋转控制头时，必须系好保险带
			d）旋转控制头拆装过程中，钻井队指定专人操作气动绞车
			e）吊装旋转控制头使用绳索具应有足够载荷
			f）上提、下放旋转控制头时，气动绞车配合游车同步移动
		起下钻	a）钻遇油气显示后，起钻前必须进行短程起下钻作业
			b）起下钻过程中，专人进行液面坐岗监测，做好记录
			c）起钻过程中，应连续向井筒中灌入钻井液，所灌入钻井液体积不能小于起出钻具体积，安排专人对灌浆量进行核实
			d）钻头起过全封闸板后，必须关闭全封闸板
			e）下钻过程中，液面坐岗人员应对井筒返出钻井液量进行核实
			f）更换钻头/钻具组合下钻到井底后，按规定做低泵冲试验，记录试验数据
10	控压钻井	准备	a）设备试压合格
			b）设备进行试运转，确认固定部位安全可靠，转动部分运转正常，仪表准确灵敏

43

表 C.1（续）

序号	工序过程	检查项	检查内容
10	控压钻井	准备	c) 专业技术人员进行技术交底
			d) 防喷演习达到要求
			e) 开钻验收合格
		控压钻进	a) 按要求做低泵冲试验，并做好记录
			b) 含硫地层按要求加入除硫剂，pH值符合要求
			c) 钻井队、录井队指定专人进行循环罐液面坐岗监测，并做好记录
			d) 控制井筒压力当量密度在安全密度窗口范围内钻进
			e) 实时监测或计算井底压力变化，控制井底压力平稳
			f) 发现硫化氢按照相关应急预案执行
			g) 值班人员定期对控压钻井设备进行巡查，填写好记录
			h) 含硫地层各岗位按照要求携带便携式硫化氢气体检测仪
			i) 接立柱（单根）后，打磨钻具接头上的毛刺
			j) 始终保持井底压力的平稳
		换胶芯	a) 更换胶芯前，应保证井筒内钻具位于安全井段
			b) 打开卡箍之前，泄环形防喷器和旋转防喷器之间的圈闭压力
			c) 人员在井口拆装旋转控制头时，必须系好保险带
			d) 旋转控制头拆装过程中，钻井队指定专人操作气动绞车
			e) 上提、下放旋转控制头时，气动绞车配合游车同步移动
			f) 始终保持井底压力的平稳
			g) 起钻速度符合井控要求，并能满足井口套压稳定和旋转防喷器允许起钻速度的要求
			h) 坐岗人员核对好灌入量，发现异常立即汇报
			i) 替入重浆帽后，液面不在井口，宜采用环空液面监测仪定期监测液面高度，根据漏失情况确定灌入量
			j) 钻具外径超过旋转防喷器通过能力，应提前取出旋转总成
		控压下钻	a) 止回阀入井之前，检查其密封可靠性
			b) 坐岗人员核对好返出量，发现异常立即汇报
			c) 下钻至重浆帽底部，安装旋转总成，替出重浆帽
			d) 控压下钻速度符合井控要求，并能满足井口套压稳定和旋转防喷器允许起钻速度的要求
			e) 控压下钻要求每柱打磨钻杆接头毛刺

表 C.1（续）

序号	工序过程	检查项	检查内容
10	控压钻井	控压下钻	f) 下钻到底，循环排后效，钻井液密度循环均匀恢复钻井
			g) 有线绞车电缆线无腐蚀、无断丝、无变形、无松散，通信良好，由定向井现场负责人负责检查
			h) 绞车刹车系统、提升系统负载可靠，由随钻测量工负责检查
			i) 有线绞车各油、气、水、电路完好，由绞车工负责检查
			j) 探管连线接头密封圈完好，触点清洁，无断路、无漏电，由定向井现场负责人负责检查
			k) 加长杆长度应保证仪器传感器的位置处于距无磁钻铤下端3m以上，且连接牢固；抗压筒无弯曲变形，密封圈完好；减震弹簧无变形，配有保护帽，由随钻测量工负责检查
			l) 下放仪器时，观察计算机上的探管温度显示不应超过探管最大允许工作温度，由定向井现场负责人负责检查
			m) 电缆卡子卡好后，将绞车倒至空挡，缓慢松开刹车，检查电缆卡子是否卡牢，确认卡牢后，将刹车全部松开。由定向井现场负责人负责检查
		钻进	a) 不应采用转盘带动钻具方式钻进，由井队负责检查
			b) 钻进过程中，应将绞车挡位倒至空挡，滚筒刹车松开，由随钻测量工负责检查
		取仪器	a) 钻井队打开小循环，卸掉立管压。由随钻测量工负责检查
			b) 随钻测量工将手压泵泄压，由随钻测量工负责检查
			c) 绞车工应控制电缆上提速度，电缆的松紧及拉力显示应处于正常范围，由随钻测量工负责检查
			d) 绞车工在上提电缆过程中，绞车电缆应排列整齐，最上一层电缆应涂油防锈，由随钻测量工负责检查
		卸天滑轮	a) 钻井队先用气动绞车提起天滑轮后，井架工再撤卸天滑轮，由定向井现场负责人负责检查
			b) 钻井队用气动绞车缓慢将天滑轮下放至跑道上，由随钻测量工负责检查
		卸地滑轮	钻井队用气动绞车缓慢将地滑轮下放至跑道上，由随钻测量工负责检查
11	定向井作业（无线）	施工现场准备	a) 仪器工作间宜摆放在井场安全平整易于观察井口的位置
			b) 各种地面传感器安装在指定位置，按井场安全要求布线，连接地线，接入电源，由定向井现场负责人负责检查
			c) 安装、拆卸压力传感器前，要求钻井队停止钻井泵运转，上锁挂签，确认压力表显示压力为零、小循环泄压阀门打开后，方可作业
			d) 按仪器的操作规程组装仪器，组装仪器时不应阻挡井场通道

表 C.1（续）

序号	工序过程	检查项	检查内容
11	定向井作业（无线）	施工现场准备	e）仪器组装完，上下钻台时应使用专业吊索、吊具，钻井队操作风动绞车，定向井现场负责人负责指挥，其他人员站位正确
		仪器测试	仪器浅层测试前应检查循环系统、立管阀门开关是否正确
		下钻	a）如有高温地层，在下钻时宜采取分段循环降温的措施
			b）弯螺杆马达钻具组合下井，不应划眼和悬空处理钻井液，遇阻应起钻通井，避免划出新眼
			c）下钻过程遇阻，缓慢转动转盘下放
		钻进	a）下钻到底后，开泵循环，观察悬重、泵压变化情况并记录，待仪器信号正常后，再逐步加至给定钻压。钻进时，密切注意泵压变化，当发现泵压突然上升时，应及时将钻具提离井底，分析原因，决定是否起钻检查
			b）仪器入井后，开泵循环及钻进时，钻杆上必须安放钻杆滤清器
			c）钻具在裸眼井段静置时间不能太长，不允许长时间定点连续转动钻具
		起钻	起钻时按照井控要求灌满钻井液，认真记录每次起钻遇阻卡位置，键槽遇卡时不应硬拔
		回收与保养	a）井口操作仪器时检查提升杆件，做好安全措施
			b）确认锂电池组无发热、膨胀现象后，方可拆卸锂电池。否则立即将锂电池组件隔离、放置到远离人员活动的区域，进行专门处理
12	取心作业	作业要求	a）作业前对工具全面检查，工具钻头完好，外径符合井眼直径
			b）不同类型的取心工具按照相关规定调整纵向间隙值
			c）按照要求的转速、排量、钻压进行作业
			d）欠平衡取心作业在井口组装拆卸工具时关好防喷器
			e）岩心出筒时应配备有害气体监测仪，灵敏可靠
			f）出心时正确使用岩心钳，岩心不应滑出
		工具装卸	a）装卸和拉运取心工具时，应防止管端下垂造成弯曲；螺纹带好护丝，避免碰坏螺纹
			b）卸车时，应两头用绳子慢慢下放，防止把取心工具碰扁摔弯
		钻台组装	a）认真检查绳套，戴好护丝，平稳上吊至钻台，在吊装过程中，防止碰撞
			b）上钻台后卸掉外筒护丝，用液气大钳或 B 型钳将取心钻头上紧，在紧钻头扣时，在钻头周围加保护物，防止紧扣时损伤取心钻头
			c）内筒螺纹用链钳紧扣，调好间隙，用液气大钳或 B 型钳上紧外筒螺纹

表 C.1（续）

序号	工序过程	检查项	检查内容
12	取心作业	钻台组装	d) 装、卸钻头应使用钻头装卸器；井口操作过程中，盖好井口，严防落物入井
			e) 欠平衡取心作业在井口组装拆卸工具时关好防喷器
		下钻	a) 下钻操作平稳，不应猛刹、猛放、猛顿、猛转，防止钻具剧烈摆动
			b) 下钻至井底 0.5m～1m 时，开单泵循环钻井液（控制启动泵压），并平稳地上提下放和适当转动钻具，以排除下钻时塞入取心工具的滤饼，清洗井底的沉砂；下放时校正好指重表。充分循环后，逐渐将钻头下至井底，校正井深
		取心	a) 若使用投球式取心工具，在井底冲洗干净以后，卸开方钻杆，投入钢球，并接上方钻杆，以较大排量送球，然后，将钻头缓慢下至井底树心（非投球式取心工具不需要该步骤）
			b) 取心钻进时，应尽可能地保持转速和排量平稳不变，在地层变化需要调整钻压时，应均匀逐渐地调整，避免剧烈变动，当地层变软时，钻压应平稳跟上，防止损伤岩心
			c) 在取心钻进过程中，钻时、泵压、转盘负荷、憋钻、跳钻等都是判断井下是否正常的主要依据，应仔细观察、认真记录、及时判断、果断处理
			d) 在油气层取心钻进，要有专人看守钻井液出口管和循环罐液面，按规定做好记录
			e) 非顶驱钻机，钻井取心时应调整好方入，尽量避免中途接单根，或尽量减少接单根的次数
		割心	a) 刹住刹把，视地层软硬，恢复悬重（钻压减小至 10kN～30kN）
			b) 若井下情况比较复杂，岩心根部地层较硬，也可以不停泵割心
		起钻	a) 割心后，正常情况下立即起钻；如在油气层段，应循环观察，具备条件后起钻。循环过程中不宜做大幅度活动钻具，循环排量不大于取心钻进排量
			b) 起钻操作要平稳，不应猛刹、猛顿，用液压大钳或旋绳卸扣，防止甩掉岩心
			c) 起钻过程中，按相关规定及时向井内灌满钻井液
		出心	a) 钻台出心盖好井口，防止落物
			b) 岩心出筒时应配备有害气体监测仪，灵敏可靠
			c) 岩心取出后，洗净岩心，仔细丈量岩心长度，算出岩心收获率，做好资料记录，并取样后装入岩心盒
			d) 出心时正确使用岩心钳，岩心不应滑出
			e) 起下钻阻卡井段，应采用全面钻进钻头划眼通井消除阻卡，不应用取心钻头划眼

表 C.1（续）

序号	工序过程	检查项	检查内容
12	取心作业	出心	f）取心钻进中，转盘、钻井泵采用柴油机分开驱动，便于调整取心参数
			g）若井底有落物，必须进行打捞后方可进行取心作业
			h）在井口组装、调试取心工具和岩心出心过程中发生溢流时，应立即停止相关作业，将取心工具提出井口，按空关井程序控制井口
			i）取心钻进或割心起钻中途出现溢流等异常情况，应立即终止作业，按照钻井井控相关规定进行处理，恢复正常后方可继续作业
			j）取心钻进中，当出现井漏，应停止取心，进行堵漏处理，井下正常后进行下步作业
			k）割心后起钻或取心时上提钻具遇阻卡，应在规定权限内活动钻具进行处理，防止工具损坏
13	录井作业	录井准备	a）员工应持有效证件上岗
			b）开展危害因素和环境因素识别，对识别出的风险进行分析评价，制定风险削减控制措施
			c）根据季节特点配备有效的防中暑、防流感、防外伤等医药品
		设备安装	a）录井仪器房、值班房应架设专用电力线路
			b）综合录井仪器房内的防雷设备应单独设防雷接地汇流排
			c）录井仪器开机前，确认安装正确可靠，方可通电。打开各部分电源时，应先开总电源，后开分电源
			d）氢气发生器保持排气畅通，定期检漏，防止氢气泄漏
			e）电热器、砂样干燥箱应采取其他隔热措施，周围无易燃易爆物品
			f）传感器应固定牢靠、整起排线，电缆跟铁器接触处应加防磨损垫。所有室外电缆线均用密封接线盒及防水接头连接，并用绝缘材料包扎
			g）井场防爆区域的电器设备应使用防爆（有 EX 标志）器件
		录井操作	a）各项资料齐全准确
			b）正确穿戴劳保用品
			c）室内整洁，室外卫生状况良好
			d）按规定对设备进行标定、校验并作好记录
			e）按要求坐岗、记录齐全
			f）按要求配备灭火器、有毒有害气体检测仪等安全防护设施，放置在醒目便于拿取处
			g）清洗砂样及工作产生的废水按规定排放；垃圾倾倒在指定区域

附 录 D
（资料性）
生活设施安全检查表

生活设施安全检查表见表 D.1。

表 D.1　生活设施安全检查表

序号	检查项目	检查内容
1	营房管理制度、规程及执行	a）钻井队平台经理负责营房管理，营房设备管理定人、定岗，管理制度健全
		b）以岗位责任制为中心的管理制度健全并能认真执行
2	营房设置	a）野营房应置于井场边缘 50m 外的上风处，含硫油气井施工时，野营房离井口不小于 300m
		b）营房布置应避开排洪道、山坡边，安装平稳
		c）营房区应设置行走通道，周边设置护栏和围栏
3	营房外观检查	a）营房主体无开裂、损伤，油漆完好
		b）营房摆放整齐，配件安装稳固
4	营房设备	a）热水炉完好，合格证、安全阀校验及时
		b）冰箱、空调、电热板、灯具完好
		c）洗烘设备、沐浴设施完好
		d）灶具、消毒设备完好
		e）餐厅、厨房卫生清洁，食物在保质期内，无变质
5	营房安全设施	a）营房电路、漏电保护装置和接地装置完好
		b）营房应急通道畅通无阻，并配备应急灯
		c）营房消防、照明设施和报警器完好，并定期检查，有检查人签字
		d）三相负载平衡
6	应急管理	a）营区应设置紧急集合点，必要时实行人员入住挂牌管理
		b）特殊地区营区应配置防恐设施和器材
		c）制定营区应急措施，并组织应急演练

中华人民共和国
石油天然气行业标准
石油钻井安全监督规范
SY/T 7668—2022

*

石油工业出版社出版
（北京安定门外安华里二区一号楼）
北京中石油彩色印刷有限责任公司排版印刷
新华书店北京发行所发行

*

880×1230 毫米 16 开本 3.5 印张 100 千字 印 1—600
2022 年 12 月北京第 1 版 2022 年 12 月北京第 1 次印刷
书号：155021·8462 定价：64.00 元
版权专有 不得翻印

ICS 13.100
CCS E 09

SY

中华人民共和国石油天然气行业标准

SY/T 7781—2024

高原地区石油工程施工作业
安全推荐做法

Recommended practices for safety of oilfield services in plateau areas

2024－09－24 发布　　　　　　　　　　　　2025－03－24 实施

国家能源局　　发布

SY/T 7781—2024

目　次

前言 ... II
1 范围 ... 1
2 规范性引用文件 ... 1
3 术语和定义 ... 1
4 基本要求 ... 1
5 进入高原前期准备 ... 2
　5.1 施工队伍 ... 2
　5.2 生活用品和防护用品 ... 4
　5.3 施工设施 ... 5
　5.4 营地设施 ... 6
6 施工期间 ... 7
　6.1 一般要求 ... 7
　6.2 作业管理 ... 7
　6.3 体检管理 ... 8
7 撤离高原 ... 9
　7.1 一般要求 ... 9
　7.2 短期离返 ... 9
　7.3 完工撤离 ... 9
8 应急管理 ... 9
　8.1 一般要求 ... 9
　8.2 应急组织与保障 ... 9
　8.3 应急处置 ... 10
附录 A（规范性） 健康指标要求 ... 11
附录 B（规范性） 高原肺水肿、急性高原反应自我判定因素打分表 ... 13
附录 C（资料性） 常见疾病预防及救治方法 ... 14
附录 D（资料性） 现场急救药品清单 ... 15
附录 E（资料性） 现场急救器材清单 ... 18
附录 F（资料性） 现场应急资源配备推荐清单 ... 20
参考文献 ... 21

前言

本文件按照 GB/T 1.1—2020《标准化工作导则 第 1 部分：标准化文件的结构和起草规则》的规定起草。

请注意本文件的某些内容可能涉及专利。本文件的发布机构不承担识别专利的责任。

本文件由石油工业标准化技术委员会石油工业安全专业标准化技术委员会（CPSC/TC 20）提出并归口。

本文件起草单位：中石化中原石油工程有限公司钻井一公司、中石化石油工程公司、中国石油化工集团公司综合管理部、中石化勘探分公司、中石化中原油田分公司、中石化石油工程地球物理公司、中石化石油工程建设公司、中石化经纬公司、中石化销售公司西藏石油分公司、中石化中原石油工程设计公司、中国地质调查局成都地质调查中心、西藏地质矿产勘查开发局、中石化西南油气分公司、西南石油大学。

本文件主要起草人：董维哲、张忠涛、王梅、薛红册、郭亮、陈冬冬、邓雄伟、赵荣峰、赵润琦、孙德宇、孙立彬、李文进、潘涛、马超、谭富文、靳锟锟、曾鹏珲、付修根、范景凡、韩金月、王鹏雁、郭如伦、佘明军、夏相成、陈启联、葛要奎、李国栋、王雅琦、赵宏兵、朱礼军、马克亮。

SY/T 7781—2024

高原地区石油工程施工作业安全推荐做法

1 范围

本文件规定了石油工程技术服务单位在高原地区作业的前期准备、施工、撤离、应急管理的安全要求。

本文件适用于海拔 3500m～5500m 高原地区从事物探、钻（修）井、地面建设、试油（气）等石油天然气工程技术服务的安全管理。

2 规范性引用文件

下列文件中的内容通过文中的规范性引用而构成本文件必不可少的条款。其中，注日期的引用文件，仅该日期对应的版本适用于本文件；不注日期的引用文件，其最新版本（包括所有的修改单）适用于本文件。

GB 2811 头部防护 安全帽
GB/T 3609.1 职业眼面部防护 焊接防护 第1部分：焊接防护具
GB/T 13459 劳动防护服 防寒保暖要求
GB/T 13641 劳动护肤剂通用技术条件
GB/T 29639 生产经营单位生产安全事故应急预案编制导则

3 术语和定义

本文件没有需要界定的术语和定义。

4 基本要求

4.1 施工单位进入高原地区施工前，应提前对当地自然环境、气象条件、医疗救助、应急保障等开展调查，实地踏勘现场及公共设施，并与地方政府联系，建立联防机制。

4.2 施工单位应根据高原调查与踏勘情况，组织编制高原施工作业总体方案，方案包括高原病防护与救治专篇、后勤保障专篇等。

4.3 高原施工队伍应具有甲级施工资质，进入高原前应对人员素质、装备能力和管理水平进行复核，确保资质与能力相符。

4.4 高原施工单位宜优先聘用当地承包商和用工，最大限度消减高原施工作业职业健康风险。

4.5 进入高原的施工单位宜根据施工所在地气候条件、自然条件合理安排以下工程施工周期：
——物探工程施工安排在3月1日至12月30日；
——钻井工程施工安排在4月1日至11月30日；
——地面建设工程施工安排在5月1日至10月1日；

——沼泽地区的道路建设和钻前工程不宜安排在 5 月下旬至 8 月下旬。

4.6 高原施工具体时间应根据钻井、试油（气）等连续性较强的专业施工特点，以及施工地区海拔高度合理确定，避免严寒季节施工或驻留。

4.7 高原地区宜采取"多班次、短工时、勤休息"工作制度。施工现场应配备动力猫道、二层台自动排管装置、铁钻工等本质安全装备，提高机械设备自动化程度，并限制高强度活动量。

4.8 钻（修）井、试油（气）队等连续作业的专业队伍宜采取轮休制度，人员单次进入高原地区连续施工时间不应超过 90d。

4.9 高原施工应建立强制停工制度，气温低于 −30℃ 时应停工。

5 进入高原前期准备

5.1 施工队伍

5.1.1 一般要求

5.1.1.1 钻（修）井、物探、地面建设等较大规模施工队伍应至少配置专职医生和专职安全员各 2 名；其他如录井、测井规模较小或临时性专业队伍可依托属地管理。

5.1.1.2 钻（修）井、试油（气）等连续作业的队伍，岗位操作人员应满足"四班三倒"需要。

5.1.1.3 钻（修）井、试油（气）和井下作业等劳动强度较大的专业施工队伍，其人员配备应高于正常定员，并符合以下要求：

——主要管理人员、专业技术人员应配备双岗；
——其他岗位操作人员除应按定员配齐外，每班应另增配 2~4 名机动人员。

5.1.1.4 物探施工队伍的钻井、下药、收放线等劳动强度较大的生产班组，其岗位操作人员应高于平原地区相同条件下的配备数量。

5.1.1.5 施工单位应建立健全进出高原作业人员职业健康体检、职业健康观察等管理制度。

5.1.1.6 施工单位应建立《高原地区施工作业人员职业健康档案》，并做到"一人一档"。内容应包括作业人员进入高原前、高原施工期间、撤离高原后和健康观察期的全部健康体检和检测资料。

5.1.2 人员要求

5.1.2.1 作业人员的年龄应能满足其岗位要求，管理岗位、一般操作岗位、重体力与特种作业操作岗位人员宜分别不超过 50 岁、45 岁、40 岁。

5.1.2.2 作业人员应具有乐观开朗、热情向上的性格，心理健康且协同作业意识较强，自愿进入高原地区工作。

5.1.2.3 作业人员应掌握高原反应预防、高原病症急救和高原工作禁忌等知识，且具有较强的独立作业能力和应急处置能力。特殊岗位人员同时应具备如下资历和资质：

——施工队伍主要管理干部应具有三年以上同类队伍管理经验；
——专业技术主管人员应取得中级及以上技术职称；
——生产骨干、关键操作岗位应通过中级工及以上岗位技能鉴定。

5.1.2.4 用人单位应委托具有资质的医疗、卫生技术服务机构，对拟进入高原地区人员进行健康排查和高原职业健康体检。各项健康指标应符合附录 A 的要求，其中任何一项指标达不到要求者，不得或应暂缓进入高原地区。

5.1.2.5 高原职业健康体检分为以下一般检查、体格检查和实验室检查：

——一般检查主要为症状询问，内容包括有无头痛、头晕、乏力、睡眠障碍、发绀、心悸、胸闷、呼吸困难、咳嗽等症状。
——体格检查主要包括内科常规检查、神经系统常规检查和眼科检查。内科常规检查重点检查血压、心血管和呼吸系统；眼科检查主要包括常规检查及眼底检查。
——实验室检查主要包括血常规（包括红细胞压积）、尿常规、肝肾功能、心电图、胸部 X 射线摄片或 CT、肺功能、心脏彩超、超声心动图、颅脑 MRI 等。

5.1.2.6 患有高原禁忌证、传染病患者或过度肥胖者（BMI 指数大于 30kg/m²）不能进入高原地区。常见高原禁忌症目录见表 1。

5.1.2.7 感冒治疗、有肺部炎症症状期间，或患有对进入高原有影响的炎症未治愈前，应暂缓进入。

表 1 常见高原禁忌证目录

序号	种类	主要病证与症状
1	中枢神经系统器质性疾病	癫痫、脑炎
2	器质性心脏病	高血压性心脏病、冠心病、风湿性心脏病、心肌病、急性心肌炎、心包炎
3	脑血管疾病	脑卒中、脑血管病后遗症
4	急、慢性呼吸系统疾病	慢性阻塞性肺病、慢性间质性肺病、慢性支气管炎急性发作期、支气管扩张、支气管哮喘、活动性肺结核
5	泌尿系统疾病	肾功能不全，肾盂肾炎急性发作期
6	风湿免疫系统疾病	系统性红斑狼疮、皮肌炎
7	内分泌系统疾病	未得到有效控制的糖尿病、甲状腺疾病
8	其他疾病	缺血缺氧性脑病（HIE）、器质性心脏病、慢性间质性肺病（ILD）、贫血、红细胞增多症、高血压或低血压未得到控制
		呼吸道及肺部感染未治愈
		阵发性心动过速，安静时心率仍在 100 次 /min 以上
		心理恐惧

5.1.3 培训与适应性训练

5.1.3.1 进入高原之前，人员应进行高原知识培训，培训时间不应低于 40h。内容应包括健康基础知识、高原禁忌、高原疾病预防、高原生存技能、高原应急救助、高原心理健康知识等。

5.1.3.2 对高原施工作业人员宜进行体能测试，测试不合格者，不得进入高原。测试项目与达标标准应满足如下要求：
——男性：连续俯卧撑每次不少于 15 个，1000m 耐力跑不超过 5min 且不超过年龄最大心率值。
——女性：连续仰卧起坐每次不少于 15 个，800m 耐力跑不超过 5min 且不超过年龄最大心率值。

5.1.3.3 人员进入高原前，宜提前一周服用抗高原反应药物。

5.1.3.4 人员进出高原应实行"阶梯式"渐进适应方式，宜建立 2～3 级适应点，各级适应时间不应少于 3d。适应期间应检测心率、血氧饱和度等指标。指标异常人员应延长适应期或立即撤回低海拔地区。

5.1.3.5 适应期间宜进行高原适应性训练和体能测试，训练内容应根据适应点海拔高度确定，并以增

SY/T 7781—2024

加肺部动力和在安全心率内模拟实际工作情景训练为主要科目，适应性训练及体能测试宜聘请专业人士实施。

5.1.3.6 适应期间出现高原反应时，应采取缓解措施；症状严重且未得到缓解时，应延长适应期或立即撤回至低海拔地区。

5.2 生活用品和防护用品

5.2.1 日常生活用品配备见表2。

表 2 日常生活用品配备推荐表

序号	类别	名称	配备要求	备注
1	食品类	油、米、面等食品	不小于30d	用量
2		蔬菜、水果、牛奶及肉类	—	每日
3	生活类	高压锅	30人/口	高原型，按照人员数量选配型号
4		高压蒸车	—	高原型，按照人员数量选配型号
5		大功率净水器	1台/30人	—
6		开水炉	—	高原型
7		生活燃油	不小于30d	用量
8	起居类	棉被	2套/人	—
9		氧气袋	2套/人	—
10		复合维生素	1粒/（日·人）	—

5.2.2 个体防护用品配备应符合表3的要求。

表 3 个体防护用品配备表

序号	防护部位	防护用品	要求
1	头部	遮阳帽	—
		防寒安全帽	应符合GB 2811的要求。内衬加厚羊毛材质，且具有护脸护耳功能
		护目镜	镜片对紫外线的透过性能应达到GB/T 3609.1的要求
2	躯干	防寒服	防寒性能应达到GB/T 13459的要求
3	手部	防寒手套	材质宜选用动物毛皮
4	足部	防寒鞋	宜选用牛皮面、毛毡棉内衬
		防寒棉袜、毛毡鞋垫	—
5	皮肤	防冻防裂膏、防晒油、护肤霜、护唇膏	卫生理化指标应达到GB/T 13641的要求

4

5.3 施工设施

5.3.1 一般要求

5.3.1.1 施工队伍应根据工程性质和人员数量配备越野性能强的车辆，配备标准为每10人不低于1台；所有车辆均应配备卫星定位系统。

5.3.1.2 进出高原车辆应配备足量的启动液、防冻液、防滑链和山地轮胎，并按路程耗油量1.5倍备足油料和应急物资。

5.3.1.3 进入高原的各类车辆均应随车配备应急物资，其配备推荐种类和数量见表4。

表4 高原车辆应急物资配备推荐表

序号	分类	名称	数量	备注
1	随车工具	拖车绳、绞盘	各1套	—
		轮胎充气装置、电动扳手	各1套	—
		撬杠	2根	—
		工兵锹、千斤顶	各1套	配套4块垫木
		手电筒	1具	—
2	通信器材	卫星通信设施	1台/车	—
		电台或对讲机	1台/车	有效通信距离≥5km
		卫星导航定位系统	1套/车	—
3	应急物资	医用氧气或制氧设备	若干	—
		食品、饮用水	若干	满足驾乘人员3d用量
		棉被或睡袋	1套/人	—
		急救包	1套	应内置硝酸甘油、速效救心丸、创可贴和葡萄糖口服液等
		备胎	2只	—

5.3.1.4 车辆驾驶室应能进行温度调节，驾驶室内温度不低于5℃；并采取配备遮阳帘、太阳膜等防紫外线措施。

5.3.1.5 车辆胎压应适当下调，一般按规定范围下限或小于上限0.03MPa～0.05MPa设定。

5.3.1.6 施工现场应配备以下通信设施：
——各固定场所至少应配备1套卫星通信设备；
——移动式卫星通信设施应按1台/工作区配备，电台或对讲机应按1台/工作区配备；
——项目基地应配备24h畅通的值班电话和互联网。

5.3.1.7 施工设备及零配件选型、储备应考虑其通用性、互换性、经济适用性等因素。

5.3.1.8 施工设备应选用抗寒能力强、结构性能稳定的材料或采取必要的防护措施，以满足高海拔地区极端低温和昼夜温差大环境条件下正常工作的要求。

5.3.1.9 使用压力型设备宜考虑气压降低对设备外壳的影响，选用电气设备宜考虑高寒低压环境的特殊要求。

5.3.1.10 冷却液应根据不同海拔最低环境温度选择，其冰点应低于最低环境温度5℃。冬、夏季定期更换的润滑油，应满足冬季 -40℃～0℃、夏季 -10℃～30℃ 的正常使用。冬、夏季用同一种润滑油时，应满足 -40℃～30℃ 的正常使用要求。

5.3.1.11 施工设备防护涂层应具有抗紫外线辐射和抗老化能力，且应采取抗凝露措施。

5.3.1.12 钻井液材料宜采用吨包式包装。

5.3.1.13 电器设备在超额定功率对应海拔高度使用时，应根据相关电器厂家规定的值进行降容使用。

5.3.2 安全标志增设

5.3.2.1 施工现场应增设"禁止奔跑""禁止跳高"等安全标志。

5.3.2.2 工区自修建道路至少每公里宜设置一个里程标识牌（旗），特殊地形应加密设置；交叉路口和转弯处应设置路标指示并标明方向和里程，危险路段应设置限速、警告等标志。

5.3.2.3 野生动物出没地应设置"注意野生动物""禁止鸣笛"标志。

5.3.3 设备设施配套

5.3.3.1 确定钻机、作业机型号时，应高于平原地区同类设备一个等级。

5.3.3.2 施工队伍应根据施工作业性质和工程量，选择配套吊车、叉车、装载机、挖掘机、翻斗车等机械设备，以及电动（气动）扳手、地锚打桩机、高温高压清洗机等工具，以减轻员工劳动强度。

5.3.3.3 物探队宜配备节点仪、可控震源等轻量环保设备，并应配备汽车吊、电（气）动扳手、电动千斤顶等辅助设备。

5.3.3.4 钻井队应配套有自动控制系统的装备，配置顶驱、缓冲机械手、二层台自动排管装置、液（气）动卡瓦、铁钻工、动力猫道、钻井液快速自动加重系统，并宜配置钻台机械手、无尘加重漏斗、钻台自动升降机、天车自动注油装置等辅助设备。

5.3.3.5 根据当地供暖时间和施工区域海拔高度，合理确定冬季生产起止时间，应配套燃油锅炉、电锅炉、电暖气等供暖设备。

5.3.3.6 钻（修）井用柴油机、发电机、压风机等动力设备应进行高原适应性增压改造，或提高一个等级配置；各类易损件储备量应为平原地区的 1.5～2 倍。

5.3.3.7 钻（修）井用柴油机等动力设备水箱宜搭设遮阳棚或采取外循环等降温措施。

5.3.3.8 盛装液体的桶、罐等密闭容器不应满载，其盛装量宜为额定容积的 2/3～3/4。

5.3.3.9 应根据环境温度选择油料标号，车队进入无人区应备足油料。

5.3.3.10 主要操作人员区域，如钻机司钻房、固井操作台（室）等，宜配套氧气瓶或其他供氧装置。

5.4 营地设施

5.4.1 一般要求

5.4.1.1 固定营地应实行集中管理并配备野营房或活动板房，其布局和人员居住应满足安全要求。

5.4.1.2 野营房摆放时，其底座至少应高出地面 20cm。

5.4.1.3 营区应实行封闭管理，夜间应有充足照明。

5.4.1.4 营区应安装防野生动物攻击的隔离网，并备有闪爆电筒、防熊（狼）喷雾、鞭炮、礼花弹等安保设施。

5.4.2 野营房

5.4.2.1 野营房应由专业制造厂商生产，满足高原防寒要求且安装有双层隔热保温玻璃。

5.4.2.2 野营房应安装制氧机或配备氧气瓶，数量以满足员工日常供氧需求为宜。

5.4.2.3 野营房应配备紧急呼救装置或制订紧急呼救措施，宜配置静音空气加湿器。

5.4.2.4 野营房供氧设施出氧口应与明火保持距离，房间应张贴"禁止烟火"标志，宿舍内不得存放易燃易爆物品。

5.4.2.5 每间野营房居住人数应不多于定员的 2/3，同时应不少于 2 人。

5.4.3 专用吸氧医疗房

5.4.3.1 物探、钻（修）井、试油（气）现场应至少配备专用吸氧医疗房 1 套。

5.4.3.2 其他施工队伍可根据员工数量和驻地位置，选择配备专用吸氧医疗房或依托其他队伍。

5.4.3.3 应备有足量的氧气资源，其数量应满足供应周期要求。

6 施工期间

6.1 一般要求

6.1.1 所有人员应遵守作息管理规定，不得擅离工区和营地；确需离开时应至少 2 人同行，并携带通信工具和急救器材，做到每 2h 汇报 1 次。

6.1.2 进入高原地区施工作业期间，禁止一切饮酒行为。

6.1.3 进入高原第一周内宜禁止员工洗澡、洗头。应根据实际情况定期开放洗澡间，员工集中洗浴，特殊情况须经审批同意，并控制时间在 5min 之内，且洗毕后宜立即采取热风吹干措施。

6.1.4 所有人员应进行日常体检。出现任何不适，均应及时汇报。

6.1.5 人员在工作与休息期间应避免奔跑、跳高、超负荷劳动等剧烈活动。

6.1.6 根据员工身体状况确定其劳动强度，其负重量与工作节奏应以平原地区的 1/2 为宜。

6.1.7 高原地区施工作业或操作，应避免单人作业。

6.1.8 设备维护应结合高原地区环境特点，细化操作步骤，增加检查频次，缩短检查周期，及时更换相应配件和耗材。

6.2 作业管理

6.2.1 随时关注气象变化与天气预报，避免在强风、暴雨、暴风雪等极端天气中外出施工。

6.2.2 异常恶劣天气（强风、暴雨、暴风雪、雷电等）条件下，应禁止起下钻具、起重作业、脚手架搭设与拆除，以及露天攀登与悬空作业等高风险作业。

6.2.3 不应安排员工超时作业或延长作业时间，长时间连续作业应安排工间休息。

6.2.4 作业过程中如出现头疼、胸闷、心悸等高原反应，或出现精神恍惚、注意力不集中及身体不适，应停止作业并吸氧；吸氧 5min ~ 10min 后未得到缓解，应立即治疗。

6.2.5 高处作业应依据作业区域海拔高度和高处作业等级确定员工作业时间，并符合以下要求：
—— 海拔高度 3500m ~ 4000m 地区进行Ⅲ级高处作业时，单日作业时间不应大于 6h，单次连续作业时间不应超过 2h；海拔高度 4000m 以上地区进行Ⅲ级高处作业时，单日作业时间不应大于 5h，单次连续作业不应大于 2h。
—— 高原地区Ⅳ级高处作业时，单日作业时间不应大于 5h，单次连续作业时间不宜超过 1h。

6.2.6 进入受限空间作业应依据作业区域海拔高度确定员工作业时间，并符合以下要求：
—— 海拔高度 3500m ~ 4000m 地区，进入受限空间内单日作业时间不应大于 6h，单次连续作业时间不应大于 1h；
—— 海拔高度 4000m 以上地区，进入受限空间内单日作业时间不应大于 5h，单次连续作业时间不应大于 0.5h。

SY/T 7781—2024

6.2.7 野外施工车辆外出应保持 2 台车以上同行，确需单车出行应有专人监护；行车中应注意休息，一般连续行车 1h 休息 10min，或连续行车 2h 休息 20min，并向基地汇报动态。

6.2.8 队车通过沼泽、季节性河流等涉险路段时，应首先观察、前后拉开距离，待前车安全通过后，后续车辆方可依次通过。

6.3 体检管理

6.3.1 日常体检

6.3.1.1 所有人员应每日检测体温（℃）、脉搏（次/min）、血压（mmHg）和指脉氧饱和度（%）等基础生理指标。

6.3.1.2 作业人员日常体检应每日至少进行 2 次，即出工前和收工后各 1 次。

6.3.1.3 日常体检结果应登记造册，人员日常体检登记表见表 5，健康指标应符合附录 A 的要求。其中任何一项指标不正常，则不应出工。

表 5 人员日常体检登记表

体检时间：　　年　　月　　日　　时　　　　　　　　　　　　　　　　　　　　　天气：

序号	姓名	岗位	体温 ℃		脉搏 次/min		血压 mmHg		指脉氧饱和度 %	
			正常值	实测值	正常值	实测值	正常值	实测值	正常值	实测值

6.3.2 异常体检

6.3.2.1 符合下列情况之一者，应进行异常体检：
——突发急性高原病的人员；
——出现感冒症状或其他疾病症状的人员；
——特殊情况下，未经过"阶梯式"适应期，直接从平原地区进入高原地区的人员。

6.3.2.2 异常体检主要采取症状询问、医学观察和患者自我判定打分方式，异常体检内容有：
——症状询问内容主要包括有无剧烈头痛、呕吐、呼吸困难、睡眠障碍、发绀、心悸、胸闷、咳嗽、咯白色或粉红色泡沫痰等；
——医学观察重点为患者表情和精神状态，主要包括有无精神症状和意识障碍，有无表情淡漠、精神忧郁、欢快多语、烦躁不安、嗜睡、朦胧等反常状态，有无意识浑浊甚至昏迷现象，有无脑膜刺激征状等；
——患者自我判定打分方式主要针对已初步诊断出高原反应人员，通过患者按照表 B.1、表 B.2 自我填表打分以判定高原肺水肿、急性高原反应程度；

8

——常见疾病预防及救治方法见附录C。

6.3.2.3 列入异常体检的人员应保证卧床休息、治疗观察，病情得不到有效缓解或明确出现高原反应症状者，应及时送往医院救治。

7 撤离高原

7.1 一般要求

7.1.1 短期离返或完工撤离高原的人员均应进行体检。

7.1.2 除正常轮休倒班外，原则上不应有短期离返行为，且频次和人数应尽可能最低。

7.1.3 完工撤离应采取"阶梯式"渐出方式并进行观察，各级观察时间不应少于3d；体温、血压、脉搏、血氧饱和度等指标恢复正常后，方可撤至平原地区。

7.1.4 恢复观察期间，应每日2次检测体温、血压、脉搏、血氧饱和度、体重等生理指标，并记录备案。

7.2 短期离返

7.2.1 短期离返人员阶梯式恢复观察时间可相对减少，撤至平原地区后应继续观察，并于离开高原1周内进行体检。

7.2.2 体检内容主要包括体温、血压、脉搏、血氧饱和度、体重等生理指标，同时重点了解有无头痛、头晕、乏力、睡眠障碍、发绀、心悸、胸闷、呼吸困难、咳嗽等症状。

7.2.3 出现上述症状且得不到缓解者，应及时进行治疗。

7.3 完工撤离

7.3.1 员工撤至平原30d后，应进行一次高原职业健康体检，体检资料应纳入个人《高原地区施工作业人员职业健康档案》。

7.3.2 用人单位应对撤离高原人员实行健康跟踪观察制度。健康跟踪观察期一般为5年，观察期内每年应进行一次高原职业健康体检。每次体检数据应进行分析，并归入个人《高原地区施工作业人员职业健康档案》。

7.3.3 健康跟踪观察期内体检无异常应解除观察；体检数据异常时，应增加一个观察期，并应进行岗位调整。

7.3.4 撤离过程中，车辆胎压应根据海拔高度适当调整，至平原地区应恢复正常胎压。

7.3.5 曾进行高原适应性改造的增压装置、压缩机等设备，应调整恢复为平原地区正常配置。

8 应急管理

8.1 一般要求

8.1.1 高原地区各施工单位应建立沟通协调和应急救援机制，并与当地医疗、交通、应急等机构建立联防机制。

8.1.2 物探、钻井等整建制、成规模的长周期施工现场，应配备越野能力强的专业救护车，并宜配套高压氧舱或微压氧舱。

8.2 应急组织与保障

8.2.1 施工单位应成立应急组织机构，并建立24h值班制度。

8.2.2 施工保障基地或主营地应保持 2 台越野车待命，以便随时投入应急救援。

8.2.3 根据施工作业场所自然条件，以及与城镇间的距离，每 4h 车程宜建立一个应急保障点；施工区域位于无人区且远离城市 4h 以上车程时，宜考虑直升机救援方式。

8.2.4 施工保障基地或主营地应储备一定数量的、有效使用期内的急救药品（见附录 D）、急救器材（见附录 E）和现场应急资源（见附录 F）。

8.2.5 所有人员应配备随身携带的应急救援盒，盒内装配硝酸甘油、速效救心丸、丹参滴丸等。

8.3 应急处置

8.3.1 施工单位应按照 GB/T 29639 的要求组织编制现场处置方案，且符合以下要求：
—— 现场处置方案应包括人员失联、人身伤害、食物中毒、高原病救治，以及雪灾、泥石流等自然灾害等；
—— 现场处置方案应充分考虑当地医疗、交通、自然环境等客观条件。

8.3.2 施工单位应定期组织演练，专项现场处置方案应每半年或每个施工周期（半年内）至少演练一次。

8.3.3 车辆或人员外出失联，或出现脑水肿、肺水肿等高原病症状，应立即启动现场处置方案。

SY/T 7781—2024

附 录 A
（规范性）
健康指标要求

A.1 血压参数

血压（静息状态下）应在以下正常范围内：
——收缩压应在 90mmHg ～ 130mmHg；
——舒张压应在 60mmHg ～ 90mmHg。

A.2 心电图

心电图应正常，不应有以下情况：
——明显的心电图 ST-T 异常；
——窦性停搏、Ⅱ度及以上房室传导阻滞、完全性左束支传导阻滞、左前分支阻滞等；
——频发房性早搏、房室交界性早搏、室性早搏、房颤、房扑、预激、室上速、室速及其他心率失常等。

A.3 生理生化指标

生理生化指标应正常，不应有下列指标异常：
——谷丙转氨酶或谷草转氨酶超过实验室正常参考值上限 2 倍以上；
——血肌酐异常升高；
——肌酸激酶指标超过正常值上限 2 倍；
——糖化血红蛋白大于 7%；
——肌酸激酶同工酶异常升高；
——肌钙蛋白异常升高；
——尿酸大于 430mol/L 合并痛风。

A.4 血常规指标

血常规检查指标应正常，不应有下列指标异常：
——血红蛋白浓度（HB）大于 180g/L，红细胞压积（HCT）大于 65%；
——血红蛋白浓度（HB）小于 90g/L；
——血小板（PLT）低于 100×10^9 个 /L 或高于 400×10^9 个 /L。

A.5 胸部影像

胸部影像检查应正常，不应有下列异常：
——X 射线胸片有明显的肺间质或肺实质炎性改变；
——右下肺动脉增宽，大于 15mm；
——肺动脉段突出；
——明显的心室扩大；
——活动性肺结核；
——胸腔积液；

11

SY/T 7781—2024

——气胸；
——肺部占位病灶等。

A.6 心脏彩超

心脏超声检查应正常，不应有下列指标异常：
——心房或心室异常扩大；
——左心室射血分数（LVEF）小于 50%；
——各瓣膜中度以上返流或关闭不全；
——房间隔、室间隔穿孔等。

A.7 肺通气功能

肺通气功能检查应正常，不应有下列指标异常：
——用力肺活量（FVC）实测值/预计值小于 80%；
——第一秒用力肺活量（FEV1）/FVC 小于 70%；
——最大呼气流量（PEF）、呼出 75% 肺容量时的最大呼气流量（V75）、呼出 50% 肺容量时的最大呼气流量（V50）、呼出 25% 肺容量时的最大呼气流量（V25）实测值/预计值小于 70%。

A.8 指脉氧饱和度

指脉氧饱和度不小于 91%。

A.9 尿常规

尿常规检查指标正常，指标应达到：
——尿潜血（红细胞）小于"++"；
——尿白细胞小于"++"；
——尿蛋白阳性小于"+"。

A.10 身体 BMI 指数

身体 BMI 指数宜在 18.0kg/m² ～ 30.0kg/m²。

A.11 体温（腋测法）

身体温度宜在 36℃ ～ 37℃。

A.12 血氧饱和度

参考值 95% ～ 98%。可作为判断机体是否缺氧的一项指标，但反应缺氧并不敏感。

A.13 脉搏

参考值 60 次/min ～ 100 次/min。

附 录 B
（规范性）
高原肺水肿、急性高原反应自我判定因素打分表

B.1 按照表B.1自我判定因素进行打分，以判定高原肺水肿反应程度。

表 B.1 高原肺水肿自我判定因素打分表

自觉不适	分值分	呼吸困难	分值分	咳嗽	分值分	胸部紧压	分值分	呼吸次数 次/min	分值分
无	0	无	0	无	0	无	0	20以下	0
轻微	1	轻微	1	轻微	1	轻微	1	20～30	1
中度	2	中度	2	中度	2	中度	2	30～40	2
严重	3	严重	3	严重	3	严重	3	40以上	3

注：根据以上打分可作出自我判定（具备任何1项）：0分，完全正常；1分，提示早期肺水肿可能（3项或以上，每项1分）；2分，已有肺水肿出现（2项或以上，每项2分）；3分，典型肺水肿表现（2项或以上，每项3分）。

B.2 按照表B.2自我判定因素进行打分，以判定急性高原反应程度。

表 B.2 急性高原反应自我判定因素打分表

头痛	分值分	胃肠症状	分值分	疲乏无力	分值分	头晕目眩	分值分	睡眠障碍	分值分
无	0	食欲良好	0	无	0	无	0	正常	0
轻微	1	恶心	1	轻微	1	轻微	1	睡眠不深	1
中度	2	呕吐	2	中度	2	中度	2	难以入睡	2
严重	3	严重呕吐	3	严重	3	严重	3	通宵难眠	3

注：根据以上打分可作出自我判定（具备任何1项）：0分，完全正常；1分，轻度反应；2分，中度反应；3分，严重反应。

附 录 C
（资料性）
常见疾病预防及救治方法

常见疾病预防及救治方法见表 C.1。

表 C.1 常见疾病预防及救治方法

常见病种类		救治方法	备注
高原病	急性高原反应	提前服用红景天、西洋参、党参等；做好防冻保暖，防止过度劳累，避免心理恐惧	头痛、头晕、眼睛或下肢浮肿、食欲差、恶心呕吐、烦躁、失眠、心悸
		头痛、眩晕症状，可给予布洛芬缓释胶囊和/或氟桂利嗪胶囊、养血清脑颗粒等药物	
		眼睛、下肢等处出现浮肿，可用多索茶碱治疗	
		食欲差、恶心呕吐症状，可给予多潘立酮片、胃苏颗粒、兰索拉唑胶囊等药物	
		烦躁、失眠，可给予艾司唑仑片改善	
		心脏缺氧引起心悸、气短症状，可给予口服麝香保心丸、速效救心丸改善	
	高原肺水肿	半卧位，给予氧气，流量 6L/min～8L/min	
		口服呋塞米（速尿）40mg/d，不能口服者给予肌注	
	高原脑水肿	高原性脑水肿：可连续给含 5% 二氧化碳的氧气直至清醒，清醒后仍间断给氧。同时应用高渗葡萄糖、速尿、肾上腺皮质激素等治疗以减轻脑水肿；如有肺水肿、心力衰竭和红细胞增多时，酌情使用中枢神经兴奋剂，如尼可刹米（可拉明）等	
	慢性高原反应	离开高原，定期检查，观察恢复情况	肝大 蛋白尿
	高原红细胞增多症	离开高原，定期检查，观察恢复情况	
	高原血压升高	用硝苯地平缓释片、复方丹参片、氢氯噻嗪片等改善	
	高原心脏病	静推毛花苷针 0.2mg～0.4mg，心力衰竭控制后改口服地高辛	
高原性损伤	冻伤	脱离冻伤环境，静卧，缓慢复温	
	日光性皮炎	轻度，休息 1d～2d；重度局部用皮炎平，服用维生素 A、C 等，感染者用抗生素治疗，反应重者酌情服用糖皮质激素	
	皮肤皲裂	用 30℃左右温水浸泡皲裂部位，30min/次，1 次/d～2 次/d，泡后用防裂油膏涂患处	
		用 3% 维生素甲酸软膏治过度角化，10%～20% 白芨软膏止痛、止血、促进裂口愈合	
		积极治疗原发病，如慢性湿疹、鱼鳞病等	
		局部使用貂油防冻治裂膏、醋酸去炎松软膏等	
	腹泻	非感染性腹泻，可用复方苯乙哌啶、黄连素、痢特灵等；感染性腹泻应服用抗生素治疗	

附　录　D
（资料性）
现场急救药品清单

现场急救药品清单见表 D.1。

表 D.1　现场急救药品清单

类别	药品名称	规格	数量	备注
急救药品	速效救心丸	盒	10	心脏病急救
	硝酸甘油片	瓶	1	心脏病急救
	速效救心丸 15 粒	粒	15	不锈钢小药瓶挂坠
	泼尼松片	片	500	激素类
	肾上腺素针	支	10	休克急救
	尼可刹米针	支	10	兴奋呼吸
	地塞米松针	支	20	激素类
	速尿针	支	20	利尿
	氯化钾针	支	20	补充电解质
	5% 葡萄糖液	瓶	20	配液用
	生理盐水	瓶	30	配液用
	扑尔敏针	支	20	抗过敏
	山莨菪碱针	支	20	解痉
	50% 葡萄糖液	支	100	补充能量
	阿托品针	支	10	心脏急救
	利多卡因针	支	20	麻醉
	头孢曲松针	支	50	抗生素
	左氧氟沙星针	支	50	抗生素
	复方氨基比林针	支	50	退热止痛
常规药品	阿莫西林胶囊	盒	20	抗生素
	头孢氨苄缓释片	盒	20	抗生素
	罗红霉素胶囊	盒	20	抗生素
	左氧氟沙星胶囊	盒	30	抗生素
	奥硝唑胶囊	盒	15	抗生素
	感康胶囊	盒	30	上呼吸道感染
	感冒灵冲剂	盒	30	上呼吸道感染

表 D.1（续）

类别	药品名称	规格	数量	备注
常规药品	利巴韦林片	盒	20	上呼吸道感染
	抗病毒口服液	盒	30	上呼吸道感染
	六神丸	盒	10	上呼吸道感染
	牛黄解毒片	板	50	清热解毒
	鼻炎康片	盒	10	急慢性鼻炎
	对乙酰氨基酚片	片	10	退热止痛
	复方甘草片	瓶	10	急性支气管炎
	可待因口服液	瓶	10	急性支气管炎
	氨溴索口服液	瓶	10	急性支气管炎
	麝香保心丸	盒	20	缺血性心脏病
	复方丹参片	瓶	20	心脏病
	丹参滴丸	瓶	100	改善微循环
	养血清脑颗粒	盒	10	眩晕症
	氟桂利嗪胶囊	盒	10	眩晕症
	依那普利片	盒	20	高血压
	硝苯地平缓释片	盒	20	高血压
	北京降压片	盒	20	高血压
	胺碘酮片	盒	5	心律失常
	氢氯噻嗪片	片	500	利尿剂
	美托洛尔片	盒	5	心律失常
	阿司匹林片	瓶	10	抗血黏
	艾司唑林片	片	100	镇静
	格列齐特片	盒	5	糖尿病
	盐酸二甲双胍片	盒	5	糖尿病
	多潘立酮片	盒	10	消化不良
	胃苏颗粒	盒	20	胃炎
	藿香软胶囊	盒	30	胃肠炎
	泮托拉唑胶囊	盒	20	抑制胃酸
	多索茶碱片	盒	5	解痉平喘
	山莨菪碱片	片	500	解痉止痛
	蒙脱石散	盒	10	止泻

SY/T 7781—2024

表 D.1（续）

类别	药品名称	规格	数量	备注
常规药品	铝酸铋颗粒	盒	10	保护胃黏膜
	西替利嗪片	盒	10	抗过敏
	复合维生素	盒	100	补充身体所需
	布洛芬缓释胶囊	盒	10	镇痛
	氯唑沙宗片	盒	10	镇痛
	壮骨麝香膏	盒	20	外伤用
	云南白药胶囊	盒	10	外伤止血用
	云南白药气雾剂	盒	10	外伤用
	红花油	瓶	20	外伤用
	创可贴	片	500	外伤用
	达克宁霜	支	20	脚癣
	皮炎平乳膏	支	20	皮炎
	红霉素软膏	支	20	外用抗生素
	氧氟沙星滴耳液	瓶	10	耳科用
	氯霉素滴眼液	瓶	10	眼科外用
	氧氟沙星滴眼液	瓶	10	眼科外用
	痔疮膏	盒	30	痔疮
	风油精	瓶	50	外用醒脑
心率测量仪器	手环	个	1个/人	测量心率

17

附 录 E
（资料性）
现场急救器材清单

表 E.1 给出了现场急救器材清单。

表 E.1 现场急救器材清单

分类	器材名称	规格型号	数量	备注
外科急救	护颈	小号、中号、加长	各 2	颈部外伤固定
	绷带、三角巾		各 10	外伤固定
	夹板	上肢、小腿部	各 5	肢体外伤固定
	冰袋		15	闭合性外伤外敷
	医用剪刀		2	换药用
	缝合线	1#、4#、7#	各 2	外伤缝合
	胶布		2	换药用
	棉球		1	换药用
	镊子		10	换药用
	一次性消毒手套	7#	100	换药检查用
	医用纱布		3	换药用
	络合碘、双氧水、75% 酒精	500mL	各 2	外伤消毒
	刀片	4#	4	外伤手术
	外科急救包		1	三角绷带、自黏弹性绷带、胸部密封贴、便携式卷式夹板、纱布片、手术刀片、医用止血钳夹、剪刀、安全别针、医用手套、气管穿刺针、口对口呼吸棉巾、聚酮碘棉棒（自带消毒药水）、酒精消毒片、降温贴袋、止血带条、急救毯、手电筒、创可贴等
日常检查	血压计	台式	1	监测血压
	血糖仪	便携式	1	监测血糖
	血压计	电子式	1	监测血压
	血氧测量仪		2	体检
	体温计		20	监测体温
	心电监护仪		1	监测心率
	听诊器		2	体格检查用

表 E.1（续）

分类	器材名称	规格型号	数量	备注
急救辅助设备	担架		4	运送伤员
	治疗车		1	换药用
	高压锅	手提式	1	器械消毒
吸氧设施	吸氧管		10	吸氧用
	氧气瓶	80cm	2	急救吸氧
	氧气瓶	40cm	6	急救吸氧
	制氧机		6	吸氧急救用
	氧气袋		100	吸氧
内科急救	一次性口罩		5	医疗隔离
	注射器 5mL		50	肌肉注射用
	医用棉签		40	换药检查用
	输液贴		5	静脉注射用
	一次性帽子		2	医疗隔离
	注射器 20mL		30	肌肉注射用
	输液管	7#	50	静脉输液
	吸痰管	14#	10	气管吸痰
医疗环保	导尿管	16#	10	导尿用
	医疗垃圾桶	黄	1	医疗垃圾回收
心脏急救	医用垃圾袋		100	盛医用垃圾
	除颤仪		1	

附 录 F
（资料性）
现场应急资源配备推荐清单

表 F.1 给出了现场应急资源配备推荐清单。

表 F.1 现场应急资源配备推荐清单

类别	名称	推荐配备标准	备注
生活物资	生活水	15d 以上生活需求	
	食品	15d 以上生活需求	
	食用油	15d 以上生活需求	
应急物资	柴油	满足 7d 以上生产需求，15d 以上生活需求	
	汽油	现场车辆 1.5 倍路程需求	
	氧气资源	满足施工人员应急供氧需求	
应急设施	卫星电话备用电池	2 块	
	应急发电设备	1 套以上	按功率需要定规格
	手电筒	1 只 /2 人	
生产物资	声光报警器	1 套	钻井队
	加重、堵漏材料	施工设计的 1.5～2 倍	钻井队
	常用打捞工具	1 套	钻井队
保温物资	棉衣	1 套 / 人	
	棉被或睡袋	1 套 / 人	

参 考 文 献

[1] GB/T 13459—2008 劳动防护服 防寒保暖要求
[2] GB/T 20969.1—2021 特殊环境条件 高原机械 第1部分：高原对内燃动力机械的要求
[3] GB/T 20969.2—2021 特殊环境条件 高原机械 第2部分：高原对工程机械的要求
[4] GB/T 20969.3—2007 特殊环境条件 高原机械 第3部分：高原型工程机械选型、验收规范
[5] GB/T 35414—2017 高原地区室内空间弥散供氧（氧调）要求
[6] GB/T 37921—2019 高海拔型风力发电机组
[7] GBZ 92—2008 职业性高原病诊断标准
[8] GBZ 188—2014 职业健康监护技术规范
[9] QB/T 4547—2013 皮鞋防寒性能技术条件
[10] QX/T 154—2012 露天建筑施工现场不利气象条件与安全防范
[11] SY/T 6358—2008 石油野外作业体力劳动强度分级

中华人民共和国
石油天然气行业标准
高原地区石油工程施工作业
安全推荐做法
SY/T 7781—2024

*

石油工业出版社出版
（北京安定门外安华里二区一号楼）
北京中石油彩色印刷有限责任公司排版印刷
新华书店北京发行所发行

*

880×1230毫米 16开本 1.75印张 44千字 印1—300
2024年10月北京第1版 2024年10月北京第1次印刷
书号：155021·8635 定价：35.00元

版权专有 不得翻印

ICS 13.100
CCS E 09

SY

中华人民共和国石油天然气行业标准

SY/T 7782—2024

油气与煤炭矿权重叠区交叉开采安全要求

Safety requirements for crossing mining of oil/gas and coal
in mineral rights overlapped areas

2024－09－24 发布　　　　　　　　　　　　　　2025－03－24 实施

国家能源局　　发 布

目　次

前言 .... Ⅱ
1 范围 1
2 规范性引用文件 1
3 术语和定义 1
4 总体要求 3
5 油气开采安全要求 3
 5.1　一般要求 3
 5.2　地震勘探 4
 5.3　钻井工程 4
 5.4　井下作业 5
 5.5　地面集输系统建设 6
 5.6　采油、采气工程 6
 5.7　油气设施弃置 7
6 煤炭开采安全要求 7
 6.1　一般要求 7
 6.2　地质勘查 8
 6.3　矿井设计 8
 6.4　矿建施工 9
 6.5　场外施工 10
 6.6　掘进作业 10
 6.7　回采作业 10
 6.8　矿井关闭 11
附录A（资料性）油气与煤炭协调共采方式 12
附录B（资料性）油气井保护距离计算方法 14
附录C（资料性）油气管道保护距离计算方法 16
附录D（资料性）油气站场保护范围计算方法 21
附录E（资料性）交叉开采风险识别方法 22
参考文献 26

Ⅰ

前言

本文件按照 GB/T 1.1—2020《标准化工作导则 第1部分：标准化文件的结构和起草规则》的规定起草。

请注意本文件的某些内容可能涉及专利。本文件的发布机构不承担识别专利的责任。

本文件由石油工业标准化技术委员会石油工业安全专业标准化技术委员会提出并归口。

本文件起草单位：中国石油化工股份有限公司华北油气分公司、中国石油天然气股份有限公司长庆油田分公司、陕西煤业化工集团有限责任公司、中煤科工集团武汉设计研究院有限公司、中国石油化工股份有限公司华北石油工程有限公司、国家能源集团神华新街能源有限责任公司、中国石油化工股份有限公司、中石化石油工程技术服务有限公司、中石化安全工程研究院有限公司、中天合创能源有限责任公司、中国石油天然气股份有限公司西南油气田分公司、河南理工大学、中国矿业大学、长江大学。

本文件主要起草人：何云、郭润生、张忠涛、梁文龙、闫东东、王文、李冰毅、王翔、陈付虎、董淼、时亚民、王梅、张宇武、张林、辛德林、熊大富、高国宏、谢松岩、闫柯乐、文明、徐嘉、朱丹、张永清、张丹、李振华、陈立伟、刘杰、龚爽、曹树生、付秋、闫淑红、高斐、梁顺、隋明政、常超、高凯歌、刘云鹏。

油气与煤炭矿权重叠区交叉开采安全要求

1 范围

本文件规定了油气与煤炭矿权重叠区内油气资源和煤炭资源交叉开采作业活动的基本安全要求。
本文件适用于陆上常规油气矿权与井工开采的煤炭矿权重叠区交叉开采。

2 规范性引用文件

下列文件中的内容通过文中的规范性引用而构成本文件必不可少的条款。其中，注日期的引用文件，仅该日期对应的版本适用于本文件；不注日期的引用文件，其最新版本（包括所有的修改单）适用于本文件。

GB 6722—2014 爆破安全规程
GB/T 22342—2022 石油天然气钻采设备 井下安全阀系统 设计、安装、操作、试验和维护
GB 32167—2015 油气输送管道完整性管理规范
GB 50061—2010 66kV及以下架空电力线路设计规范
GB 50183—2004 石油天然气工程设计防火规范
GB 50251—2015 输气管道工程设计规范
GB 50253—2014 输油管道工程设计规范
GB 51044—2014 煤矿采空区岩土工程勘察规范
SY/T 5088 钻井井身质量控制规范
SY/T 5405 酸化用缓蚀剂性能试验方法及评价指标
SY/T 5467 套管柱试压规范
SY/T 5727 井下作业安全规程
SY 5857 石油物探地震作业民用爆破物品管理规范
SY/T 6277 硫化氢环境人身防护规范
SY/T 6646—2017 废弃井及长停井处置指南

3 术语和定义

下列术语和定义适用于本文件。

3.1
矿权重叠区 mineral rights overlapped area
依法取得的油气矿权与煤炭矿权平面范围重叠的区域。

3.2
交叉开采 crossing mining
在矿权重叠区内，同时开展油气和煤炭两种资源勘查、开采活动，相互之间在时间和（或）空间上存在或可能存在影响的资源开采方式。

3.3
油气设施 oil and gas facility
油气井、管道及站场、阀室、保护设施等附属设施的总称。

3.4
油气井 oil and gas well
为开采石油或天然气而从地面钻到油气层的井。

3.5
油气管道 oil and gas pipeline
输送石油、成品油或天然气的各类管线（含长输管道、集输管道及采气管道等）、阀室及辅助系统的总称。

3.6
油气站场 petroleum and gas station
承担石油、天然气收集、分离、处理、计量、增压等功能的各类站场的总称。

3.7
弃置 disposal
油气设施在终止一切活动后或有其他特殊要求时，对其进行封闭、拆除或改作他用的处置。
注：弃置可分为原地弃置、异地弃置和改作他用三种方式。
[来源：GB/T 8423.6—2020，2.2.15]

3.8
矿井井筒 mine shaft
煤炭开采时，在地层中开凿的联系地面和地下巷道的通道。

3.9
巷道 roadway
在岩层或煤层中开凿的不直通地面的水平或倾斜通道的总称。

3.10
采空区 goaf
工作面采煤后所废弃的空间。

3.11
回采工作面 working face
直接进行采煤作业的工作地点。

3.12
地表沉陷区 surface subsidence basin
由采煤引起的采空区上方地表移动的区域，通常称地表移动盆地或地表塌陷盆地。一般按边界角或者下沉 10mm 点划定其范围。

3.13
保护煤柱 protective coal pillar
为了保护煤层上方的岩层内部和地表的保护对象（铁路、建筑、油气设施等）而在煤矿井下留设的永久或暂时不予开采的部分煤体。

3.14
可采煤层 minable coal seam
达到煤炭工业指标规定的最低可采厚度的煤层。

3.15
煤层开采段 coal mining section

煤矿采矿许可证确定的开采深度范围内最上部可采煤层顶板与最下部可采煤层底板之间的层段。

4 总体要求

4.1 油气开采企业和煤炭开采企业应按国家、地方的有关要求签订并遵守矿权重叠区交叉开采互不影响与权益保护协议。

4.2 油气开采企业和煤炭开采企业应协商制定并遵守矿权重叠区交叉开采方案。方案应包括但不限于以下内容：
— 依据双方取得的勘查许可证或采矿许可证确定矿权重叠区范围；
— 矿权重叠区油气开采和煤炭开采安全避让方案，包括划分油气与煤炭开采范围和开采时序，划分方法见附录A；
— 煤炭开采范围内已有油气设施的保护和弃置方案，油气井、油气管道、油气站场保护煤柱可分别按附录B～附录D提供的方法计算；
— 油气开采范围内已有煤炭设施的保护和弃置方案。

因特殊情况导致任何一方的开采规划变更时，应调整矿权重叠区交叉开采方案，双方达成一致意见后方可实施。

4.3 在矿权重叠区组织实施油气建设项目或煤炭建设项目前，油气开采企业或煤炭开采企业应开展矿权重叠区交叉开采安全风险专项评估，风险识别方法见附录E。评估结论经对方认可后，应纳入建设项目安全预评价报告和矿权重叠区交叉开采方案。

4.4 油气开采企业和煤炭开采企业应根据对方需要提供保证安全生产的有关资料，并签订保密协议。

4.5 油气开采企业和煤炭开采企业应建立矿权重叠区交叉开采生产安全风险联合管控机制，包括但不限于以下内容：
— 明确矿权重叠区交叉开采业务管理部门和联系人，联系人应具有中级及以上专业技术职称，掌握本专业领域安全知识，了解对方专业领域的安全知识，联系人有变动时，应及时通知对方；
— 每年度对员工进行矿权重叠区交叉开采安全培训，培训和考核记录应存档保存；
— 每年度开展矿权重叠区安全风险辨识和评估，制订风险管控措施，排查治理存在的生产安全隐患，编制风险评价和隐患排查治理报告，并通报对方企业；
— 每季度组织生产计划对接，对接内容应形成文字资料，双方签字并分别存档；
— 采用公文或双方约定的联系渠道及时通报重要事项。

4.6 油气开采企业与煤炭开采企业应建立联合应急机制，包括但不限于以下内容：
— 联合编制交叉开采专项应急预案，并通过双方企业联合审查；
— 定期组织联合应急演练，形成演练记录并由双方企业存档；
— 确定应急联络方式和联系人，共享应急资源。

4.7 油气开采企业和煤炭开采企业应共同设置测量标志点，并核查坐标、高程数据，且平面误差不大于0.2m，高程误差不大于0.4m。双方坐标系统、高程系统不一致时，应共同确定坐标转换参数，且至少保证3个均匀分布的控制起算点作为起算数据。

5 油气开采安全要求

5.1 一般要求

5.1.1 在矿权重叠区从事油气生产，或进行物探、钻井、井下作业、地面工程建设等施工作业及开展

SY/T 7782—2024

工程设计、监理等服务，应遵守矿权重叠区交叉开采方案及互不影响与权益保护协议。

5.1.2 从事油气生产或油气施工作业活动的企业均应取得安全生产许可证和相应资质，人员应持有岗位要求的资质证件。

5.1.3 油气开采企业应向煤炭开采企业提供生产技术资料，包括但不限于：
——油气井分布状况及类别，井身结构、井身轨迹和井身质量等；
——油气管道的管径、壁厚、材质、铺设方式、运行压力及路由等数据；
——油气站场的坐标位置和安全防护距离；
——矿井设计所需的其他资料。

5.1.4 油气开采企业应统筹规划矿权重叠区油气安全生产工作，监督管理所属区域内油气工程施工作业队伍，包括但不限于：
——签订安全生产管理协议，明确矿权重叠区施工作业安全技术要求和安全监管要求；
——进行矿权重叠区交叉开采安全培训，培训内容包括重叠区基本状况、井筒穿越层位（深度）、安全风险类型、风险规避措施，双方避让规定等；
——指导工程施工作业队伍开展风险识别与评估，并制订风险管控措施和现场应急处置程序；
——将工程施工作业队伍纳入区域应急网络，并建立应急联动机制。

5.2 地震勘探

5.2.1 地震勘探作业前，施工单位应对矿权重叠区进行现场踏勘，踏勘内容至少应包括煤矿井田范围、地面建构筑物及煤矿的采、掘、机、运、通、排等系统分布和开采现状。

5.2.2 在满足物探资料质量要求和地形条件允许的情况下，应优先选用震源车进行激发作业。

5.2.3 临时炸药库的设置和安全管理应遵守 SY 5857 的规定，且不应设置在煤矿采掘区和地表沉陷区；作业完毕后，应及时撤销。

5.2.4 施工设计时，应根据矿权重叠区煤矿开采情况，使用计算机软件模拟和现场试验方式确定激发井深、激发药量等施工参数。

5.2.5 采取炸药进行井炮激发作业时，应分别按地震波、冲击波、个别飞散物等爆破有害效应核定爆破地点与人员及其他保护对象之间的安全允许距离，并取最大值。

5.2.6 激发作业前应确认煤炭开采企业已采取必要的安全措施。

5.2.7 激发作业与煤炭开采作业相互影响时，应划分施工时段。

5.3 钻井工程

5.3.1 地质设计

5.3.1.1 油气井应部署在交叉开采方案中设定的油气开采区域内，且井口、井筒位置应符合以下要求：
——井口距高压线路、矿井工业场地、运输栈桥等永久性设施应不小于75m；
——井口距矿区宿舍、办公楼等人口密集区应不小于500m；
——油气井筒与煤炭地下采掘巷道、矿井通道之间的距离应不小于100m。

5.3.1.2 含硫化氢气井的公众安全防护距离应符合 SY/T 6277 的要求。

5.3.1.3 油气井与采煤工作面的安全距离计算方法见附录B。煤矿采空区沉陷所产生的剪切应力应小于油气井最外层水泥环强度，且剪切应力所引发的井口倾斜角应不大于0.5°。油气井不应部署在未稳定的地表沉陷区范围内。

5.3.1.4 设计前应对井场周围煤炭开采设施进行实地勘察，核实煤矿矿井井口位置及其地下设施分布情况，在地质设计中标注说明，包括但不限于以下内容：
——主副井、风井井口坐标，工业广场、栈桥，运输线坐标；
——巷道分布、方位、长度和距地表深度；
——回采工作面位置，采掘接续计划，地表沉陷区状况等。

5.3.1.5 设计应结合地层压力预测、有毒有害气体含量预测，以及可能出现的溢流、井喷、井漏、井塌、井斜等工程情况预测，对矿权重叠区交叉生产安全风险进行提示。

5.3.2 工程设计

5.3.2.1 井身结构设计应符合以下要求：
——表层套管或技术套管下入深度应超过最下层可采煤层以下100m；
——表层套管和技术套管固井水泥浆应返至地面；
——应对同一裸眼段内同时揭开开采煤层和油气层的风险进行评估，必要时应增加套管下深或增加一层技术套管，以隔离开采煤层和油气层。

5.3.2.2 井眼轨迹与煤炭地下采掘巷道、矿井通道之间的距离不小于100m，造斜点宜选择在煤层开采段以下。

5.3.2.3 套管柱设计应符合以下要求：
——采用套管注入等方式进行压裂施工时，应按压裂施工时该段套管承受最大内力进行校核，套管抗内压强度安全系数不小于1.25；
——煤层开采段及上下100m，表层套管或技术套管应每100m加装一个扶正器。

5.3.2.4 井身质量设计应符合 SY/T 5088 的要求。

5.3.2.5 固井设计时，应根据油气田区域地层压力、储层物性、地层承压能力、封固段长等情况，确定煤层开采段底界下100m以上井段水泥胶结质量、水泥环强度、有效封隔长度等指标，并选择相应的固井工艺。

5.3.3 钻井施工

5.3.3.1 应按照钻井地质设计和工程设计进行施工；变更设计时，应履行设计变更手续。

5.3.3.2 应执行钻井操作规程和安全规程，落实钻井工程质量保证措施。

5.3.3.3 煤层开采段及以上井段井斜测量间隔应不大于300m，且至少测一次，钻至煤层开采段以下100m时，宜进行一次井斜、方位、井深的连续测量。

5.3.3.4 钻井施工应采取防煤层段井壁坍塌、井漏措施，应监测钻井液性能参数；发现井漏、放空等复杂情况，应立即停止钻井，及时处理。

5.3.3.5 测井时，应对煤层开采段及以上井段进行井斜、方位、井深连续测量；对煤层开采段及上下100m范围内井段进行井径测量。

5.3.3.6 应采用声幅测井（CBL）和声波变密度测井（VDL）对煤层开采段及上下100m范围内的井段和油气层顶界以上100m范围内的井段进行固井质量测井，对水泥环层间封隔情况进行评价。

5.3.3.7 套管柱试压应符合 SY/T 5467 的规定。

5.4 井下作业

5.4.1 地质设计

5.4.1.1 设计前应对井场周围煤炭开采设施进行实地勘察，并在地质设计中标注说明。

5.4.1.2 设计前应对煤矿矿井井口位置及其地下设施进行核实，并在地质设计中标注说明，包括但不限于以下内容：
——主副井、风井井口坐标，工业广场、栈桥，运输线坐标；
——巷道分布、方位、长度和距地表深度；
——回采工作面位置，采掘接续计划，地表沉陷区状况等。

5.4.1.3 设计应结合地层压力预测、有毒有害气体含量预测，以及可能出现的溢流、井喷、井漏等工程情况预测，对矿权重叠区交叉生产安全风险进行提示。

5.4.1.4 选择储层改造层位时，应将目的层与煤层之间的距离、天然裂缝、断层、隔层厚度和固井质量等因素纳入选层评价范围。

5.4.2 工程设计

5.4.2.1 应使用压裂设计软件优化压裂参数和裂缝高度，裂缝高度不应穿透煤层开采段底界与油气层顶界之间的隔层。

5.4.2.2 酸压或酸化作业时，酸液应加入缓蚀剂；酸化用缓蚀剂的性能试验和评价指标应符合 SY/T 5405 的要求。

5.4.2.3 应对油气井的交叉开采风险进行评估，必要时可在煤层开采段底界以下100m与油气层顶界之间的完井生产管柱中加装井下安全阀，油套环空设置封隔器并注保护液。

5.4.3 作业施工

5.4.3.1 作业前应按照地质设计和工程设计编制施工设计；变更设计时，应履行变更手续。

5.4.3.2 作业应按照 SY/T 5727 的规定进行施工。

5.4.3.3 压裂施工期间应按照设计要求采集施工参数，并实时监测和解释裂缝测试数据，及时调整施工参数。

5.5 地面集输系统建设

5.5.1 矿权重叠区部署各类油气站场和油气管道应按照矿权重叠区交叉开采方案进行建设。

5.5.2 新建集输站场、管道与已建煤炭地面设施的防火间距应符合 GB 50183—2004 中第4章的要求，站址、路由选择应符合 GB 50251—2015 中第4章、第6章和 GB 50253—2014 中第4章、第6章的要求。

5.5.3 新建含硫化氢站场与已建煤炭地面设施的安全距离应符合 SY/T 6277 的要求。

5.5.4 新建油气管道施工阶段应进行管道中心线测量，并在回填前完成。管道中心线测量应包括地理坐标、高程和埋深等数据，并标注与煤矿地面设施距离等信息。

5.5.5 新建油气管道不宜穿越煤炭开采区域。确需穿越时，应符合 GB 32167—2015 中第6章的规定开展高后果区识别，优化路由选择，并采取地表沉降监测、管道应力应变监测、增加管道壁厚、增设截断阀室或采用柔性管道等安全防护措施。

5.5.6 矿权重叠区内的油气井、集输站场、油气管道等应设立安全警示标志，油气管道应设置标志桩、转角桩、里程桩、警示牌等永久性标志。

5.5.7 各类油气站场不应建在尚不稳定的地表沉陷区范围内。

5.6 采油、采气工程

5.6.1 应根据风险评估情况和煤矿采掘进度，对矿权重叠区交叉开采方案中纳入保护范围的油气设施采取监测、防护措施；对纳入弃置范围的油气设施，应根据煤炭开采企业开采进度和开发时序有序弃置、退出。

5.6.2 应结合矿权重叠区开发特点，研究套管腐蚀等损坏规律，制订套损预防措施；对已发生套管损坏的井，应及时治理。

5.6.3 煤矿建设、开采前，应对相关的已建油气井的固井质量资料进行复核，必要时应补测固井质量。针对油气层、开采煤层和水层存在层间封隔不良的油气井，应根据矿权重叠区协调开采方案、互不影响和权益保护协议进行治理。

5.6.4 煤矿建设、开采前，应对相关的已建油气井的井眼轨迹资料进行复核，必要时应复测，并将复核和复测结果告知煤炭开采企业。

5.6.5 井下安全阀的操作和维护应遵守 GB/T 22342—2022 中第 6 章和第 7 章的规定。

5.6.6 应对油气井、管道、站场等油气设施采取防腐措施并定期开展腐蚀检测、监测。

5.6.7 应对在役油气管道定期开展高后果区识别，识别间隔最长不超过 18 个月。因煤炭开采或地面设施建设导致周边环境发生变化时，应重新进行高后果区识别。

5.6.8 应根据风险评估情况确定油气设施的巡检范围和频次，检查保护边界范围内地表沉陷情况，巡检情况应记入巡检日志。重点设施所在区域宜建立地表沉陷监测预警系统。

5.6.9 位于煤炭采空区、沉陷区内的油气管道应定期进行风险评估，并依据评估结果相应采取埋地、增加壁厚、使用柔性复合管、增设截断阀室或迁建等措施。

5.6.10 应加强矿权重叠区油气井井口压力、注水压力和油、气、水产出情况的监测，发现异常应及时分析原因，套管损坏时应通知煤矿企业并采取放空、压井等处置措施。

5.6.11 长停井的处置可按照 SY/T 6646—2017 中第 6 章的指导和建议。

5.7 油气设施弃置

5.7.1 油气井弃置

5.7.1.1 矿权重叠区内的弃置井应进行永久性封井处置。

5.7.1.2 封井处置前应编制封井设计，评估油气层、水层和开采煤层的层间封隔情况，并根据井筒状况和封井目的，论证有效井屏障建立工艺和方法，确定封堵井段、封堵工艺和封堵质量要求。封井设计应通过油气开采企业和煤炭开采企业的联合审查。

5.7.1.3 封井处置时可按照 SY/T 6646—2017 中第 5 章的指导和建议。

5.7.1.4 封井处置后，应按照封井设计要求对封井质量进行验收，封井质量应符合设计要求。

5.7.1.5 井筒情况、管柱记录、套管损坏及修复记录、水泥塞封堵记录、管柱结构、测井资料等封井作业资料，应由油气开采企业和煤炭开采企业分别永久存档。

5.7.2 油气管道和油气站场弃置

5.7.2.1 应拆除裸露于地面的油气管段和油气站场，可就地弃置其余管段。

5.7.2.2 应清理置换弃置管段内的残留介质，隔离封堵管段两端；应对外径不小于 300mm 的油气管道实施防塌陷注浆等措施。

5.7.2.3 油气管道和油气站场测量数据、弃置方案、施工记录、验收报告、竣工图样等资料应存档，并向煤炭开采企业提交相关资料。

6 煤炭开采安全要求

6.1 一般要求

6.1.1 在矿权重叠区从事地质勘查、矿井建设、煤炭开采等施工作业及开展工程设计、监理等服务，应遵守矿权重叠区交叉开采方案及互不影响与权益保护协议。

6.1.2 从事煤炭开采及其相关作业活动的企业均应取得安全生产许可证和相应资质，人员应持有岗位要求的资质证件。

6.1.3 煤炭开采企业应向油气开采企业提供生产技术资料，内容包括但不限于：
——5年及长期采掘接替计划；
——采掘工程平面图、矿井上下对照图、回采工作面作业规程、掘进工作面作业规程；
——地表移动与变形参数；
——采取离层注浆、充填开采等减沉措施时，提供相关数据资料；
——油气井设计所需的其他资料。

6.1.4 煤炭开采企业应统筹规划矿权重叠区煤炭安全生产工作，监督管理所属区域内煤炭工程施工作业队伍，包括但不限于：
——签订安全生产管理协议，明确矿权重叠区施工作业安全技术要求和安全监管要求；
——开展矿权重叠区交叉开采安全培训，内容包括重叠区基本状况、油气设施空间位置、风险规避措施、双方避让规定等；
——指导工程施工作业队伍开展作业风险分析，并制订安全措施与现场应急处理程序；
——将工程施工队伍纳入应急管理体系，建立应急联动机制。

6.2 地质勘查

6.2.1 地质勘查前，施工单位应对作业区及周边进行调查和踏勘，内容包括但不限于：
——油气井分布状况及类别，煤层开采段底界以下100m至井口的井身结构、井身轨迹和井身质量等；
——油气管道的管径、壁厚、材质、铺设方式、运行压力及路由等数据；
——油气站场的坐标位置和安全防护距离。

6.2.2 地质钻探时，起、放钻塔作业的外边缘与油气设施的安全距离应符合以下要求：
——与采油气井井口安全距离不小于100m；
——与正在施工作业的油气井的井场边界安全距离不小于50m；
——与油气管道的距离不小于200m，与油气站场的距离不小于500m；无法满足时，应与油气开采企业协商确定施工作业方案，并签订安全防护协议。

6.2.3 地质钻探过程中，施工单位应采取防井斜措施，钻孔轨迹与油气井的距离应不小于100m。

6.2.4 地质钻孔与油气井、管道、站场等设施距离应不小于100m。

6.2.5 地震勘探采用爆破激发作业时，激发点与油气管道的距离小于200m或与油气井、站场的距离小于500m时，应与油气开采企业协商确定施工作业方案，并签订安全防护协议。

6.2.6 地震勘探设计时，应根据矿权重叠区油气设施分布情况，使用计算机软件模拟和现场试验方式确定激发井深、激发药量等施工参数。

6.2.7 地震勘探采取炸药进行井炮激发作业时，应分别按地震波、冲击波、个别飞散物等爆破有害效应，核定爆破地点与人员和其他保护对象之间的安全允许距离，并取其最大值。

6.2.8 激发作业前应确认油气开采企业已采取必要的安全措施。

6.2.9 激发作业与油气开采作业相互影响时，应划分施工时段。

6.3 矿井设计

6.3.1 编制矿井可行性研究报告和初步设计等文件时，应以矿权重叠区交叉开采方案及互不影响与权益保护协议为主要依据。

6.3.2 矿井工业场地及井口位置选择、开拓开采方案的确定应与油气田的开发建设规划相协调。

6.3.3 煤炭开采企业编制矿井资源开发利用方案、可研报告及初步设计前，应实地勘察矿权重叠区及外扩 2000m 内的油气设施，核实井田和油气田的坐标系统，并在设计中标明具体位置和范围。

6.3.4 矿井工业场地及井口选址应避让油气设施，并合理布局。安全距离应符合以下要求：

——与油气井距离不小于 75m；

——与油气管道距离不小于 50m；

——与油气站场不小于 100m。

若因特殊情况不能满足上述要求时，煤炭开采企业应组织安全评估，按其评估意见及与油气开采企业协商意见处置。

6.3.5 矿井工业场地及井口选址与含硫化氢油气设施的距离应符合 SY/T 6277 的要求。

6.3.6 井巷工程与已建油气井筒的安全距离应不小于 50m。

6.3.7 矿井设计时，应对油气设施设计保护煤柱，并满足以下要求。

a) 符合油气井安全运行要求，地表沉陷产生并作用于油气井的剪切应力小于油气井最外部水泥环强度，且由剪切应力造成井口倾斜角应小于 0.5°（附录 B）。

b) 保障油气管道安全运行措施包括：

  1) 回采导致的地表变形预测值应小于油气管道允许变形值；
  2) 当地表变形预测值大于允许变形值时，应采取采前开挖、采后维修加固等措施；
  3) 当无法保障时，应采取回采工作面避让或管道迁建等措施；
  4) 油气管道保护煤柱应确保地表沉陷产生作用于管道上的附加应力小于管道屈服强度（附录 C）。

c) 站场保护煤柱留设见附录 D。

6.3.8 废弃油气井经封堵作业后仍未能隔绝油（气、水）层与煤层连通时，应开展风险评估，必要时应设立保护煤柱。保护煤柱半径按附录 B 提供的方法进行计算。

6.3.9 接替回采工作面、掘进工作面调整时，新采掘接替计划应在变更后 10 个工作日内发函告知油气开采企业。

6.3.10 矿井架空供电线路路由选择应符合 GB 50061—2010 中 3.0.3 的要求。

6.4 矿建施工

6.4.1 在矿权重叠区内施工矿井井筒时，应符合以下要求：

——现场核实周边油气井、管道、站场等油气设施；

——已制定施工作业方案和事故应急预案；

——施工作业人员具备油气管道保护知识；

——开工七日前书面通知油气开采企业，必要时指派专人到现场进行监护；

——具有保障安全施工作业的设备、设施。

6.4.2 矿井工业广场平整需爆破施工时，安全距离应符合 GB 6722—2014 中 13.2 的要求。

6.4.3 矿井工业广场建筑、构筑物施工时，距离油气设施应不小于 100m。

6.4.4 井筒开凿表土段时，应根据井筒检查孔探明的不稳定土层厚度、强度、涌水量等指标，采取专项安全技术措施，控制水沙流动。

6.4.5 采用钻爆法施工矿井井筒前，宜使用计算机模拟或现场试验等方式确定爆破影响范围，并编制专项安全技术措施。

6.4.6 矿井井筒穿越水沙地层时，矿井井筒支护方式应控制地下水和水沙大量流失，临时支护应安全可靠、紧靠工作面，并及时进行永久支护。

6.5 场外施工

6.5.1 架设电力线路和通信线路应避开油气站场、阀室等油气设施。

6.5.2 在油气管道中心线两侧各 5m～50m 及油气站场、阀室等管道附属设施周边 100m 范围内，新建或改建公路、铁路，架设电力线路，埋设地下电缆、光缆，设置安全接地体、避雷接地体等工业广场外附属设施时，应与油气开采企业协商确定施工方案，并签订安全防护协议。

6.5.3 油气管道中心线两侧各 5m 范围内，不应从事取土、采石、挖掘、用火、堆放重物、排放腐蚀性物质等作业，且不应修建其他建筑物、构筑物。

6.5.4 施工期间不应擅自开启、关闭油气管道阀门，不应移动、毁损、涂改管道标志，不应在埋地管道上方的巡查便道上行驶重型车辆，不应在地面管道线路、架空管道线路和管桥上行走或者放置重物。

6.5.5 实施工程挖掘等动土作业前，应现场核实周边油气井、管道、站场等油气设施，并制订动土作业专项监护措施。

6.6 掘进作业

6.6.1 巷道掘进前，应核对煤炭开采企业和油气开采企业使用的坐标系统及换算关系，油气井位置、井身轨迹、掘进层位、井筒坐标等参数，确认弃置油气井的封井情况和需保护油气井的保护范围，并在矿井采掘平面图上注明。

6.6.2 掘进工作面距离油气井 150m 时，应按照下列要求进行：
——核实油气井准确位置，精确控制施工方位和精度；
——控制掘进速度，加密监测涌水量、瓦斯浓度及成分；
——采用钻爆法施工时，应使用计算机模拟和现场试验等方式确定爆破影响范围，编制专项安全技术措施。

6.6.3 实施超前钻探钻孔或瓦斯抽采钻孔，应采用计算机模拟，确保钻孔与油气井筒的最小距离应不少于 30m，施工过程中应加密监测涌水量、瓦斯浓度及成分，并编制专项安全技术措施。

6.6.4 巷道掘进作业进入弃置油气井周边 100m 范围，应控制掘进速度，并加密监测涌水量、瓦斯浓度及成分。

6.6.5 巷道与油气井均施工完成，两者保护距离小于 100m 时，煤矿开采企业应开展瓦斯浓度及成分、巷道变形、巷道离层、巷道涌水等监测。

6.6.6 应制订掘进工作面穿越弃置油气井处置专项安全技术措施。

6.7 回采作业

6.7.1 回采作业前，应核对双方企业使用的坐标系统及换算关系，油气井位置、井身轨迹、煤矿回采层位、井筒坐标等参数，确认弃置油气井的封井情况和受保护油气井的保护范围，并在矿井采掘平面图上注明。

6.7.2 当回采到油气井保护煤柱附近时，应核实油气井准确位置；同时应控制回采速度，监测涌水量、瓦斯浓度及成分。

6.7.3 回采工作面用充填、离层注浆减沉等特殊开采方式时，应研究岩层及地表移动规律，并合理留设保护煤柱。

6.7.4 需进行爆破作业时，宜使用计算机模拟或现场试验等方式确定爆破影响范围，编制专项安全技术措施。

6.7.5 应开展采空区地表变形监测，宜建立地表沉陷在线自动监测预警系统。监测布置应按照

GB 51044—2014 中 8.1.5 的规定。

6.7.6 回采工作面通过弃置油气井时，应核实油气井封堵质量，封堵质量达不到回采作业安全要求时，应采取相应措施。

6.7.7 回采工作面上方地面敷设有单井油气管线时，回采导致的地表变形预测值应小于油气管道允许变形值；当地表变形预测值大于允许变形值时，应采取采前开挖、采后维修加固等措施以保障管道安全运行；当无法保障时，应采取回采工作面避让或管道迁建等措施。

6.8 矿井关闭

6.8.1 矿井关闭前，应向油气开采企业提供采掘工程资料，包括采空区情况、煤柱留设情况等资料。
——采空区资料，包括采空区年份、采空区开采工艺、采空区范围等。
——煤柱留设资料，包括煤柱年份、煤柱尺寸等参数。
——油气开采企业需要的其他资料。

6.8.2 矿井关闭后，必要时应对采空区进行监测，并定期将监测数据提供油气开采企业。

SY/T 7782—2024

附 录 A
（资料性）
油气与煤炭协调共采方式

A.1 概述

根据油气开采企业与煤炭开采企业开发阶段、矿权先后、矿权属性、重叠区内油气设施数量等情况的差异，通过协调油气与煤炭资源的开发布局和开发时序，推进两种资源协调共采。

A.2 方式一：开发空间避让

根据地下油气与煤炭资源的地质分布特征，结合地面布局现状，将矿权重叠区划分油气先行开采区和煤炭先行开采区，在时间上同步开采，在空间上相互避让。

A.3 方式二：开发时序避让

在矿权重叠区内，根据地下油气与煤炭资源中长期的开发规划，在全部或部分重叠区内优先开采一种资源，开采结束后，再开采另一种资源。

A.4 方式三：预设油气开采条带

在矿权重叠区内，附录B～附录D给出了地面油气设施的保护距离的计算方法，在地面留设用于油气开采的保护条带。保护条带的留设方式见图A.1，条带参数设置见表A.1。

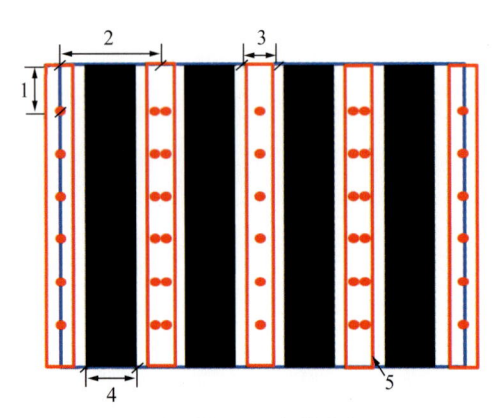

a）油气开采条带俯视图　　　　b）油气开采条带剖面图

标引序号说明：
1——纵向距离1700m；
2——水平井距3000m；
3——井场工作区200m；
4——煤矿可采宽度2100m；
5——油气走廊（红色边框区域）；
6——采气树；
7——井场工作区；
8——煤矿可采宽度；
9——岩层1；
10——油气走廊；
11——保护煤柱；
12——煤矿采掘面；
13——采掘厚度；
14——煤层；
15——水平井段长度；
16——靶点A；
17——靶点B；
18——气层；
19——岩层2；
20——避让距离。

图A.1 某气田与某煤矿天然气与煤炭协调共采油气开采条带示意图

表 A.1 某气田与某煤矿天然气与煤炭协调共采油气开采条带参数设置一览表

煤层与气层落差 m	靶前位移 m	水平井段长度 m	油气走廊顶部宽度 m	地表避让距离 m	预留煤柱最大宽度 m	煤柱间距 m	工作面宽度 m	主要影响角正切
1700～2000	350	1000～1200	200	350	900	2300	2300	1.96

A.5 方式四：复合开采

综合上述三种开采思路，根据油气与煤炭资源总体开发布局和地质分布特征，同时采用上述两种或三种开采思路。

SY/T 7782—2024

附 录 B
（资料性）
油气井保护距离计算方法

B.1 油气井保护煤柱采用垂直剖面法设计。
B.2 油气井保护煤柱安全距离计算见图 B.1。

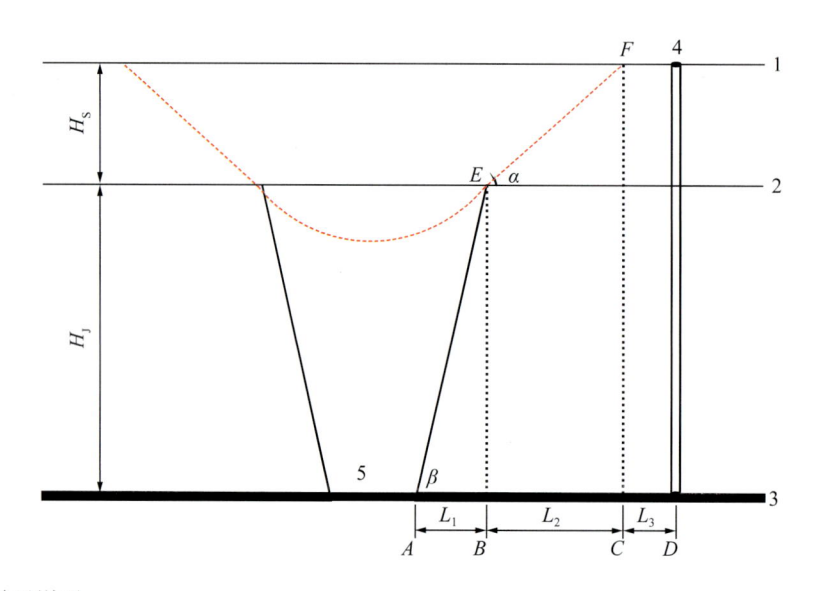

标引序号及符号说明：
1——地表；
2——基岩层顶界；
3——煤层；
4——油气井；
5——采空区；
L_1——基岩移动角边界与回采工作面巷道的水平投影距离，单位为米（m）；
L_2——松散层移动角边界与基岩移动角边界的水平投影距离，单位为米（m）；
β——基岩移动角，生产矿井以实测数据为准，基建矿井参考周边类似地质条件已开采矿井数据；
α——松散层移动角，生产矿井以实测数据为准，基建矿井参考周边类似地质条件已开采矿井数据；
H_J——基岩段的垂直深度，根据矿井岩层柱状图资料计算可得，单位为米（m）；
H_S——松散层的垂直深度，根据矿井岩层柱状图资料计算可得，单位为米（m）；
L_3——油气井围护带宽度，根据《建筑物、水体、铁路及主要井巷煤柱留设与压煤开采规范》第八十条取20m。

图 B.1 油气井保护煤柱距离计算示意图

油气井垂直投影 D 与采空区边界 A 点的安全距离 L 计算见公式（B.1）～公式（B.3）：

$$L \geqslant L_1+L_2+L_3 \quad\quad\quad\quad (B.1)$$

$$L_1=H_J\tan(90°-\beta) \quad\quad\quad\quad (B.2)$$

$$L_2=H_S\tan(90°-\alpha) \quad\quad\quad\quad (B.3)$$

式中：
L_1——基岩移动角边界与回采工作面巷道的水平投影距离，单位为米（m）；
L_2——松散层移动角边界与基岩移动角边界的水平投影距离，单位为米（m）；

β——基岩移动角，生产矿井以实测数据为准，基建矿井参考周边类似地质条件已开采矿井数据；

α——松散层移动角，生产矿井以实测数据为准，基建矿井参考周边类似地质条件已开采矿井数据；

H_1——基岩段的垂直深度，根据矿井岩层柱状图资料计算可得，单位为米（m）；

H_S——松散层的垂直深度，根据矿井岩层柱状图资料计算可得，单位为米（m）；

L_3——油气井围护带宽度，根据《建筑物、水体、铁路及主要井巷煤柱留设与压煤开采规范》第八十条取20m。

SY/T 7782—2024

附 录 C
（资料性）
油气管道保护距离计算方法

C.1 计算原则

为了在气煤交叉开采过程中减少压煤的损失，该方法计算原则为管道沿着预计地表变形值小于管道的极限变形量。

C.2 计算方法

C.2.1 回采工作面上方至地表为基岩，无松散层的计算方法

该情况认为管道与基岩为非协同变形，见图 C.1。

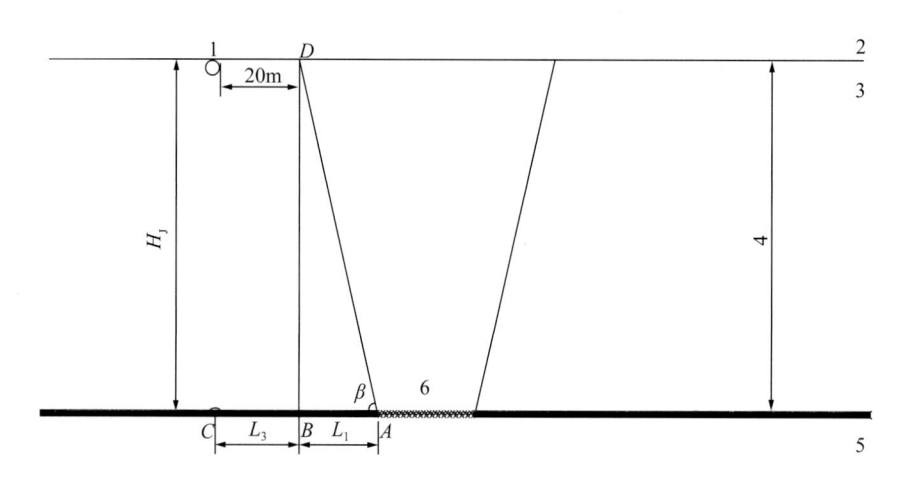

标引序号及符号说明：
1——管道；
2——地表；
3——基岩层顶界；
4——基岩段；
5——煤层；
6——采空区；
L_1——基岩移动角边界与回采工作面巷道的水平投影距离，单位为米（m）；
H_J——基岩段的垂直深度，根据矿井岩层柱状图资料计算可得，单位为米（m）；
β——基岩移动角，生产矿井以实测数据为准，基建矿井参考周边类似地质条件已开采矿井数据；
L_3——油气井围护带宽度，取 20m。

图 C.1 工作面上方至地表为基岩无松散层

管道垂直投影与采空区边界 A 点的安全距离 L 计算见公式（C.1）、公式（C.2）：

$$L = L_1 + L_3 \quad \cdots\cdots\cdots\cdots\cdots\cdots\cdots (C.1)$$

$$L_1 = H_J \tan(90° - \beta) \quad \cdots\cdots\cdots\cdots\cdots\cdots (C.2)$$

式中：
L_1——基岩移动角边界与回采工作面巷道的水平投影距离，单位为米（m）；

SY/T 7782—2024

H_J——基岩段的垂直深度，根据矿井岩层柱状图资料计算可得，单位为米（m）；

β——基岩移动角，生产矿井以实测数据为准，基建矿井参考周边类似地质条件已开采矿井数据；

L_3——油气井围护带宽度，取 20m。

C.2.2 回采工作面上方至地表为基岩和松散层计算方法

C.2.2.1 概述

该情况为油气管道铺设在沙土层内，沙土沉降与管道变形一致，油气管道与围岩为协调变形，见图 C.2。

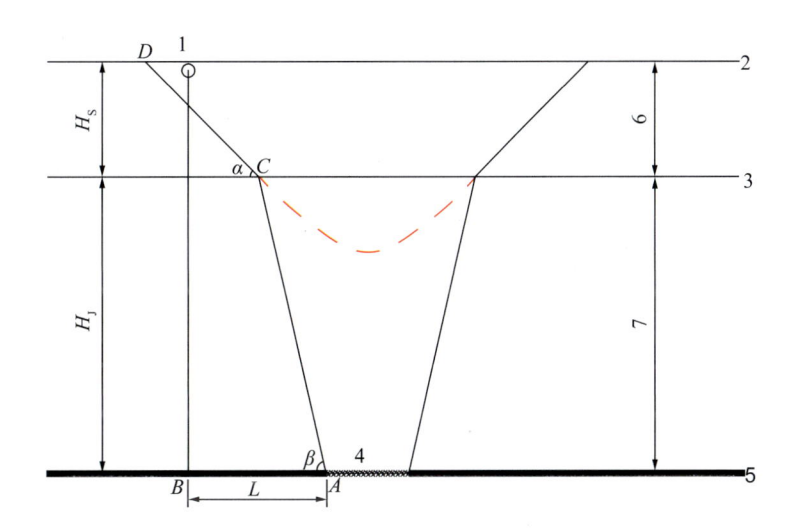

标引序号说明：
1——管道；
2——地表；
3——基岩层顶界；
4——采空区；
5——煤层；
6——松散层段；
7——基岩段。

图 C.2 工作面上方至地表为基岩和松散层

计算步骤：首先对矿井实测地表下沉曲线的形态进行拟合函数表示，然后计算管道沿地表下沉曲线的移动距离，最终根据管道沿地表下沉曲线的移动变形长度小于管道的极限变形量条件，求解出油气管道与回采工作面顺槽的保护距离。

C.2.2.2 沉陷区油气管道与沙土协同变形特征

工作面推进后煤层覆岩向采空区方向垮落、弯曲和下沉，考虑到管道变形与沙土移动一致，管道变形与沙土移动是协同变形，见图 C.3。

C.2.2.3 预测方法模型构建

C.2.2.3.1 管道允许的极限变形量计算

综合考虑埋地管道各项力学参数，以及埋设地层温度等因素，见 SY/T 0330—2004，通过公式

17

SY/T 7782—2024

(C.3)对沉陷区油气管道极限变形量进行计算。

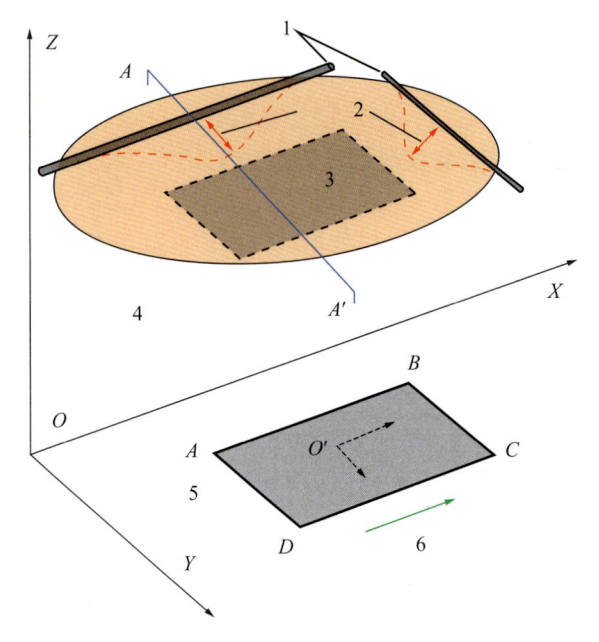

a)沉陷区埋地管道变形示意图

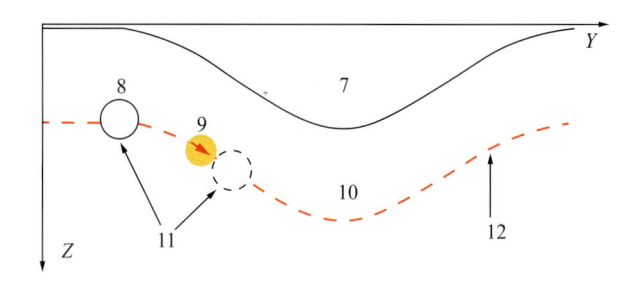

b)沉陷区埋地管道移动轨迹A—A'剖面图

标引序号说明：
1——埋地管道；
2——变形量；
3——采空区中心；
4——地表沉陷区；
5——工作面；
6——推进方向；
7——地表下沉曲线；
8——管道；
9——沙土；
10——采空区中心；
11——移动前、后位置；
12——埋设沙土移动下沉曲线。

图 C.3 沉陷区埋地管道移动变形示意图

$$S = \sqrt{\frac{3.2 \times 10^6 D\varDelta + 5.34 \times 10^5 \varDelta^2}{F_\mathrm{D} \times \mathrm{SMYS} - S_\mathrm{E}}} \quad\quad\quad\quad\quad\quad (C.3)$$

$$S_t = E\alpha(T_1-T_2) \quad\cdots\cdots\cdots\cdots\cdots\cdots\cdots\cdots (C.4)$$

$$S_E = S_P+S_t+S_C \quad\cdots\cdots\cdots\cdots\cdots\cdots\cdots\cdots (C.5)$$

$$S_P = \frac{pD\mu}{2t} \quad\cdots\cdots\cdots\cdots\cdots\cdots\cdots\cdots (C.6)$$

式中：
S——管道允许产生的变形长度，单位为毫米（mm）；
D——管道外径，单位为毫米（mm）；
$\varDelta$——极限变形量，单位为毫米（mm）；
F_D——设计系数，取 0.9；
SMYS——钢管规定的最小屈服强度，单位为兆帕（MPa）；
S_E——管道原有的轴向拉伸应力，单位为兆帕（MPa）；
S_P——内压产生的轴向拉伸应力，单位为兆帕（MPa）；
S_t——温度产生的轴向拉伸应力，单位为兆帕（MPa）；
S_C——管道中有弹性弯曲产生的原有轴向应力，取 0MPa；
p——管道内最大工作压力，单位为兆帕（MPa）；
μ——钢材泊松比，取 0.3；
t——钢管公称壁厚，单位为毫米（mm）；
E——钢材弹性模量，取 2×10^5MPa；
α——钢材线性热膨胀系数，单位为每摄氏度（℃$^{-1}$），取 1.2×10^{-5}℃$^{-1}$；
T_1——管道安装时的温度，单位为摄氏度（℃）；
T_2——管道沉管时的温度，单位为摄氏度（℃）。

将公式（C.4）、公式（C.5）、公式（C.6）代入公式（C.3），解得管道允许的极限变形量 $\varDelta$，见公式（C.7）：

$$\varDelta = -1.72\sqrt{(3.2\times10^6 D)^2 + 21.36\times10^5(F_D\text{SMYS}-S_E)S^2} \quad\cdots\cdots\cdots (C.7)$$

C.2.2.3.2 管道变形量与移动轨迹关系

假设管道初次变形位置点为 $M(x_{i+1}, y_{i+1})$，移动到承载极限位置时位于点 N，则管道的极限变形量 $\varDelta$ 为点 MN 之间的直线距离。为保障管道安全，需保证管道的极限变形量 $\varDelta$ 不小于管道沿地表下沉曲线的移动长度 L（MN 之间曲线弧长）；若设 MN 之间曲线长为 L，根据微积分用 $n-1$ 个数将区间 (x_i, x_{i+1}) 分割成 n 个子区间，见图 C.4，则每子区间的曲线长度可近似用公式（C.8）表示：

$$L_i = \sqrt{\left[1+f'^2(x_i)\right]}\Delta x_i \quad\cdots\cdots\cdots\cdots\cdots\cdots\cdots\cdots (C.8)$$

式中：
x_i——第 i 个区间内任意一点，$i=1,2,\cdots,n$。
则 L 可近似等于各区间的曲线长度之和，可用公式（C.9）表示：

$$L \approx \sum_{i=0}^{n}\sqrt{\left[1+f'^2(x_i)\right]}\Delta x_i \quad\cdots\cdots\cdots\cdots\cdots\cdots\cdots\cdots (C.9)$$

当 n 等于无穷时，L 可用极限的形式表示，根据定积分求解曲线 L 的长度，见公式（C.10）：

$$L = \int_{x_i}^{x_{i+1}} \sqrt{\left[1+f^2(x)\right]} \mathrm{d}x \qquad\qquad (C.10)$$

为保障管道安全，构建沉陷区内管道安全布置距离的预测模型，见公式（C.11）：

$$\Delta \geqslant L = \int_{x_i}^{x_{i+1}} \sqrt{\left[1+f^2(x)\right]} \mathrm{d}x \qquad\qquad (C.11)$$

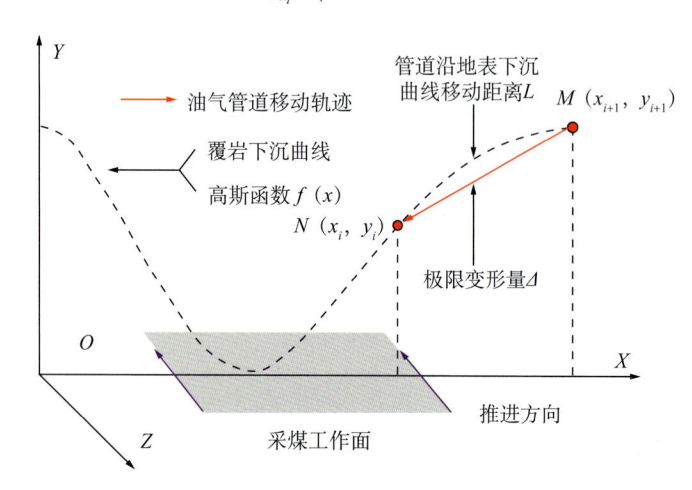

图 C.4　埋地管道移动轨迹及距离示意图

通过现场监测确定采动影响下地表下沉曲线，拟合地表下沉曲线的高斯方程；将管道相关参数和地表下沉曲线高斯方程代入公式（C.10），即可求取沉陷区内管道的合理布置位置。

考虑到煤矿地质条件的差异性和预测结果的现场指导作用，结合沉陷区管道主要受拉力变长，且管道的屈服强度（一般为抗拉强度的 0.7 倍）较小，认为管道达到屈服后容易破坏，因此为保障管道的安全选择留取更长的保护距离，取求油气管道与地表下沉边界位置间距离的 0.7 倍作为该井田范围内管道的合理布置位置。

附 录 D
（资料性）
油气站场保护范围计算方法

D.1 油气站场保护煤柱可按照移动角设计，移动角是在充分或接近充分采动条件下，移动盆地主断面上，地表最外的临界变形点和采空区边界点连线与水平线在煤壁一侧的夹角（水平变形 $\varepsilon=+2\text{mm/m}$，倾斜 $i=\pm3\text{mm/m}$，曲率 $K=+0.2\times10^{-3}\text{m}^{-1}$）。在进行站场保护煤柱设计时，需要的角量参数有：松散层移动角 φ，走向移动角 δ，上山移动角 γ，下山移动角 β。

D.2 集气站圈定边界中心，沿煤层倾向作剖面 I—I（图 D.1），把集气站内圈定边界及围护带投影到剖面图上，由围护带边缘点 m、n 作冲积层移动角 φ，与基岩面相交于 m_1、n_1 点。然后由 m_1 点作上山移动角 γ，由 n_1 点作下山移动角 β 分别交于煤层底板的 m_2、n_2 点。再将 m_2、n_2 点投到平面图上，得 M、N 点，通过 M、N 分别作与煤层走向平行的直线，此即保护煤柱在下山方向和上山方向的边界线。

D.3 集气站圈定边界中心，沿煤层走向作剖面 II—II，把集气站内圈定边界及围护带投影到剖面 II—II 上得 k、l 两点。由 k_1、l 点作表土层移动角 φ，与基岩面交于 k_1、l_1 点。再由 k_1、l_1 点作走向移动角 δ 分别交煤柱上边界线 k_1、l_1 点和下边界线 k_2、l_2 点。再将 k_1、l_1 及 k_2、l_2 点转投到平面图上，与由剖面 I—I 所确定的煤柱边界线投影相交于 A、B、C、D 四点，$ABCD$ 即为所求的保护煤柱边界。

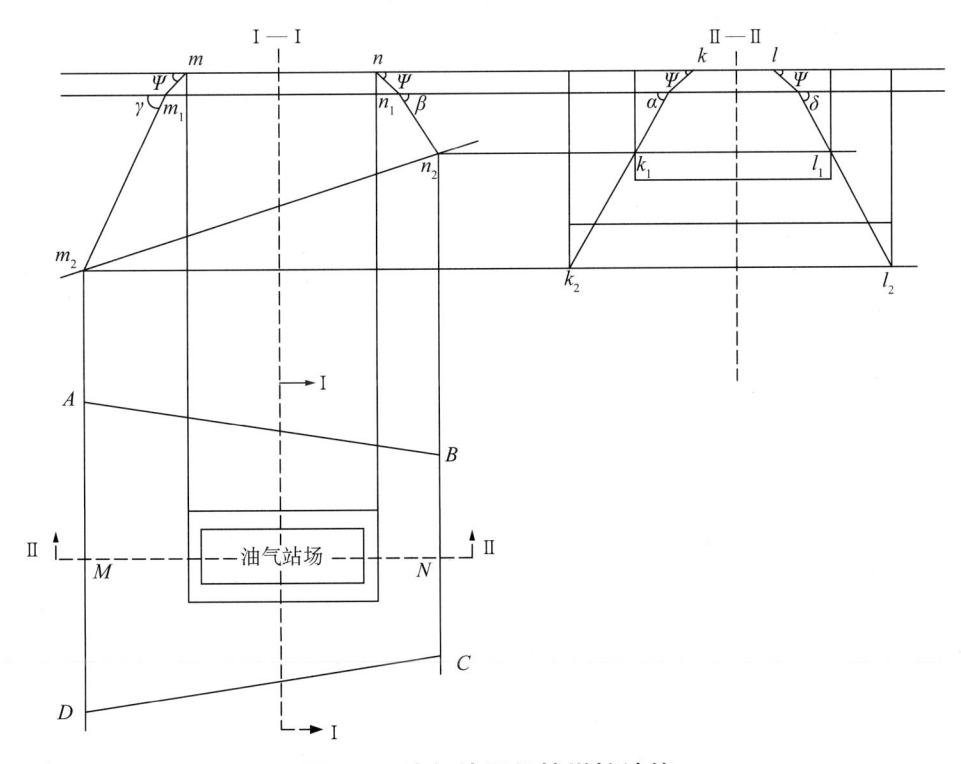

图 D.1 油气站场保护煤柱计算

附 录 E
（资料性）
交叉开采风险识别方法

E.1 宜采用风险管控行动模型（Bow-tie）进行分析，识别风险管控措施，明确关键行动和任务。Bow-tie 分析法（也称为"蝴蝶结分析法"）用于风险评估、风险管理及事故调查分析、风险审计等，可以更好地说明特定风险的状况，以帮助人们了解风险系统及防控措施系统。

E.2 Bow-tie 分析法从危险源、顶上事件、威胁和后果的相互关系详细说明风险，用屏障来描述已采取何种措施来控制风险。在 Bow-tie 分析模型中，以顶上事件为核心，向前分析导致其发生的可能原因（事故树分析），向后分析顶上事件发生后可能的后续事件（事件树分析），再针对性地设置屏障进行防控（瑞士奶酪模型）。

E.3 Bow-tie 分析程序见图 E.1，分析结果见图 E.2。

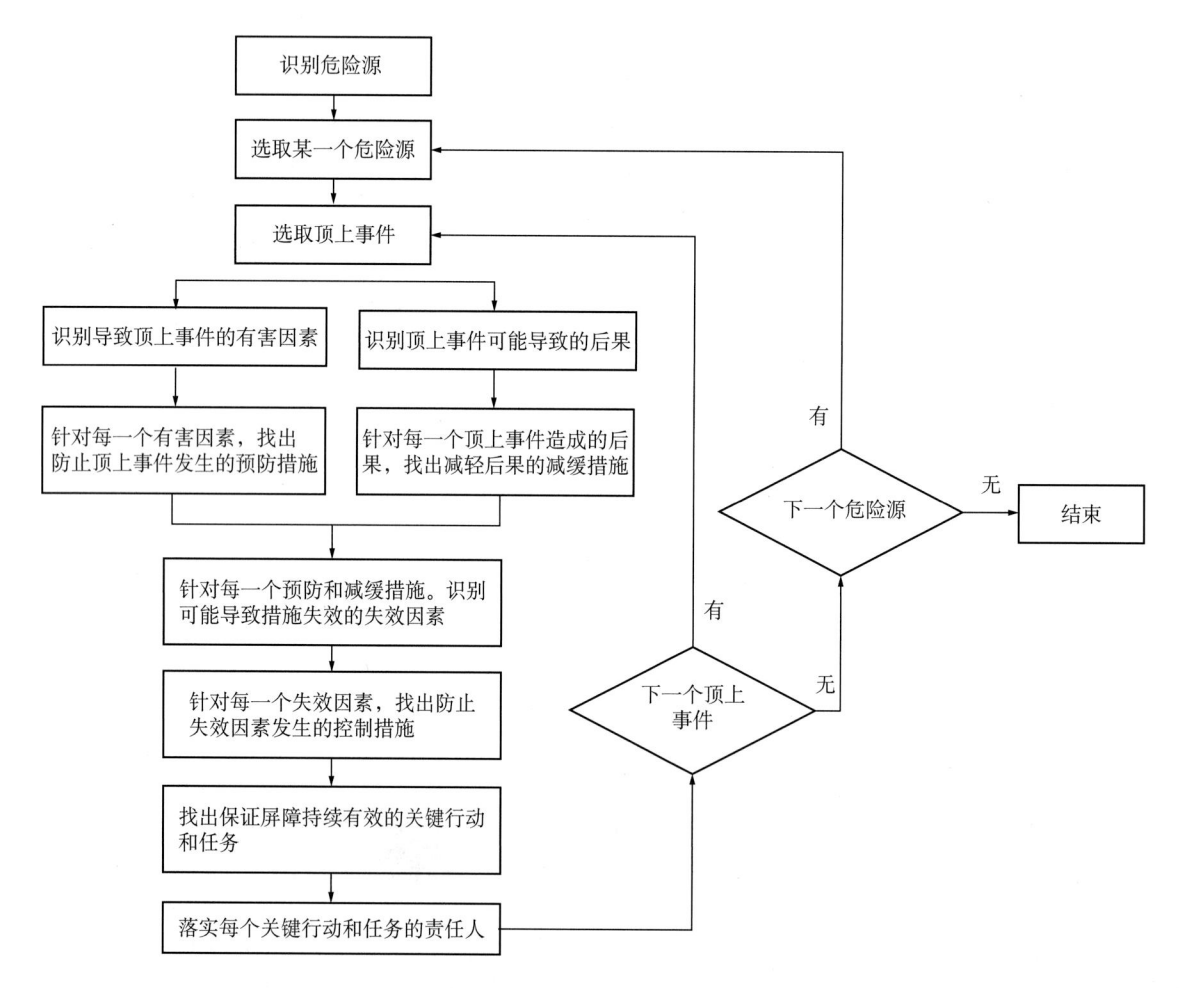

图 E.1 Bow-tie 分析程序

E.4 按照 Bow-tie 分析法，顶上事件为"管线错断导致天然气泄漏"，分析事故后果为"火灾爆炸""人员中毒窒息"，见图 E.3。

E.5 按照 Bow-tie 分析法，顶上事件为"地面油气设施破坏"，分析事故后果为"坍塌"，见图 E.4。

E.6 按照 Bow-tie 分析法，顶上事件为"硫化氢突入巷道"，分析事故后果为"火灾爆炸、人员中毒"，见图 E.5。

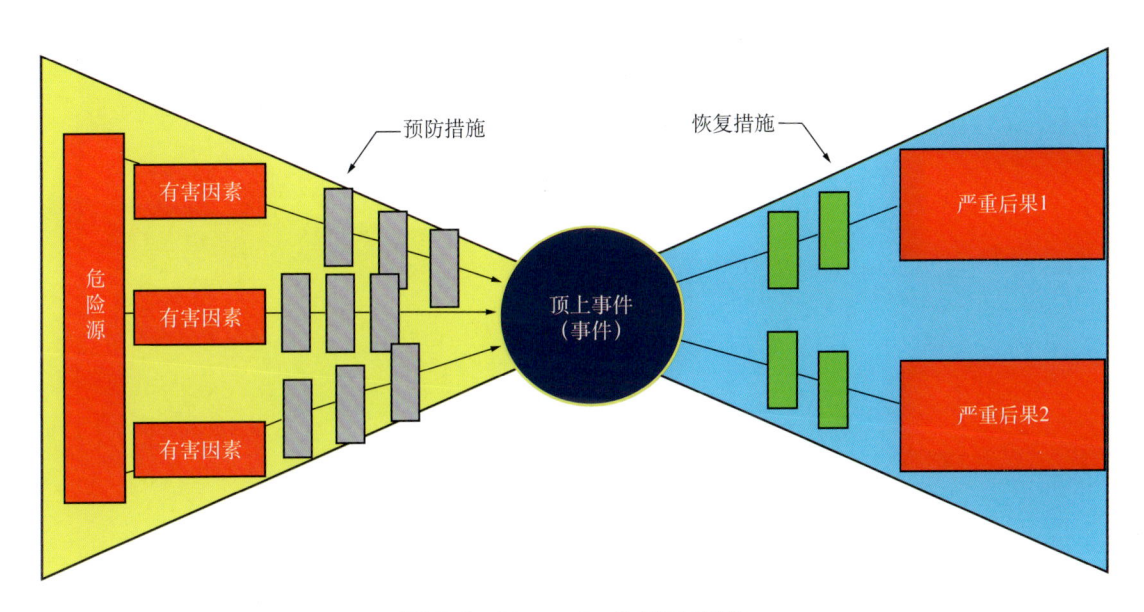

图 E.2 Bow-tie 分析示意图

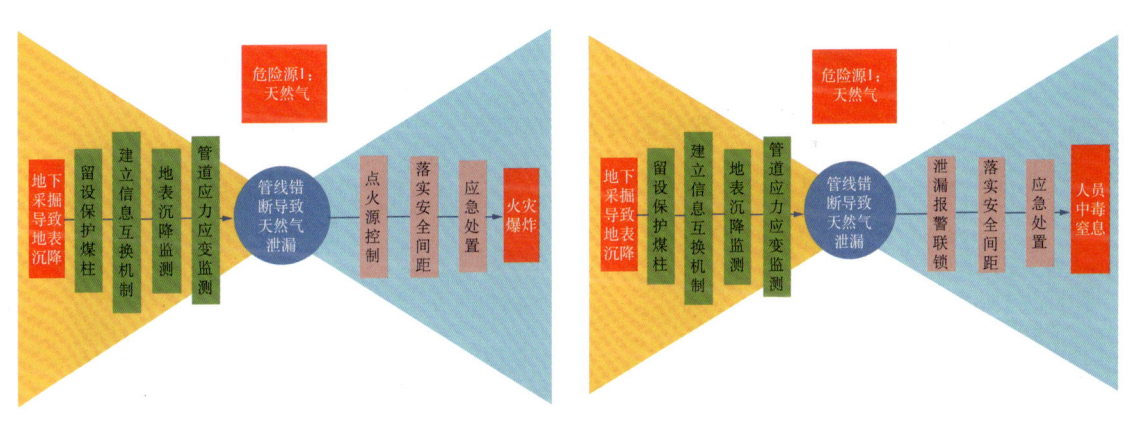

a）事故后果为"火灾爆炸"　　　　　　　b）事故后果为"人员中毒窒息"

图 E.3 管线错断导致天然气泄漏风险分析示意图

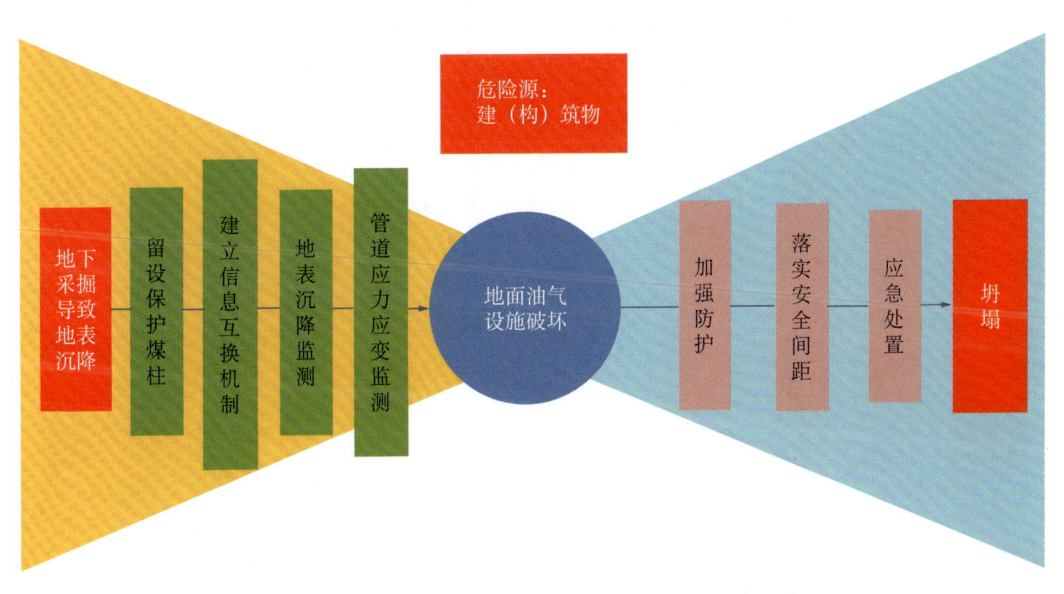

图 E.4 地面油气设施破坏风险分析示意图

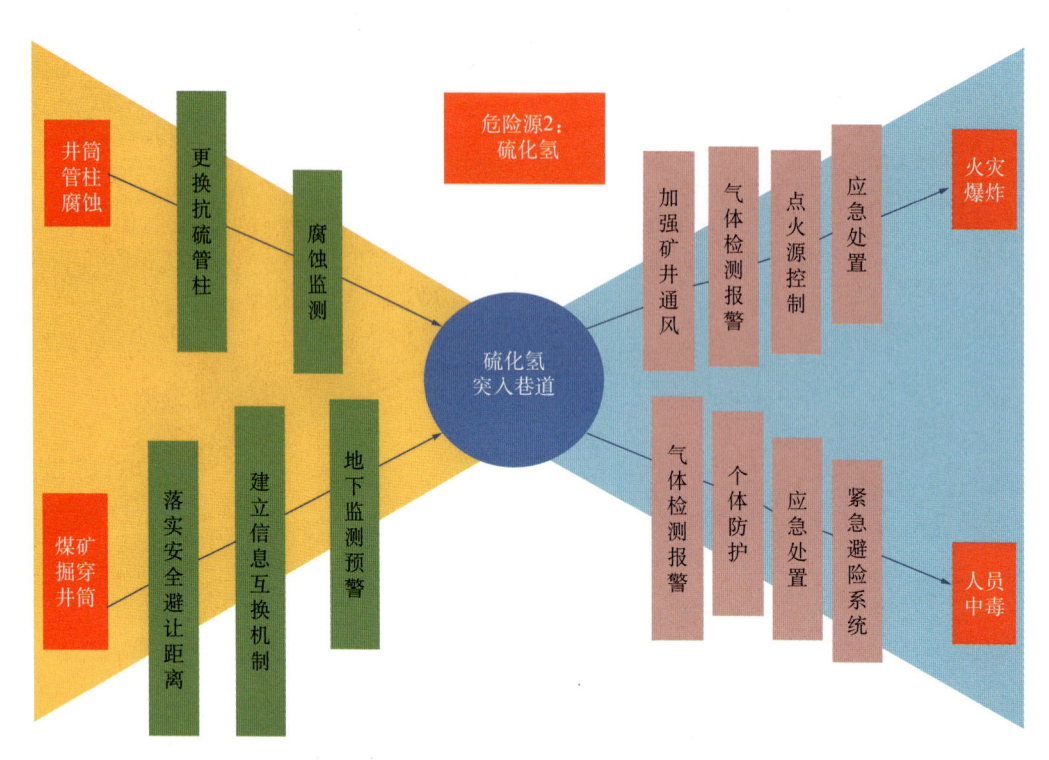

图 E.5　硫化氢突入巷道风险分析示意图

E.7 按照 Bow-tie 分析法，顶上事件为"天然气突入巷道"，分析事故后果为"火灾爆炸、人员窒息"，见图 E.6。

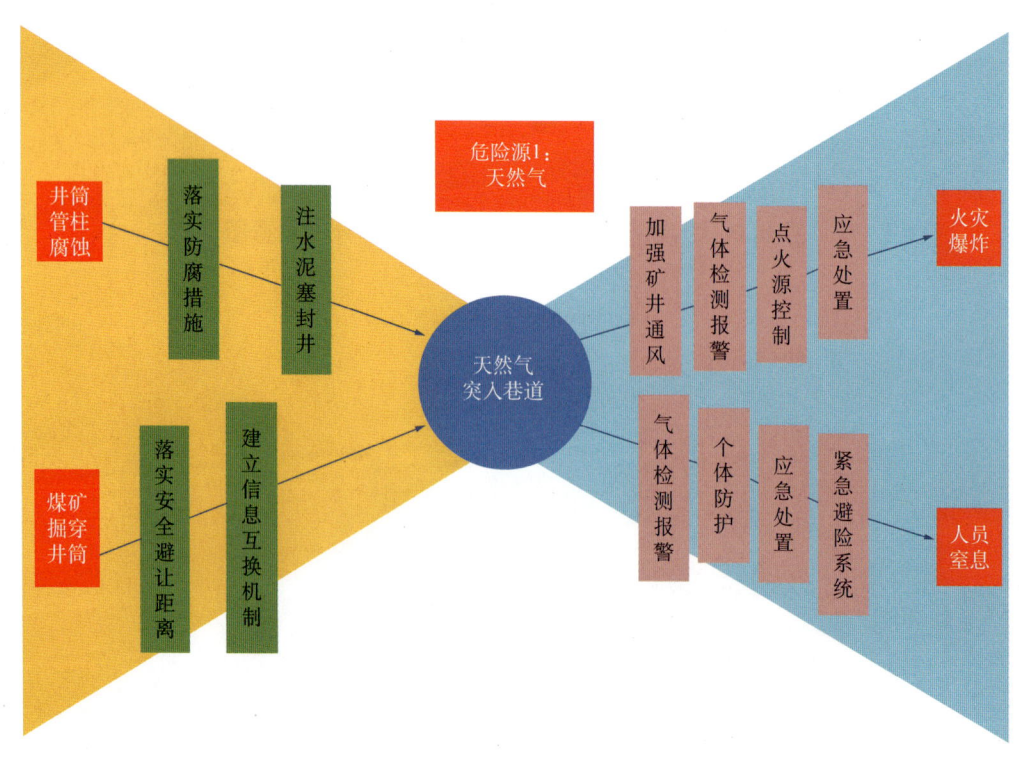

图 E.6　天然气突入巷道风险分析示意图

E.8 按照 Bow-tie 分析法，顶上事件为"钻井破坏采掘巷道"，事故后果为"冒顶片帮"，见图 E.7。

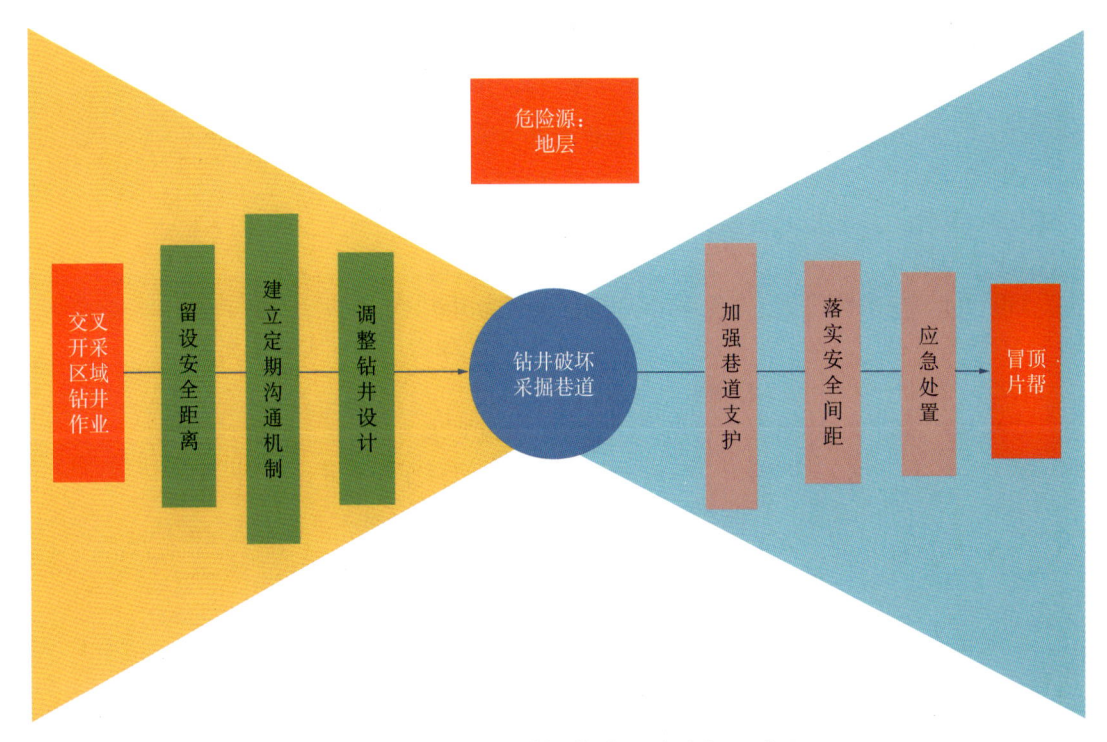

图 E.7　钻井破坏采掘巷道风险分析示意图

E.9　按照 Bow-tie 分析法，顶上事件为"水突入至采掘空间"，分析事故后果为"透水淹井、人员淹溺"，见图 E.8。

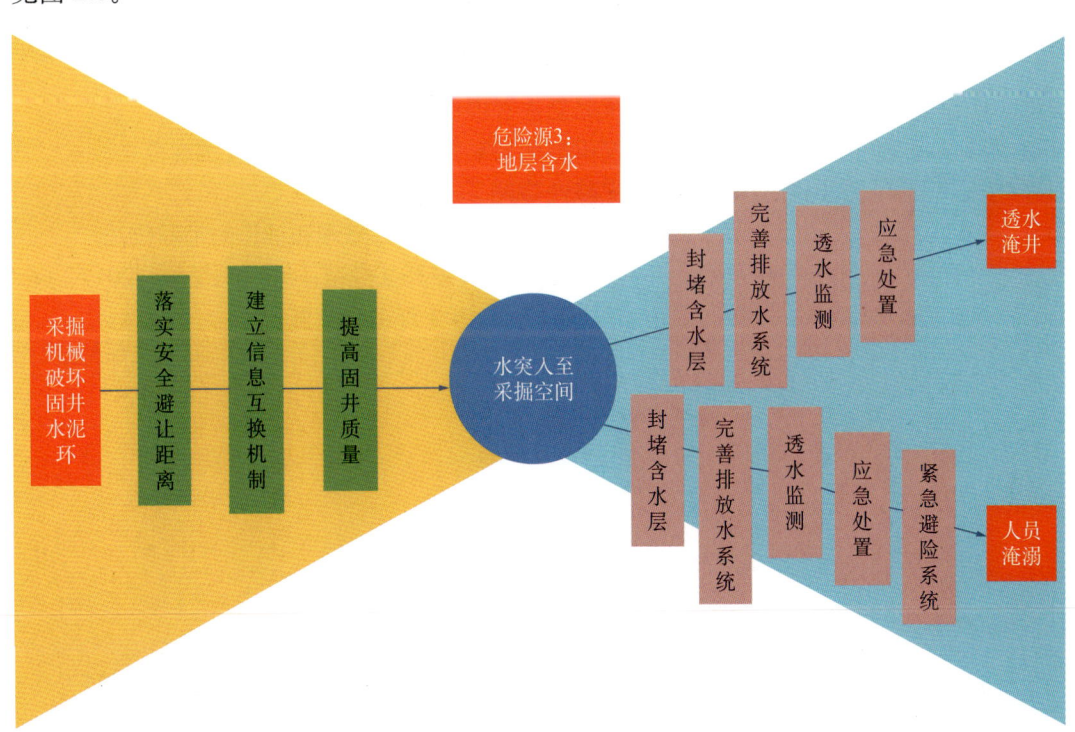

图 E.8　水突入至采掘空间风险分析示意图

参 考 文 献

[1] GB/T 8423.6—2020 石油天然气工业术语 第6部分：安全环保节能
[2] GB/T 12897—2006 国家一、二等水准测量规范
[3] GB 12950—1991 地震勘探爆炸安全规程
[4] GB/T 31033—2014 石油天然气钻井井控技术规范
[5] GB 50021—2001 岩土工程勘察规范（2009年版）
[6] AQ 2038—2012 石油行业安全生产标准化 地球物理勘探实施规范
[7] DZ/T 0283—2015 地面沉降调查与监测规范
[8] GA 837—2009 民用爆炸物品贮存库治安防范要求
[9] GA/T 848—2009 爆破作业单位民用爆炸物品储存库安全评价导则
[10] SY/T 0048—2016 石油天然气工程总图设计规范
[11] SY/T 0330—2004 现役管道的不停输移动推荐作法
[12] SY/T 5087—2017 硫化氢环境钻井场所作业安全规范
[13] SY/T 5412—2016 下套管作业规程
[14] SY/T 5431—2017 井身结构设计方法
[15] SY/T 5466—2013 钻前工程及井场布置技术要求
[16] SY/T 5587.14—2013 常规修井作业规程 第14部分：注塞、钻塞
[17] SY/T 5724—2008 套管柱结构与强度设计
[18] SY 6280—2013 石油物探地震队健康、安全与环境管理规范
[19] SY/T 6592—2016 固井质量评价方法
[20] SY/T 6610—2017 硫化氢环境井下作业场所作业安全规范
[21] SY/T 6621—2016 输气管道系统完整性管理规范
[22] SY/T 6970—2013 高含硫化氢气田地面集输系统在线腐蚀监测技术规范
[23] SY/T 7026—2014 油气井管柱完整性管理
[24] SY/T 10024—1998 井下安全阀系统的设计、安装、修理和操作的推荐作法
[25] 建筑物、水体、铁路及主要井巷煤柱留设与压煤开采规范 安监总煤装〔2017〕66号
[26] 煤矿安全规程 应急管理部令第8号（2022年4月1日起施行）